U0503133

中外家庭教育
名篇名著选读

马锦华　编著

郑州大学出版社
·郑州·

图书在版编目（CIP）数据

中外家庭教育名篇名著选读／马锦华编著. — 郑州：
郑州大学出版社，2020. 12
ISBN 978-7-5645-7091-0

Ⅰ．①中… Ⅱ．①马… Ⅲ．①家庭道德－世界
Ⅳ．①B823.1

中国版本图书馆 CIP 数据核字（2020）第 120215 号

中外家庭教育名篇名著选读
ZHONGWAI JIATING JIAOYU MINGPIAN MINGZHU XUANDU

策划编辑	宋妍妍	封面设计	苏永生
责任编辑	王晓鸽	版式设计	凌　青
责任校对	胡佩佩	责任监制	凌　青　李瑞卿

出版发行	郑州大学出版社有限公司	地　　址	郑州市大学路 40 号（450052）
出版人	孙保营	网　　址	http://www.zzup.cn
经　销	全国新华书店	发行电话	0371-66966070
印　刷	河南龙华印务有限公司		
开　本	710 mm×1 010 mm　1/16		
印　张	22.25	字　　数	375 千字
版　次	2020 年 12 月第 1 版	印　　次	2020 年 12 月第 1 次印刷

书　号	ISBN 978-7-5645-7091-0	定　价	45.00 元

本书如有印装质量问题，请与本社联系调换。

序 言

　　中华民族自古以来就重视家庭和家庭教育。家庭是社会的基本细胞,是人生的第一所学校,好的家庭、家教、家风支撑并彰显着一个国家的风范、气象,关系着个人的健康发展、社会的安宁和谐与国家的繁荣进步。党的十八大以来,习近平总书记多次就重视家庭、家教、家风问题做出重要指示。他指出,不论时代发生多大变化,无论生活格局发生多大变化,我们都要重视家庭建设,注重家庭、注重家教、注重家风。2016年12月,在第一届全国文明家庭表彰大会上,习总书记提出了"家风好,就能家道兴盛、和顺美满;家风差,难免殃及子孙、贻害社会",号召广大人民群众"都要弘扬优良家风""以千千万万家庭的好家风支撑起全社会的好风气",要求各级领导干部"带头抓好家风,做家风建设的表率"。

　　在《习近平谈治国理政》中,习总书记专门论述了如何看待家教、家风:"家风是一个家庭的精神内核""家风是社会风气的重要组成部分"。在当今弘扬家庭、家教、家风建设,重视儿童早期教育的实践中,我们尝试从古今中外的教育名篇名著中梳理家教、家训、家风等思想,发掘其中最为著名、最能够反映中外家庭教育思想精华的一些代表性人物及其论述,对其部分精彩内容进行摘编、注释与评论,附上人物生平与代表作、作品时代背景、作品主要内容与思想主旨等方面的简介,以期能为当今社会的家庭教育提供有益的借鉴。

　　囿于篇幅以及编者的能力与水平,在节选这些内容时,会做部分删节或整篇取舍,尽量择出其中贴近当今生活、有益于家庭教育之言,规避其中不合当今社会思想之言。尽管如此,仍然不免有挂一漏万之虞。再加上有些古典家训或教诫子弟的思想观点与具体做法,其优点或富有教益之处往往和其缺陷杂糅在一起,不太容易完全分割开来,因此难免会出现一些疏漏,甚至是谬误之处。

　　上述各处,敬希读者在阅读之际善加甄别,并对编者提出批评与指正。

　　参与本书编写的作者还有葛浩、樊丽娜、李慧慧、李可欣。

目 录

第一编

中国古代篇

一、中国古代家训的当代价值

中华文明源远流长,光辉灿烂,留下了许多关于家教、家训、家风的优秀的传世名篇名著。其中以《颜氏家训》《孝子家训》为代表的一整套孝亲、和邻、亲友、尊师、修身乃至为政的道德观念和行为准则,既反映了个人成长、家庭绵延的精神足迹,也体现出传统文化的某种道德认同,更是推动中华民族生生不息的强大凝聚力的重要来源。

通过梳理中国古代名篇名著中关于家教、家训等的论述,其共同、相通之处体现在以下方面:

其一,重视内心修养、人生境界的养成。表现为超脱出蝇营狗苟、名缰利锁、明争暗斗、利益诉讼等等。超脱人生苦闷之感,用良好的境界、趣味、品位来对抗人性的黑暗和生存的残酷。

其二,重视良好的德行、品格、行为习惯的养成。表现为待人温和有礼、绝不害人、包容和平静地对待他人的弱点和缺陷等等。

其三,重视学业、技艺、安身立命的本领之养成。在古代,主要包括读书习惯的养成、文化知识的积淀、居家理财技能的培养。在家书家信中,某些名人大家还针对子弟如何习作诗文、赏析艺术给出了具体指导意见。

其四,重视人际交往能力、社会交往能力、社会属性的培养。包括如何辨别各种各样的人,与各类人物交往时的注意事项,如何处理家族内部的各种人际关系,如何对待和管理仆役、佣工、女仆等,如何与长辈或官员交往,等等。

其五,注重对女眷品德修养等的培养。中国女性在古代社会地位不高,然而其重要性自不待言。古代家训的一个特征就是重视对女眷的教化和良好德行的培养,在班昭《女诫》、司马光《温公家范》等很多古典家训中,在妇女的教育、品德、修养等方面都提出了很高的要求和细致的规范,不少内容在今天也有一定的借鉴意义。

二、中国古代家训的总体思想倾向

就中国古代家训的总体思想倾向而言,它以儒家传统思想占据主流,以教诫儿童、学生为主,对其寄予了两方面的希望:一方面,希望他们能够成为"斐然君子",能够通过学习,而懂得做人的道理,并拥有高尚的德行、完善的人格、超脱的修养;另一方面,希望他们安居乐业、刚健有为,能够在世上安全、开心地生活,并且有所作为。儒家思想教人反躬自省、勇于迁善改过,教人通过内在修养的提升适应宗法伦理的社会,懂得"修齐治平"的生活和做人准则。在中国古代的各种思想潮流中,儒家思想能成为主流的家训之道,是有其内在的逻辑和道理的。

当然,中国古代家训也打上了那个时代的各种烙印。因此,也沾染、掺杂了一些较为复杂的思想元素,其中有些地方已和当今时代不太契合,甚或完全不合时宜,这些东西是需要被否定和批判的。有些地方也表现出作者本身的自相矛盾之处,还有些地方如今早已呈现"矫枉过正"的态势,这些地方都是需要仔细辨析和甄别的。其中牵扯的因素较为复杂,诸如人人平等问题和所谓的对女性的歧视、"主静"思想的当代价值以及它怎样与现代人格特质相契合、旧时代的纲常名教与当代伦理的龃龉、对鬼神或神灵的迷信或信仰、对个人道德修养内容的再审视等诸多方面,不一而足。在21世纪的今天,在东西文化百年冲突与交融的大时代背景下,如何看待中国古代文化? 如何辨析其价值与糟粕? 上述问题,都是我们在阅读这些内容时,需要深切注意和善加辨析的。

三、对中国古代家训内容的介绍与说明

中国古代家训(包括家书),其内容极为广博、庞杂,相关文献可谓汗牛充栋、浩如烟海。鉴于篇幅所限,本篇只是选择了其中较有代表性、较为著名的若干篇章:刘邦的《手敕太子》、诸葛亮的《诫子书》、嵇康的《家诫》、颜之推的《颜氏家训》、陆游的《放翁家训》、袁采的《袁氏世范》、郑太和等人的《郑氏规范》,以及姚舜牧的《药言》、朱柏庐的《朱柏庐家格言》(世称《朱子家训》)、孙奇逢的《孝友堂家规》、爱新觉罗·玄烨的《庭训格言》、张英的《聪训斋语》、郑燮的《板桥家书》。在内容的编排上,尽量选取能引起我们共鸣甚至感动的,也较为贴近当今时代、贴近儿童教育的思想言论。对上述具有代表性的中国古代家训之作者、家训之内容的阅读、摘录、翻译、注释、点评的过程,也是一个感受中国古人心灵、受到感动并获得教益的过程。

第一章　刘邦《手敕太子》

一、作者简介及代表作

刘邦(前256—前195),字季,秦代沛郡丰邑中阳里(今江苏丰县中阳里)人,秦末农民起义领袖和汉代两百多年统治的开创者,中国古代杰出的政治家、军事家和战略家,对古代汉文明的发展、古代中国的统一做出了重要贡献。刘邦出身农家,自幼倜傥不羁,不乐于从事农业劳动。他早年为秦朝基层官吏,曾任沛县泗水亭长之职。刘邦看到秦代刑法严酷,便私自释放了一批罪犯,此后逃亡并隐匿于今天豫、皖、苏、鲁四省交界地带的芒砀山中。这种豪爽豁达的性格,为他在家乡赢得了广泛的赞誉和号召力。

陈胜、吴广发动农民起义后,刘邦聚合数千乡里子弟响应,攻占了沛县并自称沛公。因寡不敌众,刘邦不得已投奔到楚国旧贵族、义军军事领袖项梁麾下,任砀郡(今河南商丘)长,并被楚怀王封为武安侯,统领砀郡兵马。秦末农民起义,项梁等拥立楚怀王之孙熊心为楚王,并与各路义军领袖相约,先入关者为王。此后,项羽率大军在河北巨鹿之战中歼灭了章邯、王离率领的秦军主力;而刘邦却避开了秦军主力,趁机率部先进入关中,并接受了秦王子婴的投降,灭了秦朝。此后,刘邦下令废除秦的严刑峻法,并与关中百姓约法三章——杀人者死,伤人及盗抵罪,初步恢复社会秩序。

接着,项羽率大军进逼咸阳。面对强大的项羽军队,刘邦不得不赴鸿门宴,并受项羽之封为汉王,退守巴蜀、汉中一带。在随后的楚汉战争中,刘邦屡败屡战,却坚忍不拔。刘邦具有战略眼光,能够从谏如流,而且注重笼络人心,又能充分发挥下属的才能,在数年苦战后,终于消灭西楚霸王项羽的军队,统一天下并建立了汉朝。

西汉初年,为笼络各路军事统帅,刘邦不得不实行分封制,封了很多掌握兵权的异姓大将为诸侯王。但其后,他各个击破,陆续消灭了臧荼、韩信、彭越、英布等异姓诸侯王,又分封了九个同姓诸侯王。政治上,刘邦重用儒生叔孙通等人,建立了一套礼仪规则,巩固皇帝的权威。经济上,汉初与民休息,轻徭薄赋,重视农业,恢复社会经济。面对强大的匈奴和长期战争后的国力穷乏,西汉初年对匈奴实行和亲政策,并开放边境贸易,努力缓和汉匈关系。公元前195年,在和诸侯王英布战争时,刘邦受伤不起,不久病逝,后世尊称其为汉高祖。刘邦一生功勋卓著,受到历代的尊崇。《毛泽东评点二十四史》对其高度评价,认为刘邦是古代起义领袖中"较为厉害的一个"。

刘邦一生戎马,早年厌恶儒生,在晚年却留下了《大风歌》等诗篇和《手敕太子》等文章。其诗作《大风歌》为其一统天下、建立汉朝后回乡所作,气魄雄大而有威势。其歌曰:"大风起兮云飞扬,威加海内兮归故乡,安得猛士兮守四方!"《手敕太子》为刘邦晚年教导其太子所作,其统治艺术、最后的政治遗言都融汇在其中了。

二、作品的时代背景

汉高祖刘邦临终前数年,朝中政争暗起。刘邦宠爱戚夫人,欲废太子刘盈而立戚夫人之子赵王如意为太子。不少大臣纷纷谏诤,而刘邦仍执意如此。吕后恐惧,就求救于张良。张良深知刘邦器重商山的四位隐者,乃献策"无爱金玉璧帛,令太子为书,卑辞安车,因使辩士固请",请来之后"以为客,时时从入朝,令上见之,则必异而问之"。

这四位隐者乃东园公唐秉、夏黄公崔广、绮里季吴实、甪里先生周术。他们是秦始皇时期七十名博士官中的四位。见识广博而德行高尚,其职分为"通古今""辨然否""典教职"。他们信奉黄老之学,在秦灭亡后隐居于陕南商洛山中,作诗曰:"莫莫高山,深谷逶迤。晔晔紫芝,可以疗饥。唐虞世远,吾将何归?驷马高盖,其忧甚大。富贵之畏人兮,不若贫贱之肆志。"因四人须发皆白,人称"商山四皓"(下文简称"四皓")。

西汉初年,汉高帝刘邦闻得"四皓"盛名,曾数次邀请他们出山,而"四皓"则因为"上侮慢人,故逃匿山中,义不为汉臣"。后世不知辩士以何种理由说服"四皓"出山,但是"四皓"的出山的确影响了汉初的政治格局,使汉高帝刘邦认识到刘盈羽翼已成,下定决心不再更易其太子之位。

三、主要内容及思想主旨

公元前195年三月,刘邦病危,正式确立嫡长子刘盈为帝位继承人,并撰写遗训《手敕太子》以告诫和嘱托太子。在《手敕太子》这篇遗训中,刘邦表达了对自己早年轻视文化教育、不尊重文人的悔悟之心。他以自己成为皇帝之后因为语言表达能力不足而被迫学习的经历来教导儿子,强调要通过学习来掌握语言表达能力的重要性。在这封信中,刘邦教导太子要礼敬曹参、张良等谋臣,并要他教导各位弟弟一同礼敬曹参等人。此外,这封信还表达了其对幼子如意的牵挂,委婉地表达了希望太子照顾如意的心愿。

刘邦早年轻视儒生,儒生郦食其不得不自称"高阳酒徒",才得以追随刘邦。从思想主旨来看,《手敕太子》标志着刘邦从"轻视儒生"转向重视文教、尊重文人。从刘邦对其子的谆谆教导可以看出,刘邦对曹参、张良、陈平等谋臣(也是文化人)的重视。从《手敕太子》来看,刘邦对文化和文教的重视,不仅仅是学习辞章以提高阅读能力、语言表达能力,也不仅仅是为了赢得能够"友四皓"之类的声名,更是为了开阔视野,提升对事物进行分析、判断的能力。从中,我们不难看出其质朴的风格,以及善于抓住事物本质的特点。综上所述,刘邦《手敕太子》对于当代儿童教育的借鉴意义主要体现在两方面:

其一,对于儿童的学习与发展过程而言,需重视文化教育。其目的在于通过学习辞章、雕章琢句增强理解他人意思的能力、增强表达自己内心想法的能力(语言表达能力),这两种能力虽然都可以通过读书识字、学习文化获得,但仍需要有意识地加以引导。作为西汉开国帝王的刘邦,正是在戎马生涯、处理军机要务的过程中,在与张良等各类文化精英的交往中,才领悟到了这一点。

其二,关注儿童社会性的不断完善和奠定人格基础的关键时期。在儿童阶段不可滋生、养成轻慢的心态,而应该戒除虚骄,养成虚心好问的好习惯,对于饱经世事的长辈、师长,需要保持敬畏、敬重和保有必要的礼节。因为,和长辈的交往,有助于开阔儿童的眼界,逐渐提高他们对于复杂事物的分辨力、感悟力、决断力。而倘若心态虚骄、言行无礼,则难以从中受到教益、得到成长了。刘邦对其孩子的叮嘱,无疑是富有卓见的,也是值得当今的儿童教育借鉴的。

四、精彩片段选读

手敕太子〔1〕

吾遭①乱世。当秦禁学，自喜，谓读书无益。洎②践阼③以来，时方④省书⑤，乃使人知作者⑥之意。追思昔所行⑦，多不是。

尧舜不以天下与子，而与他人，此非为不惜天下，但子不中立⑧耳。人有好牛马尚惜，况天下耶？吾以尔是元子⑨，早有立意，群臣咸称⑩汝友四皓⑪，吾所不能致⑫，而为汝来⑬，为可任大事也。今定汝为嗣。

吾生不学书，但读书问字⑭而遂知耳。以此故，不大工⑮，然亦足自辞解⑯。今视汝书，犹不如吾。汝可勤学，每上疏，宜自书，勿使人也。

汝见萧、曹、张、陈⑰诸公侯（吾同时人、倍年于汝者），皆拜⑱，并语于汝诸弟。

吾得疾遂困，以如意母子⑲相累。其余诸儿皆自足立，哀此儿犹小也。

译文

我这一辈子遭遇乱世。在秦代焚书坑儒、摧残文化、禁止私学的时候，我还很高兴，认为读书也没什么用处。自从我登上帝位，才时常反省、修改自己所表达和书写的东西，才能使别人明白我要表达的意思。我由此回想自己过去所做的事，觉得其中不对之处太多了。

尧、舜没有把天下交托给孩子，而是传给其他贤人，这并不是不在乎天下，而是其孩子的德才配不上大位。人有好的牛马牲畜尚且懂得珍惜，何况天下呢？因为你是长子，我早就有立你为继承人之意，诸位大臣也都称赞你能和"四皓"为友，我都招揽不来的人，而能够为你所招揽，可见你已经可以担当大任了。现在把你定为我的继承人。

我平生不爱学习，只是粗通文墨，靠问字读书而知道了一些东西。因此，我并不工于辞章，但也足够表达自己、理解书中之意。现在看你写的东西，还不如我的水平。你可要勤奋学习，每次的奏议要自己动笔，不要找人代劳。见到萧何、曹参、张良、陈平诸位公侯（他们都是与我同一辈分的人，年龄是你的数倍），你都要下拜，并且把这话告诉你的弟弟们。我得病之后，

---

〔1〕 刘邦：《手敕太子》，见宋代章樵注的《古文苑·第十卷·敕启》，引自《丛书集成新编》，新文丰出版公司，1985 年版，第 699 页。

行动受困,心里牵挂如意母子,其他的孩子都已可以自立,我哀愁如意这孩子还太小啊。

注释

①遭:逢,遇到。

②泊:自从,从……时候起。

③践阼:踏上皇帝之位。践,用足踏上、行。阼,指享有帝位。

④时方:才时常。方,才。

⑤省书:反省自己所作之文、所欲表达之意。书,指所书写的文章、所表达的意思。

⑥作者:此处刘邦指自己。

⑦昔所行:昔日的所作所为。

⑧不中立:不配立为国君。中,配得上。

⑨元子:长子,继承人。

⑩咸称:都称赞。咸,都、全。称,称赞、称道。

⑪四皓:指商山四皓,秦末汉初隐居在今天陕南商洛山中的四位高人。

⑫致:招揽、招纳,有延揽之意。

⑬来:招揽、招徕。指以德行感化,而让远人悦服并亲近。

⑭读书问字:读书的时候,遇到生僻的字,就向人求教。

⑮不大工:不太擅长(辞章)。

⑯辞解:能够理解文辞的意思。也有人把"辞解"二字分开理解,认为其意思是"能够表达自己的言辞,并理解别人的言辞"。

⑰萧、曹、张、陈:指萧何、曹参、张良、陈平,西汉初年的名臣。

⑱拜:向年长或地位尊崇的人行礼,表示恭敬、谦卑。

⑲如意母子:刘邦的儿子赵王如意和他的母亲戚夫人。戚夫人后来被吕后残害致死。

五、评价

刘邦的《手敕太子》对后世产生了积极影响,对于我们当代的儿童教育仍然有着借鉴意义。从该文来看,刘邦教育子弟的重点在于:一是语言表达能力的培养和提高,二是在特定人际交往中的注意事项。在儿童教育方面,古人和今人有着相通之处。《3—6岁儿童学习与发展指南》指出,"语言是交流和思维的工具。……幼儿在运用语言进行交流的同时,也在发展着人际交往能力、理解他人和判断交往情景的能力、组织自己思想的能力。通过语言获取信息,幼儿的学习逐步超越了个体的直接感知"。

　　对于儿童的人际交往和社会性的发展,《3—6 岁儿童学习和发展指南》提出,"人际交往和社会适应是幼儿社会学习的主要内容,也是其社会性发展的基本途径。幼儿在与成人和同伴交往的过程中,不仅学习如何与他人友好相处,也在学习如何看待自己、对待他人,不断发展适应社会生活的能力"。刘邦在《手敕太子》中,特别嘱咐其儿子注意见到张良、陈平、萧何、曹参等人,要以待长辈之礼节侍奉之,也暗含着希望太子体谅自己疼爱幼子如意之心,善待其弟弟刘如意。此后历史的演变,证明了刘邦看人的老辣眼光。在其身故之后,陈平、曹参等重臣对时局的发展产生了重大影响。

第二章　嵇康《稽中散集·家诫》

一、作者简介及代表作

嵇康(223—262),字叔夜,谯国铚县(今安徽濉溪)人,为三国魏晋时期久负盛名的思想家、文学家、艺术家。嵇康为人正直,对魏晋时期的黑暗和当时某些流行学说的虚伪有清醒认识,他继承了老庄的思想,提出"非汤武而薄周孔""越名教而任自然""审贵贱而通物情"等思想。他曾娶曹操曾孙女长乐亭公主为妻,任中散大夫之职,世人尊称其为"嵇中散"。与嵇康同为"竹林七贤"的山涛,与司马氏政权有姻亲关系,他保荐嵇康为官,嵇康作《与山巨源绝交书》答之。嵇康隐居不仕,屡次拒绝出山,而其与曹魏政权有姻亲关系,因此为司马氏政权所忌。

嵇康曾远避众人、幽居山林,在今河南省焦作市太行山一带打铁。当朝太傅钟繇的儿子钟会热衷于仕进,嵇康与钟会曾有过节。适逢嵇康友人吕安之妻为其兄长吕巽迷奸,吕安反遭诬陷"不孝"而入狱。嵇康愤怒之下,为吕安作证,却为此触怒了司马昭。此时,钟会趁机携嫌怨报复,向司马昭进言陷害嵇康。此后,嵇康和吕安被处死。嵇康临刑之日,数千名太学生为之求情,而为司马氏政权所拒。嵇康临终前,在刑场弹奏了一首古琴曲《广陵散》,叹息这一名曲从此将失传。嵇康之死,让天下士人莫不痛惜,司马氏之后也追悔莫及。

嵇康才华高卓,著述丰厚,受到时人和后世的高度重视和推崇。其著作包括养生理论著作《养生论》,音乐美学著作《声无哀乐论》,散文琴赋《酒赋》《蚕赋》《怀香赋》等,此外还有诗歌五十余篇。嵇康还精通书法、工于绘画,精通音律,为当时著名的古琴家。关于家教,嵇康著有《家诫》,为后世留下了教诫子弟的重要文献。嵇康的作品被后人编为《嵇中散集》(《嵇康集》),《家诫》就选自《嵇中散集》。

二、作品的时代背景

嵇康一生正直行事,而最终为司马昭下令杀害。观嵇康之遇难,与其做人之严正不阿、公开倡导思想学说的愤激沉痛、才华与声名之高卓、对钟会和吕巽之流的公开鄙视等都有密切关系。《家诫》作为嵇康临终时对其子嵇绍的遗言,饱含着嵇康对其孩子的爱惜和眷顾之心,为其子嵇绍提出了两方面的涉世目标:兼顾内心之"志"和外在的立身安全。关于立身处世,根据《家诫》所展示出的总体格调和它给人的印象可知,"小心翼翼、明哲保身"显然是其特点之一。我们看到,嵇康并未完全以其待人严正不阿、不惜开罪他人的处世风范来教导自己的孩子。人无完人,而儒家哲学思想的一个关键点就是"吾日三省吾身",特别强调对自我言语、行为、心念、仪范等的反省和改进。这里,我们不吝揣测,在身陷囹圄之时,嵇康在患难之中,也许反思了自己的一生,以及面对钟会之辈时的态度,从而作出《家诫》这样的教子名篇。

在曹魏末年和西晋时期,司马氏掌握大权,嵇康绝对是贵族阶层之一员。如果嵇康没有那么卓著的才华,如果他接人待物稍微"中庸"一点,那他的命运和人生道路可能就会像阮籍了。观乎其子嵇绍的生命轨迹,不难看出《家诫》的影响。

面对好友山涛的举荐,嵇康回以《与山巨源绝交书》,但这并未影响二人的友谊,嵇康之子嵇绍就是受山涛的举荐。据《晋书·嵇绍传》所载,嵇绍品行厚重,十岁丧父后,侍奉母亲"孝谨"。山涛上奏晋武帝举荐嵇绍,"《康诰》有言,父子罪不相及",请求授给嵇绍秘书郎之职位。晋武帝将其拔高一级,授予秘书丞之职。嵇绍担任秘书丞之后,逐渐升迁到汝阴太守、给事黄门侍郎。嵇绍看人很准,受到尚书左仆射裴颜的赏识。担任给事中的贾谧,"以外戚之宠,年少居位",请求交好嵇绍,而嵇绍"拒而不答",贾谧被诛后,嵇绍以"不阿比凶族"而受封"弋阳子"爵位。

嵇绍仕宦于西晋,为官做人严守法度,对西晋朝廷之事忠心耿耿。朝廷北伐,嵇绍受征召来到前线,军队在荡阴战败后,百官和军队溃逃,嵇绍"俨然端冕,以身捍卫",当时"飞箭雨集",嵇绍被害于天子身旁,"血溅御服"。天子哀叹嵇绍,让左右不要洗去自己衣服上的血迹,称这是"嵇侍中血"。文天祥在《正气歌》中也提到了嵇绍,认为"嵇侍中血"是正气的体现。嵇绍立身行事和其父嵇康有很大差别,呈现出一个严谨、端正的儒臣形象。这个外在形象也许才正是其父嵇康内心人格理想的真实写照。因此,从嵇绍的人生道路和命运不难看出,其父嵇康以及嵇康所著《家诫》对其的深刻影响。

三、主要内容及思想主旨

纵观《家诫》全文,其主要内容可以分为两个方面。

一是内心的"持志"和立身的"清远",强调内心的洁净和高远。而在志向确立之后则要"口与心誓,守死无二,耻躬不逮,期于必济"。不管是"外物"还是"内欲",无论是"近患"抑或"小情",都要矢志不渝,重视对个人志向、操守的坚持。嵇康此处所说的"志",其实就是做人的准则或原则。这个"志",当然与那种以外在物质生活为导向的"志"或"目标"有所不同。因此,其所谓的守志不移体现了中国古代士大夫阶层内心的高贵志气。本质上,这就是儒家所谓的待人"温柔敦厚"的人格,只不过,这种人格的另一面就是对待自己的严正、严厉、一丝不苟。

二是在处理纷繁复杂的世务时如何保持志向、实现志向。嵇康从四个琐细之处加以展开:①如何与人交往。嵇康重点谈了如何与三种人交往,即统辖所居之地的地方官员,穷乏急难而有求于己者,在具体事务上与自己持不同意见者。②如何说话。嵇康不厌其烦地谈到了几种具体情形,教诫自己的孩子谨言、讷言——在不善于表达自己的时候就沉默不言,在与众人闲坐闲谈时保持距离,在别人为无足轻重或某些看似重要的问题而争辩时拒绝参与,遇到别人逼迫回答时保持沉默,等等。③对大节、对做人原则的坚守。④对饮酒的节制。

嵇康《家诫》的思想主旨,在于立志。当然,嵇康所谓的立志,不仅是求一己德行之高贵,还在于求内心之清净,以及在纷繁叨扰的世事中远离危害、明哲保身。嵇康《家诫》一文对于当今儿童教育主要有以下借鉴意义:

第一,儿童社会化的过程是儿童社会性的学习、发展和完善并奠定其人格基础的过程。在这一过程中,儿童需要与他人友好相处,形成积极健康的人际关系,在交往中获得足够的安全感,在互动中培养人际间的信赖。嵇康教导孩子如何积极参与和发展社会交往,在交往中如何把握说话与沉默的尺度,在助人、饮酒等诸多场景中如何准确判断和处理世务。在社会交往中这就既需要保持清醒的头脑和敏锐的判断,又要保持原则,保持良好的自我控制。

第二,重视做人的准则,要依照内心的原则去做人做事,而非停留在虚饰的、口头的说教。嵇康《家诫》所展示出的温厚人格,在内心保持传统儒家的"君子"之志,反映出他对待自己操行的严正和一丝不苟,体现出古代传统士人贵重的品格和清远的志气。但又不拘泥于这些原则,而是根据具体状况,坚持做人准则,又保持灵活机变。这一点,是值得加以重视的。

第三,嵇康《家诫》在许多细节上言之谆谆、不厌其烦,强调在社会交往中注意保护自己。这体现出嵇康家教的两个着眼点:既要重视内心的洁净、清远的志气,又要重视外在的人身等的安全,避免不当的行为、话语、处事方式给自身带来危险或麻烦。这一点,也是值得肯定和借鉴的。

四、精彩片段选读

片段一

家诫[1]

人无志,非人也。但君子用心,所欲准行①,自当量其善者②,必拟议而后动。若志之所之③,则口与心誓④,守死无二,耻躬不逮⑤,期于必济⑥。若心疲体解⑦,或牵于外物,或累于内欲,不堪近患⑧,不忍小情⑨,则议于去就⑩。议于去就,则二心交争。二心交争,则向所以见役之情⑪胜矣! 或有中道而废,或有不成一匮而败之⑫,以之守则不固,以之攻则怯弱;与之誓则多违,与之谋则善泄;临乐则肆情,处逸则极意⑬。故虽繁华熠燿⑭,无结秀⑮之勋;终年之勤,无一旦之功。斯君子所以叹息也。若夫申胥⑯之长吟,叔齐⑰之全洁,展季⑱之执信,苏武⑲之守节,可谓固矣! 故以无心守之,安而体之,若自然也,乃是守志之盛者耳。

译文

人如果没有志气,就算不上真正的人。君子打算做的事,应该斟酌其好坏,谋定而后动。一旦明确了志向,则其内心和言语都应该立誓,不达目的就绝不能罢休。树立了目标,就一定要做到;如果做不到,那就是耻辱。如果内心懈怠或力量不支,或者心为外物所萦绕,或为内在欲望所拖累,就会在内心犹豫不决。犹豫不决,两种心态就会僵持不下。僵持不下,能够困住你的心态就会胜出。这样,或许半途而废,或许不能成功,最终仍然失败。

〔1〕 殷祥、郭全芝主编:《嵇康集注》,黄山书社,1986年版,第335页。

在这种情况下,对于内心的目标,守也守不住,也没有力量去践行。发誓要做到,却无能为力;谋划策划,却常常泄气而达不到目标。遇到乐事则放纵感情,在安逸之境就极度随意。这样的人生虽然像花朵繁密灿烂,却没有结果实的功勋;勤劳终年,最终毫无成就。这是君子所以叹息的原因啊!像申包胥的长声哀号,像伯夷、叔齐那种纯全、高洁,像柳下惠那种守信,像苏武那种坚守节操,可以称得上坚定了。所以,内心不刻意去守住什么,却安然地身体力行,看起来好像自然而然,这才是坚守志向的极致啊!

注释

①所欲准行:所打算按规则实行的。准,规则、规范。

②量其善者:衡量他的好处。

③志之所之:心志所在之处。之,到、向。

④口与心誓:口和心相一致。誓,一致。

⑤耻躬不逮:以做不到为耻。躬,本义是身体,此指身体力行。逮,达到、做到。

⑥济:达到、成功。

⑦解:通"懈",懈怠之意。

⑧不堪近患:不能忍受当下的痛苦。患,祸患、灾难。

⑨小情:小的欲望。与"近患"相对。"近患"指外在的艰难,"小情"指内心之欲。

⑩议于去就:徘徊于去留之间。议,指内心的争议、考量。去,离开。就,靠近、留下。

⑪见役之情:受其役使的欲望。见,被、受。

⑫不成一匮而败之:相差一匮而不能成功。匮,通"篑",古人用来运土的筐子。

⑬临乐则肆情,处逸则极意:指顺着自己心意来。肆,放纵。极,尽。

⑭繁华熠燿:花朵繁密灿烂。华,即花。

⑮秀:穗、果实。

⑯申胥:申包胥,楚怀王的大夫。因为楚被吴攻破都城,而在秦国朝堂哭泣七天,终于使秦出兵救楚。

⑰叔齐:本作"夷齐",指伯夷、叔齐。周灭殷商后,商人伯夷、叔齐躲入首阳山,"不食周粟而死"。对于中国古人而言,伯夷、叔齐是一种坚守或高洁的象征。

⑱展季:柳下惠。姓展,名禽,字季,居住在柳下,死后谥惠,后人尊称其为柳下惠,东周时期鲁国人,以做事严谨守信知名。

⑲苏武:汉武帝时期出使匈奴的使节。他被匈奴扣押 19 年,在今贝加尔湖一带牧羊,坚守气节不肯投降,后来终于回到故国。

片段二

家诫[1]

所居长吏①,但宜敬之而已矣! 不当极亲密,不宜数往②,往当有时③。其有众人,又不当独在后,又不当宿留。所以然者:长吏喜问外事,或时发举④,则怨者⑤谓人所说,无以自免⑥也;若行寡言,慎备自守,则怨责之路解矣。

其立身当清远⑦。若有烦辱⑧,欲人之尽命,托人之请求,则当谦言辞谢:其素不豫此辈事⑨,当相亮耳⑩。若有怨急⑪,心所不忍,可外违拒,密为济之⑫。所以然者,上远宜适之几⑬,中绝常人淫辈之求⑭,下全束脩无累之称⑮,此又秉志之一隅也。

译文

对于所居之地的官吏,你只要尊敬就行了,却不应和他太过亲密,不要太过频繁地去拜访。一定要拜见的话,要注意时机。如果是和他人一起去拜访,注意不要单独走在最后,也不要在人家里留宿。之所以要你这样做,是因为地方官们喜欢问一些府衙之外的事情,有时会发现、选拔一些人。而另一些人就会有怨气,就会觉得那是你说的,这样你就难免遭人怨恨。如果你能做到寡言,谨慎防备,保护好自己,就能避免被人怨恨或责备了。

平时立身行事,要清廉、高远。如果有人来麻烦和叨扰你,希望你为他做一些事情,或人与人之间辗转相委托之事,你应当用谦逊的言语表示拒绝,说明自己素来不参与这些,应当让对方谅解你。如果对方有冤屈或者急难之事,而你心里也有所不忍、希望能够帮助的,那么你可以表面上拒绝,而私下里悄悄想办法帮对方。这么做有几个好处:首先,是可以避免给人以拉拢、束缚你的机会;其次,是可以杜绝喜欢给别人带麻烦之辈的过度索求;最

〔1〕　殷祥、郭全芝主编:《嵇康集注》,第 337～338 页。

后,可以保全你自我约束、无所沾染的名声。这是坚守志向的又一个办法。

注释

①所居长吏:所生活之地的地方官。长,最大或较大。长吏,指地方主要官员。

②数往:频繁地拜访。

③往当有时:拜访,应该有(一定的)时机。时,时机。

④或时发举:或者有时在选拔、考核。

⑤怨者:有怨言的人。

⑥无以自免:没有办法解除(别人对)自己(的怨恨)。

⑦立身当清远:立身应该清廉、高迈。清,清正、洁净。远,高远。

⑧若有烦辱:如果有人来麻烦你。辱,一般指使对方受屈辱了,这里指请托者、有求于人者的谦卑、恭顺之态。

⑨其素不豫此辈事:(表明)自己从来不参与这些事。素,平素。豫,同"与",参与。

⑩当相亮耳:应该对自己谅解。相,一方对另一方。亮,同"谅"。

⑪若有怨急:如果人有委屈、急难之事。怨,恨,此指受委屈、不公平。

⑫外违拒,密为济之:表面上拒绝,暗地里帮助。违,违拗、不顺从(对方)。密,暗地里。济,达到,此指帮助、扶助。

⑬上远宜适之几:上,可以远离占便宜的机会;宜适,便利和舒适,此指占便宜;几,细微的事情,这里指机会。

⑭中绝常人淫辈之求:中,可以杜绝常人的无度求索;淫,过度、过分。

⑮下全束脩无累之称:下,可以保全自己没有收受礼品的清誉;束脩,原意指扎成一捆(十条)的干肉,一般用于学生给私塾老师送的酬谢之礼,后来用来指教师的报酬,这里指古代亲友或同事之间因人情往来而互相馈赠的礼物;称,称道,此指声誉。

片段三

家诫[1]

凡行事,先自审①其可若于宜,宜行此事,而人欲易②之,当说宜易之理。

---

[1] 殷祥、郭全芝主编:《嵇康集注》,第338页。

若使彼语殊佳者,勿羞折③、遂非也。若其理不足,而更以情求来守人,虽复云云,当坚持所守,此又秉志之一隅也。

不须行小小来脩之意气,若见穷乏而有可以赈济者,便见义而作。若人从我,有所求欲者,先自思省,若有所损废多,于今日所济之义少,则当权其轻重而拒之。虽复守辱不已,犹当绝之。然大率人之告求,皆彼无我有,故来求我,此为与之多也。自不如此而为轻竭④,不忍面言强副小情⑤,未为有志也。

译文

不管做什么事,都要自己先斟酌、思考其可行与否。如果各方面都适合做,应该做,而别人想要改变你的决定,就应该说明改变的理由。如果对方口才很好,你不要因为羞怯就改变自己的决定。如果对方的道理不充分,而诉诸情感来打动你,不要管对方如何滔滔不绝,你应该坚持自己的想法。这是持有志向的另一个心得。

不要因为别人的小小礼物,就忽视了大的原则。如果遇到的是穷苦人,而你又有赈济帮扶的力量,这种应该做的事,你就去做。如果别人顺从我,而其又别有所图的,那就要首先反省自己。如果浪费很多,而所帮扶的很少,那就应该权衡其轻重缓急而拒绝之。就算为此而内心后悔自责,也应该加以拒绝。然而,一般情况下,别人来求告于我,都是别人穷乏而我富足,所以才来求我,在这种情况下不妨多多帮助对方。如果情况不是这样,就轻易尽力帮人,为情面所困,不忍心当面说出,勉强自己去屈从于小的恩义原则,这可谈不上什么志气啊。

注释

①审:斟酌、思考。

②易:变更、改变。

③折:折回、转回。

④轻竭:轻易就出力(帮人)。

⑤强副小情:勉强自己去屈从、顺从那些小的恩义。

片段四

家诫[1]

夫言语,君子之机①。机动物应②,则是非之形著③矣,故不可不慎。若于意不善了④而本意欲言,则当惧有不了之失,且权⑤忍之。已后视向不言⑥,此事无他不可,则向言或有不可。然则能不言,全得其可矣。且俗人传吉迟,传凶疾⑦,又好议人之过阙⑧,此常人之议也。坐中所言⑨,自非高议⑩,但是动静消息⑪、小小异同⑫,但当高视⑬,不足和答⑭也。非义不言⑮,详静敬道⑯,岂非寡悔⑰之谓?

译文

至于言语,那可是君子的机枢,机枢发动则外物感应,那样的话,就会产生明确的是或非。所以,对言语,你不可以不慎重啊!如果你对于自己的心意不善于表达,而你又想表达,那就应该畏惧、担心可能会产生过失,姑且忍住不说好了。凡是事情过去之后,回顾过去之事的话,不说也没什么不妥的。事后再来看自己当初没讲的事情,也没什么不可的,然而当时如果说出来却可能有不当之处;因此,能不说的话,也就尽量不要说了。而且世上之人,对于好消息往往传得很慢,坏消息却传得很快;世人又喜欢议论别人的过失、缺点,这都是常人喜欢的话题。世人坐在一起聊的事情,自然不是什么高尚的话题。每一点小小的消息,每一点细小差异,只是不理睬就行了,根本不足以去回应、答复。不符合"义"的话就不说,做到安详、静默、尊崇大道,难道不是减少后悔的办法?

注释

①机:机枢,机要,关键。比喻应该把言语作为要害、关键。

②机动物应:机关一动,外物就有反应。比喻话说出口,听者就有反应。

③是非之形著:是或非,就表现得很明显了。形,外形、表现。著,显著、明显。

④于意不善了:对于心意不善于表达。意,心意。善,擅长。了,了结、完成,这里是表达的意思。

---

〔1〕 殷祥、郭全芝主编:《嵇康集注》,第339~340页。

⑤权:姑且,权且。

⑥已后视向不言:到以后,再看之前不说(的情景)。向,往昔、过去。

⑦传吉迟,传凶疾:好事传得很慢,坏事传得很快。

⑧过阙:缺点、过错。阙,通"缺"。

⑨坐中所言:闲坐时的言谈。

⑩自非高议:自然不是高妙的言论。

⑪但是动静消息:只是这种坐谈者的或动或静、或消或长。

⑫小小异同:在小地方的差异或相同。

⑬但当高视:只需要不理睬。但,只。当,需要、应当。高视,谓不理不睬之状。

⑭和答:应和、作答。

⑮非义不言:不是应该说的,就不说。义,即宜,适宜、应该。

⑯详静敬道:安详,宁静,敬道。

⑰寡悔:减少后悔。寡,少,这里是减少之意。古人在《周易》中认为,人做事会产生吉、凶、悔、吝四种后果,即吉祥、凶险、后悔、做得不够。

片段五

家诫[1]

人有相与变争①,未知得失所在,慎勿豫之也②。且默以观之,其是非行自可见③,或有小是不足是,小非不足非,至竟可不言,以待之④。就有人问者,犹当辞以不解⑤,近论议亦然⑥。若会酒坐⑦,见人争语,其形势似欲转盛便当无何舍去之⑧:此将斗之兆也。坐视必见曲直,傥不能不有言,有言必是在一人;其不是者方自谓为直,则谓曲我者有私于彼⑨,便怨恶之情生矣!或便获悖辱之言⑩,正坐视之,大见是非而争不了⑪,则仁而无武⑫,于义无可⑬,故当远之也。然大都争讼者,小人耳,正复有是非,共济汗漫⑭,虽胜可足称哉?就不得远取醉为佳⑮。若意中偶有所讳,而彼必欲知者,若守之已,或劫以鄙情⑯,不可惮此小辈,而为所挽引⑰以尽其言,今正坚语,不知不识⑱,方为有志耳。

---

〔1〕 殷翔、郭全芝主编:《嵇康集注》,第340页。

译文

遇到别人在一起辩论、争执，而不知道是非所在的时候，你可要谨慎，不要参与这种辩论。姑且沉默、观察，很快自然会明白事情的是非曲直。有时候，有一点儿正确的因素但还算不上正确，或者有一点儿小小的不妥却不足以非议，到谈话结束你都用不着说话，且等等看。遇到有人来问你的意见，尤其应该告诉对方说自己也不明白。在遇到别人议论的时候也是如此。如果遇到酒宴，别人开始争论，而且争辩趋于激烈，就应当很快借故离开，因为这是他们将要争斗的前兆。如果你坐在旁边观看，你就不得不表态，而表态就得肯定一方；那么，被你否定的另一方又自以为正确，他就会认为你待他不公，和另一方有个人利益关联，就会对你生出怨恨、厌恶之情。或者，你听到了什么荒谬、歪曲的议论，而你在旁坐视不理，明明看出了是非曲直，却不能参与争论，这是有仁而无武，就道义而言也不值得肯定，因此你应当远离他们。如果心中偶尔有所避讳之事，而对方一定想要知道，且又追索不休，或者对方以世俗常情来逼迫你，你不要因为害怕这种小人，就为其所胁迫。这时候，你要坚定地说自己不知道、没听说，这才是有志气。

注释

①相与变争：互相争辩。变，即"辩"。

②慎勿豫之也：一定不要参与。慎，本义是小心，引申义为务必、千万。豫，参与。

③行自可见：过一会儿自然会显露。行，且、将，快要。

④至竟可不言，以待之：到结束，可以用不言来对待它。竟，结束。

⑤辞以不解：用（自己也）不懂来推辞。辞，此处指躲避、推辞。

⑥近论议亦然：接近（众人）议论（的场所）也是这样。近，接近。

⑦若会酒坐：如果遇到宴席。若，如果。

⑧便当无何舍去之：就应当很快离开。无何，片刻，很快。

⑨谓曲我者有私于彼：会说"认为我不对的人，和对方有私人交情"。曲，歪曲，未公正待人，此处为"认为我不对"之意。

⑩或便获悖辱之言：有时遇到荒谬、歪曲之言。获，遇到。悖，荒谬。辱，曲。

⑪而争不了：争辩不结束。了，完结。

⑫仁而无武：仁善，却没有力量。

⑬于义无可：对于道义来说，没有值得肯定之处。可，认可、称道。

⑭共济汗漫:共济,一起达到;汗漫,无边无际的境地,比喻越扯越远。

⑮就不得远取醉为佳:近不得,(要)远远避开,饮酒为好。就,靠近。远,远离。取醉,饮酒而醉。取,得到。

⑯若守不已,或劫以鄙情:如果(对方)以倚势逼迫,(甚至)有人用庸鄙的常情来强迫(你)。他本"不"前有"大"字,戴明扬认为当为"人"字之误,窃以为或为"之"字之误。劫,强迫。鄙情,世俗的、鄙陋的人际感情。

⑰挽引:牵引,比喻被人牵着鼻子走。挽,牵、拉。

⑱今正坚语,不知不识:这时候,要严正、坚定地说(自己)不知道。今,现在。

五、评价

嵇康《家诫》影响深远,后世对其评价很高。鲁迅就认为,嵇康外表鄙弃纲常名教,内心却虔诚地信奉儒家之道。在鲁迅看来,嵇康所反对的不是儒家理念、做人准则,而是被粉饰的、虚伪的儒家说教。而嵇康可能认为,这些说教本来应是做人的准则,而不只是停留在表面。嵇康的不拘泥于礼法、放纵不羁,恰恰是对虚假说教的唾弃,而不是对儒学名教的鄙视。

从《家诫》的内容,不难看出以下几点:首先,从其内心而言,嵇康当然是虔诚的儒家信徒;其次,嵇康不肯追随流俗,参与名利的追逐和黑暗的争斗;再次,嵇康教导孩子,立身行事,要注重内心世界的志向、外在人身的安全;最后,嵇康教导孩子如何与人交往、如何说话(如何沉默)、如何应对急难者、如何帮助他人(要帮人,但不可耗费太高,被人欺骗)、如何饮酒、如何判断和处理世务。

第三章　诸葛亮《诸葛亮集·家书》

一、作者简介及代表作

诸葛亮(191—234),字孔明,号卧龙,生于东汉末年徐州琅琊阳郡(今山东沂南),三国时期蜀国丞相,杰出的战略家、政治家,在军事、外交、文学等领域卓有建树。诸葛亮早年随叔父豫章(今江西南昌)太守诸葛玄在豫章居住,后随叔父投奔荆州刘表集团。成年后,诸葛亮隐居隆中(今湖北襄樊),"躬耕于南阳,苟全性命于乱世,不求闻达于诸侯"。时东汉末年,群雄逐鹿。刘备逃离曹操集团后,托庇于荆州刘表集团,驻军新野(今河南南阳)。他不甘寄人篱下,四处寻访贤才,司马徽、徐庶等人都数次举荐诸葛亮。而求贤若渴的刘备,不惜屈尊数次拜访年仅二十七岁的诸葛亮。诸葛亮为刘备诚意所感,向刘备剖析当时军政局势,向刘备集团提出了夺取荆州、益州,和孙权、曹操三分天下的战略,这就是著名的《隆中对》。此后,诸葛亮毅然出山追随刘备,在曹操大军压境,刘表和刘备势力陷于危急之际,诸葛亮出访东吴,成功说服孙权、周瑜联合刘备抗击曹操,于赤壁之战中以少胜多,击败曹军,奠定了三分天下的格局。此后,在诸葛亮的辅佐下,刘备集团占据荆州,又向西发展,占据西川、汉中,后建立蜀汉政权,诸葛亮被任命为丞相,主持内政并参与军机。刘备死后,诸葛亮掌握军政大权,改变了刘备以东吴为敌的战略,改善了和东吴政权的关系,又向南发展,以羁縻手段收服了今天云、贵、川一带的少数民族势力,又先后六次北伐,向盘踞在中原的曹魏政权发起进攻。诸葛亮治理军政,勤勉谨慎,事必躬亲,后人有"诸葛一生唯谨慎"的评语。诸葛亮数次以少敌多、北伐中原,但终究未能实现"安汉兴刘"的夙愿,最终病死于五丈原。

二、作品的时代背景

三国时期,军阀混战不休,世事扰攘。作为一代人杰,诸葛亮毕生勤勉谨慎,对汉室忠心辅佐,赢得了后人的敬重。其毕生的事功在于影响了历史的趋势,造就了三分天下的格局。三国时期魏国的陈寿将诸葛亮的作品加以整理、编纂,形成了今天我们看到的《诸葛亮集》。关于幼儿的成长和教育,诸葛亮也为后人留下了《诫子书》《又诫子书》《诫外生书》等传颂千古的名篇,这些篇章体现了作为杰出的军事家、政治家的诸葛亮,对其后人的成长、成才的期待和忧虑之情。

三、主要内容及思想主旨

诸葛亮的家训类作品数量不多,除了《诫子书》《又诫子书》《诫外生书》外,他作为托孤之臣给刘禅所上的《前出师表》《后出师表》,从某种意义上也可归于此类文章。

《诫子书》是诸葛亮写给自己的儿子诸葛瞻的家书,在这封信中,诸葛亮用"枯落"朽木来比喻"不接世"之辈,用"悲守穷庐,将复何及"来警示诸葛瞻,由此强调了立志、学习与成才之间的重要关系,并且阐述了"静""俭"的德行修养对于"明志""致远"的意义。《诫子书》仅八十六字,其文精练而语意深邃,饱含着一位父亲对自己儿子的殷切期望。

《诫外生书》是诸葛亮写给二姐的儿子、三国时期南阳名士庞德公的孙子庞涣的书信。在这封信中,诸葛亮教导庞涣如何立志、如何修身与成才。在这封信中诸葛亮就"志存高远"做了两方面的阐述:一方面需要向先贤学习,克制情欲,除掉内心郁结之俗念,就是所谓的"慕先贤,绝情欲,弃凝滞",才能受到熏陶、感染而存志;另一方面,立志还需要能够忍耐社会地位的卑下,摆脱烦琐杂务的搅扰,广泛地向高于自己者请教,根除自己内心的怨愤等不良情绪,也就是做到"忍屈伸,去细碎,广咨问,除嫌吝"。诸葛亮认为,假如能够做到这一点,就算不够完备,也无伤乎内在的志趣,也不必担心不能有所成就。反之,如果立志不够刚强、果决,境界不够大气、开阔,就难免会随从流俗、情绪而成为碌碌无为之辈,这将会是非常可悲的。总的来看,诸葛亮的《诫子书》《诫外生书》对于当代儿童,乃至青少年教育的借鉴意义,主要体现为以下两个方面:

第一,指出了少年儿童的学习、成长与成才之路。诸葛亮认为,修身、立志对于学习、成才至关重要。人生苦短,为了避免在长大成人后"悲守穷庐"、嗟叹"将复何及",就要把握好学习与修身、立志的关系。修身的关键或要领在于"沉静"和"俭朴"——内心沉静是实现长远规划、长远目标的首要条件,而甘于俭朴则是保持内心志向的重要保障。在生活中,做到了"静"

"俭",方才有利于静心学习、养成志气、恒久努力,如此才能够成才。

第二,诸葛亮在《诫外生书》中,提出了强毅之志、高迈之心态对于保持心理健康、对于个人的成长和最终成才的极端重要性。

诸葛亮认为,人在世间难免有境遇的坎坷,难免受生活中琐碎杂事的烦劳,难免有社会地位之卑下带来的内心郁结,而如何克服这些苦楚,如何保持心理健康,就需要靠"高远"之志,需要靠振奋豪迈的心态。而这种高远的志气、慷慨振奋的心态,可以通过学习先贤、克服欲望、克服低迷不振的心态等方法,来加以养成。

四、精彩片段选读

片段一

诫子书〔1〕

夫①君子②之行③,静以修身,俭以养德,非澹泊④无以明志,非宁静⑤无以致远⑥。夫学须静也,才须学也,非学无以广才⑦,非志无以成⑧学。淫慢⑨则不能励精⑩,险躁⑪则不能治性⑫。年与⑬时驰⑭,意与日去⑮,遂成枯落⑯,多不接世⑰。悲守穷庐⑱,将复何及⑲!

译文

人处在世上,需要以宁静来提升修养,以节俭来养成品德。这是因为,如果做不到恬静寡欲,就很难摒弃各种纷扰,明确自身的志向;如果不能安静专一,就无法完成远大的目标。要学习,内心就必须静心专一;而才干则来自学习。人不学习就无法增长才干,人无志向就很难学有所成。人如果放纵、懈怠,就不能振作精神、发奋进取;如果浮躁、冒进,就不能砥砺和磨炼性情。这样的话,青春年华随着时光而流逝,意志也随岁月消逝而不再,到老之后生命如枯枝落叶般凋零,却仍然不能够成为有用之材,而只能悲哀地困居于寒舍,到那时才悔恨年轻时没有发奋图强、努力上进,那又怎么来得及呢?!

---

〔1〕 诸葛亮著,张连科、管淑珍校注:《诸葛亮集校注》,天津古籍出版社,2008年版,第109页。

注释

①夫:发语词,用于句首,以引出下文,无实在意义。

②君子:先秦时期指士大夫阶层,这里指操守、品德、品行等方面高尚的人。

③行:前人多作"品行""操守"解。此处解释为"涉务""处世"。

④澹(dàn)泊:也作"淡泊",指内心恬淡寡欲、不求功名利禄。

⑤宁静:这里指安静,集中精神,不分散精力。

⑥致远:实现远大目标。

⑦广才:增长才干。才,才干。

⑧成:完成,达成,成就。

⑨淫慢:过度的松懈、散漫。淫,过度。慢,懈怠,松懈。

⑩励精:发奋、振奋、勤奋。

⑪险躁:浮躁,急躁,不够踏实、平实,与上文"宁静"相对而言。

⑫治性:磨炼性情。

⑬与:跟随、随着。

⑭驰:飞速行驶,这里是飞速流逝之意。

⑮日:日子,指时间。去:消逝,流逝。

⑯枯落:枯枝和落叶,此指如枯叶飘零,形容韶华逝去、青春不再。

⑰多不接世:很可能对社会没什么用处。多,含有概率、可能的意思。接世,接触世人,承担世务,成为有用之材。

⑱穷庐:困窘之人住的房子,穷家。

⑲将复何及:又怎么来得及。

片段二

又诫子书〔1〕

夫酒之设,合礼①致情,适体②归性③,礼终而退,此和之至也。主意未殚④,宾有余倦⑤,可以至醉,无致迷乱⑥。

---

〔1〕 诸葛亮著,张连科、管淑珍校注:《诸葛亮集校注》,第111页。

译文

宴席上之所以设置酒，是为了用礼仪来表达内心之情，在于愉悦其身心、回归本然。因此，在礼节完成之后就要把酒撤下，这是因为宾主之间的"和"已经达到了极致。在主人的情意还未尽，客人也尚未疲倦时，即使饮到一醉方休，也不至于因醉酒而丧失理智、乱性失礼。

注释

①礼：礼仪、礼节。先秦时期，周代制定了各种礼仪，汇纂为《周礼》，其中包括饮酒礼。虽然在今天看来这些礼仪比较烦琐，但它们的影响却十分深远，在诸葛亮的时代仍然起着一定作用。

②适体：愉悦身心。也有解释为"适应酒量"。

③归性：摆脱烦琐宾主礼仪的束缚，回归自然本性。这里指宾主之间的和乐自在，无拘无束。

④殚(dàn)：竭尽之意。

⑤余倦：有剩余酒量，而未疲倦。

⑥迷乱：迷失、放纵，不合礼仪，或者失去礼节。

片段三

诫外生书[1]

夫志当存高远，慕先贤，绝情欲，弃凝滞①，使庶几之志②，揭然③有所存，恻然④有所感；忍屈伸，去细碎⑤，广咨问，除嫌吝⑥，虽有淹留⑦，何损于美趣，何患于不济⑧。若志不强毅⑨，意不慷慨，徒碌碌于流俗，默默束于情，永窜伏⑩于凡庸，不免于下流⑪矣！

译文

人应该确立高远的志向，仰慕先贤，克制情欲，去除杂念之羁绊，使那种趋向于圣贤的志向，能够在自己内心高高树立，使自己的内心时常受到感召。你要能够适应人生境遇的顺利或曲折的考验，内心超脱于琐碎的日常事务，广泛地向别人求教，除去内心的自卑和埋怨命运的情绪。即便你能够做到上述种种，事业也还是难免暂时陷入停滞，但这并不会有害于自身的高

---

〔1〕 诸葛亮著，张连科、管淑珍校注：《诸葛亮集校注》，第111页。

尚情趣,也不必为此而担心事业会不成。如果志向不够刚强坚毅,而内心境界不够振奋高迈,只是受困于流俗之辈的碌碌无为,默默无闻地受制于情势,永远混杂于平庸的人群之中,那就难免会沦落,不会再有什么教养和出息了。

注释

①凝滞:受困于时运,停滞不前。也指内心的困顿与低迷的状态。

②庶几之志:指思慕于趋向先贤之志。庶几,大概、差不多。

③揭然:高举的样子。

④恻然:指内心的恳切、感动之状。

⑤细碎:琐碎的杂念,或琐碎的事务。

⑥嫌吝:怨恨之心,耻辱之感。吝,耻辱。

⑦淹留:本义是"长期逗留、羁留",引申为虚度光阴,无所成就。此外,"淹留"有时还有屈居底层、下位之意。在这里,诸葛亮用"淹留"一词表达内心境界或状态的停滞、低迷与困顿,难以突破并达到克制欲望、振奋向上的状态。

⑧济:指完成、成功,达成目标。

⑨强毅:指刚强、果断。

⑩窜伏:逃避,匿藏,指处于底层。

⑪下流:不带贬义,指下层人士、社会地位较低的普通人。

五、评价

在后人心目中,蜀汉的丞相诸葛亮是"智慧之化身"。其《诫子书》《诫外生书》语言风格简短凝练,带有骈体文的色彩,其言谆谆,饱含对后辈的殷切期待,不仅是诸葛亮自身成才经验、人生道路的总结,也成为中华文明史上的不朽名作。文章阐述修身养性、治学做人的深刻道理,读来发人深省。

《诫子书》等文章,流传后世,影响深远。古往今来,无数高贤大德、名流巨子都受到本文的影响。当代文化名人南怀瑾认为,《诫子书》充分表达了诸葛亮的儒家思想和修养,"后人讲养性修身的道理,老实说都没有跳出诸葛亮的手掌心"。诸葛亮以"文字说理,文学的境界非常高,组织非常美妙",把文学思想化了,而这之所以难能可贵,是因为"学术性、思想性的东西,对(仗)起来是很难的"。

第四章　颜之推《颜氏家训》

一、作者简介及代表作

颜之推（531—约590以后），字介。琅邪临沂（今属山东）人，永嘉南渡时期，其祖先随东晋南下，寓居建康。北齐侯景之乱起，梁元帝萧绎自立于江陵，颜之推任散骑侍郎。公元554年，西魏军破江陵，颜之推被俘。为了回到江南，颜之推趁黄河水涨之机，从弘农（今河南灵宝）偷渡南下，历黄河砥柱之险，先逃奔北齐，齐文宣帝高洋（550—559年在位）"见而悦之，即除奉朝请，引于内馆中，侍从左右，颇被顾眄"。正在颜之推准备回到故国之时，南朝大将陈霸先兵变，以陈取代了梁朝。颜之推所效忠的王朝不复存在，也无法回到南梁，他只好留寓北齐，在北齐任黄门侍郎等职。577年，北周灭齐，颜之推又入周任御史上士。不久，隋取代了周，颜之推又仕于隋。

颜之推的一生，处在南北朝的朝代更迭、兼并极为频繁的时期。他历仕南梁、北齐、北周、隋四朝，多次遭遇"亡国"的离乱，又曾为西魏掳去。其一生的多数时光中，以南朝人而为官北朝，寄人篱下而深怀戒惧。在当时人心目中，南朝乃是正统所在，而颜之推三次被胡人所俘，而被迫屈身侍虏，成为他毕生的痛楚和耻辱。在诗歌《观我生赋》中，颜之推对自己多次遭逢亡国之痛、离乱之悲，对命运飘蓬不定和前途未卜，更对华夏文化为"胡虏"所灭有着切肤之痛："牵沉疴而就路，策驽蹇以入关。下无景而属蹈，上有寻而哑搴。嗟飞蓬之日永，恨流梗之无还……何黎氓之匪昔，徒山川之犹曩。每结思于江湖，将取弊于罗网。聆代竹之哀怨，听《出塞》之嘹朗，对皓月以增伤，临芳樽而无赏。"

颜之推毕生著述颇丰。除了教诫子弟的《颜氏家训》，在书法方面著有《急就章注》《笔墨法》，训诂和音韵学方面留下了《训俗文字略》《正俗音略》等学术著作，还著有传奇小说类作品《集灵记》《还冤志》。此外，其存世诗歌有《古意》《神仙诗》等，以及长篇叙事诗《观我生赋》（收录于唐代编纂的《北齐书·文学传》）。其诗文不仅具有高超的文学造诣，还体现了在胡人统治中原的特殊背景下传统士人的文化情感，受到后世的重视。而《颜氏家训》则更是将传统士大夫安身立命、教诫子弟的思想、观念和做法表现得淋漓尽致。

二、作品的时代背景

颜之推本是南朝人，接受过正统的汉族文化的熏陶，其壮年后辗转仕于南梁、西魏、北齐、北周、隋。他所处的魏晋南北朝时期，具有两大特点：其一是中国古代自东汉以来的门阀士族，完全趋于腐朽和没落。所谓高门贵族，往往依仗祖辈勋业和遗荫，没有功勋却权位显赫，一无所长却操纵天下，甚至体气衰亏，听到马鸣也畏惧不已。其二是不同朝代迅速地更新迭代。东晋之后，南朝经历了宋、齐、梁、陈的朝代更迭，北朝则经历了北魏、东魏、西魏、北齐、北周的更迭。由于争权夺利，统治集团上层的内部矛盾异常尖锐和激烈；同时，由于普通人生计的日趋艰难，社会底层和掌握统治权力的社会上层之间的矛盾也趋于尖锐化。其直接表现就是权势、财富、地位常常由家族的传承而来，而其失去也常常与社会动荡、朝代更迭关系密切。

目睹了高门贵族的权力、名望、财富、地位以及身家性命的朝不保夕，统治者所拥有的一切都常常在转瞬间化为乌有，颜之推深刻意识到了中庸之道的重要性。因此，他教诫子弟，不可追求过于显赫的权力和地位，不要与掌握巨大权力的家族联姻，以免在其没落崩溃之时受到牵连。因此，颜之推才教诫子弟重视实实在在的、应对生活的各种能力。在颜之推看来，唯有如此，方足以在变幻莫测的时代洪流中安然无恙，立于不败之地。因此，整个《颜氏家训》都强调子弟要学习实际的本领，掌握生活必备的技艺，以免在风云变幻的时代洪流中无法安身立命。

三、主要内容及思想主旨

《颜氏家训》包括七卷，共二十篇。第一卷主要讲"齐家"，包括教子、兄弟间如何相处、如何治家等内容。第二卷为《风操》《慕贤》两篇，主要论述先贤的风范操守，谈论如何学习先贤，提升个人内在品格与修养。第三卷为《勉学》，主要谈论"为什么学""如何学"等问题。第四卷，从"文章""名实""涉务"三个角度，从士大夫角度谈论立身之本，论述为人、做事的道理。第五卷，从"省事""止足""诫兵""养生""归心"五部分出发，从总体上论述"治心"之法，实际上谈论了颜之推立身、涉世的基本方略或准则。第六卷为

《书证》篇，主要是对古代经典中的字、词的义理和读音进行考证。第七卷，包括《音辞》《杂艺》《终制》，《音辞》篇谈论南北方的口语发音，《杂艺》篇谈论书法、绘画艺术与医学，《终制》篇结合孔子言论和自身经历，谈自身对待死亡和葬身之所的态度，勉励儿孙以立功、扬名为务，而不可恋慕祖先埋葬之所，展示出通达、奋发的人生态度。

作为一部教诫子弟的名作，《颜氏家训》所展示出的思想主旨，大体上可以归结为两个方面：其一，摒弃寻章摘句、琴书音乐等比较"虚"而不切生活实际的知识、技能，重视培养生存能力、生活能力、处理日常事务的能力，自然也包括体力或体能的训练；其二，看破权力名位的虚妄、转瞬即逝，放弃两汉以来士大夫靠熟读儒家诗书来求得禄位的传统，根本不愿意子孙依附于权力来谋生。

从《颜氏家训》的思想主旨，我们不难窥测颜之推内心世界的真实心态。一方面，颜之推看到权力的虚无和变幻莫测，多少名公巨卿转瞬惨遭灭族，更遑论依附于他们求生存的人们。另一方面，出于士大夫，甚至是普通人的心态，颜之推更愿子弟树立独立自主的信心，靠经世致用之学而生存，而不是学一些无用、无益的所谓"知识"或技能，而丧失了起码的健康、生活的能力，靠依附权贵，依托于已经日趋腐朽没落的士族制度谋生。抛开技艺、艺术不谈，单就其内在的生命力量，就其后世子孙的人格力度而言，颜真卿、颜杲卿等人在唐代的英勇事迹，是无愧于其先祖颜之推的，也不难看出《颜氏家训》这部古代幼儿教育名作的作用。

《颜氏家训》对儿童教育的启示或借鉴意义，主要表现为以下几点：

第一，颜之推告诫人们，在教养儿童时要保持适当的距离，要在保持温和庄重的同时，避免养成狎昵的习惯，不可"宜诫翻奖，应诃反笑"。否则，一旦纵容其养成了"内心骄傲，待人轻慢"的习气，及其稍微长大，其效果就只能是"纵然捶挞至死而无威"，徒然"忿怒日隆而增怨"，而难以避免"终为败德"的结局。由此提出"父子之严，不可以狎；骨肉之爱，不可以简"的名言，认为"简则慈孝不接，狎则怠慢生焉"。

第二，就儿童教育的总体方向而言，希望子孙能够自立、自强、庄重，反对盲目依托于当时已日趋没落、崩溃在即的权势结构与社会体系。他举出南朝齐梁的某个士大夫的例子，对其给子孙安排"写奏折""鲜卑语""弹琵琶"来"服侍公卿、谋取前程"表示强烈的不赞成。

第三，主张对儿童的教育要以最终"能有益于物"为目的，要求子弟能学习有用的技艺、锤炼自己的体魄、了解与洞察社会，成长为有用之材。避免养成只会"品藻古今""高谈虚论"，面临具体工作则"多无所堪"的状态。颜之推认为，很多士族子弟"居承平之世，不知有丧乱之祸；处庙堂之下，不知有战陈之急；保俸禄之资，不知有耕稼之苦；肆吏民之上，不知有劳役之勤"，如此就难以掌握必要的才干。

第四，颜之推反对过于优渥、闲散的生活，主张保持适度的体力劳动和体育锻炼。他目睹世家子弟"皆尚褒衣博带，大冠高履，出则车舆，入则扶侍"，在侯景之乱时往往"肤脆骨柔，不堪行步，体羸气弱，不耐寒暑，坐死仓猝者，往往而然"，强烈反对世风的浮夸奢靡，强调要重视"稼穑"和劳动，重视体力锻炼，以养成强健的体魄，以此抗御人世瀚海的烟波起伏。

四、精彩片段选读

片段一

教子篇[1]

上智①不教而成，下愚②虽教无益，中庸之人③，不教不知也。古者，圣王有胎教之法：怀子三月，出居别宫，目不邪视，耳不妄听，音声滋味，以礼节之。书之玉版④，藏诸金匮⑤。生子咳提，师保⑥固明孝仁礼义，导习之矣。凡庶纵不能尔，当及婴稚，识人颜色，知人喜怒，便加教诲，使为则为，使止则止。比及数岁，可省笞罚⑦。父母威严而有慈，则子女畏慎而生孝矣。

吾见世间，无教而有爱，每不能然⑧，饮食运为⑨，恣其所欲⑩，宜诫翻奖，应诃反笑，至有识知，谓法当尔。骄慢已习，方复制之，捶挞至死而无威，忿怒日隆而增怨，逮于成长，终为败德。孔子云"少成若天性，习惯如自然"是也。俗谚曰："教妇初来，教儿婴孩。"诚哉斯语！

凡人不能教子女者，亦非欲陷其罪恶；但重于呵怒。伤其颜色，不忍楚挞惨其肌肤耳。当以疾病为谕，安得不用汤药针艾救之哉？又宜思勤督训者，可愿苛虐于骨肉乎？诚不得已也。

---

[1]　颜之推著，王利器点校：《颜氏家训集解》（增补本），中华书局，1996 年版，第 8～21 页。

....

父子之严，不可以狎⑪；骨肉之爱，不可以简⑫。简则慈孝不接，狎则怠慢生焉。

....

人之爱子，罕亦能均，自古及今，此弊多矣。贤后者自可赏爱，顽鲁⑬者亦当矜怜，有偏宠者，虽欲以厚之，更所以祸之。

....

齐朝有一士大夫，尝谓吾曰："我有一儿，年已十七，颇晓书疏，教其鲜卑语及弹琵琶，稍欲通解，以此伏事公卿，无不宠爱，亦要事也。"吾时俛而不答。异哉，此人之教子也！若由此业，自致卿相，亦不愿汝曹⑭为之。

译文

上等禀赋的人，不用教育就能成材；禀赋低等的人，即便教育也用处不大；禀赋中等的人，不教育就会无知。古代的圣王，有"胎教"的方法：怀孕三个月的时候，出去住到其他宫室中，眼睛不看不好的事物，耳朵不听不好的事物，音乐和饮食，都用礼来约束。这些都写于玉版、藏于金匮。孩子在幼年，就找一些通达"孝仁礼义"者担任老师、保育者，来教导幼儿。普通人纵然做不到这样，但在婴幼儿懂得脸色、知道喜怒时，就应该加以教育、劝导，让孩子听话，这样到了几岁时，就用不着打他了。父母威严、慈爱，那么孩子就畏惧、谨慎，有孝心。

我看到世人对孩子有爱而无教，每每不能赞同：要吃什么、要玩什么，肆意放任孩子；该责罚了，反而夸奖；该呵斥时，反而一笑置之。到了孩子大一点，有认知能力时，才说"该这样该那样"，小孩骄傲、怠慢已经成为习性，这时才去挟制他，父母就算打死孩子也没有了威严，父母的愤怒一天天增加，却反而增加孩子的怨恨。等孩子长大，终究德行建立不起来。孔子说，"小时候习性的养成，就和天性差不多，习惯成自然"，就是这个道理。俗话说，"教妇人，应在其刚嫁入家门时；教导孩子，应该在婴幼儿时期"，真的是这样啊！

大凡不能教育好子女的，并非想让他陷于罪恶，只是不愿看到他受呵斥而沮丧，不忍见到他挨打而肌肤受苦。应该用疾病来打比方，哪能不用汤药、针灸来救治？又应该想一想，那些时常督促、训导孩子的人，人家就肯对亲生骨肉苛刻虐待吗？真的只是不得已罢了！

....

　　父亲与子女之间要严肃,过于亲昵会损害父亲的威严;骨肉之间有爱,但不能因此就怠慢、不尊重对方。怠慢、不敬,就造成父母慈爱而子女不孝;过于亲昵,失去体统,子女就会怠慢。

…………

　　人对孩子的爱,很难做到平衡、均等。从古到今,弊端很多。懂事、聪明的孩子,自然应该夸奖;顽皮和愚钝的孩子,也应该被心疼。如果偏爱某个孩子,虽然是想厚待他,反而因此害了他。

…………

　　齐朝有一个士大夫,曾告诉我说,"我有个孩子,年已十七,很会写奏折,教他鲜卑语、弹琵琶,差不多都学通学会了。以此来服侍公卿大臣,没有人不喜爱的,这事很重要"。我低头不答。奇怪啊,这人竟然这样教孩子! 就算能由此做到公卿,我也不愿你们这样做。

注释

①上智:所谓具有上等天赋的人。

②下愚:指天赋愚钝者。

③中庸之人:平常的人、普普通通的人。

④玉版:又称玉板,古代用于刻字的玉片。

⑤金匮(guì):金色或金质的盒子,用于保存较贵重之物。

⑥师保:古代指担任教导与保育王室子弟的官员。保,保育。

⑦笞罚:古代的一种刑罚,即用竹板或荆条拷打犯人脊背或臀腿。

⑧每不能然:每次都不能赞同。然,肯定、赞成。

⑨饮食运为:饮食与所行之事。运为,指作为、行为。

⑩恣其所欲:放纵他所想要的。恣,放纵。所欲,所想要之物。

⑪狎:亲昵而不庄重。

⑫简:简省、简略,这里指怠慢。

⑬顽鲁:愚笨和迟钝。顽,这里非顽皮,而指愚笨。鲁,这里指迟钝,非指莽撞、粗野。

⑭汝曹:你们这些人。汝,你、你们。曹,等、辈。

片段二

涉务〔1〕

士君子之处世，贵能有益于物①耳，不徒高谈虚论，左琴右书，以费人君禄位也。国之用材，大较②不过六事：一则朝廷之臣，取其鉴达治体，经纶博雅③；二则文史之臣，取其著述宪章，不忘前古；三则军旅之臣，取其断决有谋，强干习事；四则藩屏之臣，取其明练风俗，清白爱民；五则使命之臣，取其识变从宜，不辱君命；六则兴造之臣，取其程功节费④，开略有术，此则皆勤学守行者所能辨也。人性有长短，岂责具美于六涂⑤哉？但当皆晓指趣⑥，能守一职，便无愧耳。

吾见世中文学之士，品藻⑦古今，若指诸掌，及有试用，多无所堪。居承平之世，不知有丧乱之祸；处庙堂之下，不知有战陈⑧之急；保俸禄之资，不知有耕稼⑨之苦；肆吏民之上，不知有劳役之勤：故难可以应世经务也。晋朝南渡，优借⑩士族，故江南冠带⑪，有才干者，擢为令仆⑫已下尚书郎⑬中书舍人⑭已上⑮，典掌机要。其余文义之士，多迂诞浮华⑯，不涉世务；纤微过失，又惜行捶楚，所以处于清高，盖护其短也。至于台阁令史⑰，主书⑱监帅⑲，诸王签省⑳，并晓习吏用，济办时须㉑，纵有小人之态，皆可鞭杖肃督㉒，故多见委使，盖用其长也。人每不自量，举世怨梁武帝父子爱小人而疏士大夫，此亦眼不能见其睫耳。

梁世士大夫，皆尚褒衣博带，大冠高履，出则车舆，入则扶侍，郊郭之内，无乘马者。周弘正为宣城王所爱，给一果下马㉓，常服御㉔之，举朝以为放达。至乃尚书郎乘马，则纠劾㉕之。及侯景之乱㉖，肤脆骨柔，不堪行步，体羸气弱，不耐寒暑，坐死仓猝者，往往而然。建康令王复，性既儒雅，未尝乘骑，见马嘶歕陆梁㉗，莫不震慑，乃谓人曰："正是虎，何故名为马乎？"其风俗至此。

古人欲知稼穑之艰难，斯盖贵谷㉘务本之道也。夫食为民天，民非食不生矣，三日不粒，父子不能相存。耕种之，茠鉏㉙之，刈获㉚之，载积㉛之，打拂㉜之，簸扬㉝之，凡几涉手，而入仓廪，安可轻农事而贵末业㉞哉？江南朝士，因晋中兴，南渡江，卒为羁旅㉟，至今八九世，未有力田，悉资俸禄而食耳。

---

〔1〕 颜之推著，王利器点校：《颜氏家训集解》（增补本），第315～326页。

假令有者,皆信僮仆为之,未尝目观起一拨土,耘一株苗;不知几月当下,几月当收,安识世间余务乎? 故治官则不了,营家则不办,皆优闲之过也。

译文

士君子的处世,贵在能够有益于他人和社会,而不是只会高谈虚论、左琴右书,白白耗费君主的禄位。国家使用人才,大体上不过六个方面:一是朝廷之臣,其长处在于见识广博、通达治理之道;二是文史之臣,其长处在于懂得古代典章制度,可以借鉴参考;三是军旅之臣,其长处在于有谋略,善决断,有理事之才干;四是藩镇之臣,其长处在于了解风俗、清廉爱民;是出使之臣,其长处在于临机处事,不辱使命;六是建造之臣,其长处在于计算开支、节省费用。这都是勤学、守行的人能做到的。人的禀赋参差不齐,岂能要求人具备这六方面的能力呢? 只要能知道其旨趣、能够履行一方面的职责,也就无愧于人了。

我看到社会上的文学之士,品评古今人物时,像是自己的手掌那样熟悉,而一旦被放到某个位置上,却担当不了职责。在世道太平时,他们不知道有丧乱之祸;在庙堂之下,不知道有战阵之急;拥有俸禄,而不知道农民稼穑之苦;身居小吏和民众之上,而不知道劳役的勤苦。这样,终究难以处理世上的实务。晋朝南渡之后,优待士族,所以江南士族有才干者,被提拔为宰相以下、尚书郎或中书舍人以上,掌握机要。其余的懂得文辞的士人,多数浮华不实、迂腐而夸诞,不懂得社会实务,有点过失,又不肯打骂。所以,这些人身居清高的官位,是为了掩盖他们的才智不足啊。至于台阁的文史人员、军事人员、王族出任藩臣者,都知悉如何用人、如何在需要时辅佐襄助,纵然他们有小人之态,也都可以批评和督促,所以这些人常常被委任,这是用其所长啊。人常常高估自己,满天下埋怨梁武帝父子宠爱小人、疏远士大夫,这都算是眼睛看不到睫毛。

梁朝的士大夫,都崇尚宽衣博带、大帽子、高靴子,出门乘车,回来要人搀扶,城郭之内没人骑马。周弘正受宣城王宠爱,获赠一小马,常常骑乘,满朝以为其洒脱、通达。尚书郎骑马,大家都指责、弹劾他。到了侯景作乱时,身体脆弱柔软,缺乏体力,耐不了步行,耐不了寒暑,因此而猝死的人很多。担任建康令的王复,性情儒雅,从未骑过马,见到马的嘶鸣就很害怕,对别人说:"这明明是老虎啊,为啥叫作马?"南朝的风俗就到了这个地步。

古时候,人们想要知道种庄稼的艰难,这大概是看重农事、重视根本之道啊。民以食为天,没有食物就不能生存。三天不吃饭,父子也会互不相容。耕种、锄草、收割、储存、舂打、扬场,总共经历几次人工,粮食才能入仓,怎么能轻视农业而重视商业呢?江南的士人,因为晋的中兴而南渡,终究羁旅在南方,到现在经历了八九代人,没有从事农业劳动,都靠俸禄而活着。就算有,也是靠仆人来做,没看到他们起一拨土、种一株禾苗。不知道几月下种、几月收获,怎会懂得世上的其他事务呢?所以,官也做不好,家也经营不了,这都是过于安逸造成的祸患啊。

注释

①物:外物,这里指他人、社会。

②大较:大体、大概。

③鉴达治体,经纶博雅:明白和通达治理之事,有广博正大的治理之道。鉴,仔细看,审查。达,通达、明达,指掌握、精通。经纶,整理和编织蚕丝,引申为谋划、治理国家大事,也指治国之才能。博,广博。雅,正、正大。

④程功节费:计算工作量、节省耗费。

⑤六涂:六种方式。涂,即"途",道路之意,引申为方法。

⑥指趣:旨趣。指,通假字,即"旨"。

⑦品藻:用华丽的文辞来品评。品,品评。藻,华丽的文辞。

⑧战陈:战阵。陈,通"阵"。

⑨耕稼:耕种和稼穑。稼,庄稼。

⑩优借:王利器点校的《颜氏家训集》(增补本)认为,"优借"为"从优假借"之意,即"优待"。

⑪冠带:帽子和带子,代指士大夫。

⑫令仆:在古代指尚书令与仆射。

⑬尚书郎:古代官职名,指在尚书台内起草文书的官员。

⑭中书舍人:古代职官名,管辖中书省的长官,在南朝中书舍人掌管诏令、侍从、宣旨和接纳上奏等。

⑮已上:以上。

⑯迂诞浮华:迂腐、荒诞、浮华。

⑰台阁令史:指尚书台及其所辖的秘书。令史,大概相当于今天的干事、秘书。

⑱主书:大体相当于上文"令史"之职位。按《汉书》,尚书省有六曹,每曹有三位主书。

⑲监帅:一种较为低级的官吏。

⑳诸王签省:指诸王内部的"签省"官,地位较低。

㉑济办时须:帮助办理一时的要务。济,成功,这里指辅佐、帮助。须,须办之事、要务。

㉒鞭杖肃督:用鞭子、树枝严厉地督责。杖,树枝、枝条。

㉓果下马:古代东濊人进献的一种矮种马,高约三尺,人可以骑着在果树下走,以此得名。东濊,西汉至北魏初年,生活在今朝鲜半岛的一个部落国家。

㉔服御:又作"服驭",指驾驭(车马)。

㉕纠劾:揭发与弹劾。纠,揭发。

㉖侯景之乱:指北齐将军侯景投降梁武帝之后,在南朝发起的叛乱。侯景(503—552),北魏时期人,羯族,本姓侯骨,今山西朔州人。其人剽悍而好骑射。北魏末年,六镇边防军人、边镇各部的胡人暴动,侯景乘势而起,初投靠尔朱荣,成为定州刺史,后又归顺东魏权臣高欢,高欢死后侯景又投降梁朝,并于次年(548)叛乱,攻入建康城,屠戮门阀世家。至公元551年,侯景又杀死梁武帝等人。侯景之乱,后来被王僧辩和陈霸先所平定,侯景为其部下所杀。

㉗嘶歕(pēn)陆梁:嘶鸣、奔跑、跳跃。歕,同"喷",喷射。陆梁,跳跃之意。

㉘贵谷:看重粮食。贵,视为贵。

㉙茠(hāo)鉏(chú):薅(hāo)去和锄去。茠,同"薅",用手薅除杂草。鉏,同"锄",指用锄头锄去杂草。

㉚刈(yì)穫:收割与获得。刈,本义是割草,又有"断""杀"之意。

㉛载积:用车运输、堆积。积,指谷物堆积在场上。

㉜打拂:把谷物的壳打掉、吹开。

㉝簸扬:把皮壳即将脱落的谷物等放在簸箕里,上下颠动,扬去糠秕等杂物。

㉞末业:指商业。古代士、农、工、商四种基本职业,以商业最不受重视,称为"末业"。

㉟羁旅:指外乡人的羁留、逗留。

五、评价

《颜氏家训》之所以影响深远,并赢得今人的广泛赞誉,不仅仅在于其看破了权力和地位的虚妄,更在于其作者内心的卓然自立,并以此教诫子弟。作为中国古代教诫子弟的千古名作,《颜氏家训》的作者不愿意子孙依附于权力来谋生,而十分注重培养子孙后代的独立自主精神,以及实际的生活能力、生存能力。相对于两汉以来传统士族的注重章句、琴书等看似"高雅"却不太切合乱世的贵族教育观,颜之推的做法明显体现出卓然自立的内在人格品质,其高贵人格、深谋远虑,以及其教诫儿童的具体做法,都值得后人借鉴。

按《3—6岁儿童学习与发展指南》,幼儿的人际交往与社会适应是其社会学习的主要内容,而家庭中的人际关系、幼儿与父母等亲人的相处,对幼儿社会性的发育能够起到至关重要的作用。颜之推意识到了家庭环境、父母亲的态度对幼儿人格发育、社会属性成长的巨大作用,他告诫人们,作为父母亲,需要与幼儿保持适当的距离,保持温和庄重,而过于狎昵、"宜诫翻奖,应诃反笑",都容易纵容其骄傲、轻慢的习气。

此外,颜之推主张儿童教育的目的在于养成才干、"能有益于物"。他警惕过于优渥、闲散的生活,倡导适度的体力劳动和体育锻炼,以养成健康的体魄。《3—6岁儿童学习与发展指南》首先重视的就是儿童的身心健康发育。这说明,古今哲人内在的理念是高度一致的。

第五章 袁采《袁氏世范》

一、作者简介及代表作

袁采（？—1195），字君载，今浙江常山人，南宋孝宗隆兴元年（1163）进士，1185年担任乐清县令，官至监登闻鼓院。袁采自小受儒家之道影响，以儒家的"修""齐""治""平"等信条来砥砺自己，颇有长进，才德并佳，时人称其为"德足而行成，学博而文富"。步入仕途后，袁采颇能以儒家之道理政，为官方正，"以廉明刚直称"。

袁采富于学识，编著有《政和杂志》《县令小录》和《世范》等书，而且主持修撰了《乐清县志》十卷，为乐清最早的县志。他多次深入雁荡山考察，留下《雁荡山记》一篇，记载了当时雁荡山的人文景观，并纠正了古人对于雁荡山地理认识的误差。袁采重视教化，重新建立了乐清的县学，时人赞之"爱人之政，'武城弦歌'不是过矣"。袁采对后人最大的影响，在于其所编写的《袁氏世范》。

南宋孝宗淳熙戊戌年间（1178），袁采融会了自己立身处世的心得，编纂了家训《训俗》，以教诫其子弟。书成之后，袁采邀请其好友、时任隆兴府通判的刘镇为此书作序。读了《训俗》之后，刘镇认为此书义理精湛，展示出"敦厚而委曲"的精神面貌，倘以此书教诫子弟、"习而行之"，定可以使其"为孝悌、为忠恕、为善良，而有士君子之行"。刘镇高度评价此书，认为该书可以达到"施乐之清""达之四海"的教化功用，并足以"流传后世"。在他的提议下，袁采将此书改为《世范》。此后，此书垂范后代，并赢得了后世广泛赞誉，成为能够和《颜氏家训》并称的中国古代家训名作。

二、作品的时代背景

《袁氏世范》形成于南宋时期，是典型的儒家宗法社会的产物。传统中国社会为儒家宗法社会，要求人们首先能够适应"君君、臣臣、父父、子子"的社会规范，而儒家学说则提供了一整套的修身和涉世之道，虽然普通人不足以据此"治国平天下",但也足以"修身齐家"了。

南宋时期,金人被阻于江淮一带,在相对稳定的南方汉人政权统治下,如何实现宗法家族的和睦相处、如何看待人生的穷达、如何防范自身弱点、如何防范潜在风险(盗贼与小人作乱),以及如何理财和处理生计,成为绝大多数普通人立身处世的必备之术。《袁氏世范》并未解决什么人生的终极意义,也不涉及治国平天下之术,而是以实实在在的生活哲理、立身涉世之道征服了南宋时代,也对后世产生了长远的影响。

三、主要内容及思想主旨

就其内容来看,《袁氏世范》分"睦亲""处己""治家"三卷。其第一部分"睦亲",首先强调了家庭成员之间性格、见识等的差异,认为每个人"或宽缓,或褊急,或刚暴,或柔懦,或严重,或轻薄,或持检,或放纵,或喜闲静,或喜纷拏,或所见者小,或所见者大",不可强求一致,应该以孔子教人的"和而不同"来相处。又主张反思自己,以宽容、忍耐待人。袁采认为,亲戚骨肉之间,不可"负气""失欢"。为了保持和睦,家长要多褒奖、少批评,长幼之间要"孝顺""慈爱",不必事事讲求是非曲直。还涉及敬贤尊老、治家理财、分家析产、收养嫁娶等许多方面。

在该书的第二部分"处己",涉及读书修业、立身修德、为人处世。袁采认为,人的智识有高下之分,处富贵不宜骄傲,不可因为外在命运"升沉"而懈怠"操履"的修养。袁采认为,人生命运的好坏,冥冥中自有某种"天理"在起作用,历经艰难困苦反而有益于自身福德,全然安逸反而不利。富贵常常是偶然的,认为以"顺受"来应对人生的忧患,就可以减少焦虑、痛苦,内心"少(稍)安"。待人,要看其长处,不可存"慢、伪、妒、疑"之心,应以"忠信笃敬",厚责己、宽待人。待自己,要知道自身天性、个性的"偏失",并逐渐修补、纠正。居心要公平正直,凡事无愧于心,内心常"悔"、有过必改,就是为善的苗头。此外,还涉及言语、知人、与各种人相处之道。第三部分"治家",结合当时的社会环境,围绕安全、与仆役相处、理财,论述了古人治家的种种注意事项。

就其思想主旨来看,《袁氏世范》切合了传统中国社会的家族"小共同体"的需求,它以儒之道为依归,从内心修养、言语和知人、读书与修业、家庭成员相处、人身和财产安全、理财、管理下属等方面,谈论了人生在世的立身处世之道。袁采力图营造家庭成员之间的和睦安宁,并主张对下属的仆役采取宽仁、公平之道,确保其基本的"饱暖""健康"。该书谈到了对自身弱点与缺陷、对盗贼、对小人的防范之道,言语平实,娓娓道来,读来有种亲切之感。《袁氏世范》也为我们从事当代儿童教育提供了丰富的启迪:

其一,提出了儿童人格教育的规范性。《袁氏世范》认为,每个人从天性禀赋来看,与某种"常道""常态"相比,人的"德行"往往有某种"偏失",因此需要引起关注,从后天加以熏陶、整饬和弥补。西方的心理学也认为,不同的性格、行为往往与基因遗传存在着关联。先天遗传难以改变,但后天成长的小环境却可以善加营造。《袁氏世范》秉承了《尚书》中对人的九种心理行为特质(即所谓"九德")的探讨与分析,体现了古人对儿童气质禀赋的观察、把握与干预,值得我们引为儿童教育的借鉴参考。

其二,面对人际相处中的矛盾、龃龉,注重对自我的克制,注重对自己的心理疏导,以此避免矛盾的升级与激化。出于对冲突升级的担忧,《袁氏世范》提出所谓"处忍之道",认为应该把人际摩擦产生的不快"随而解之,不置胸次",并且随时劝慰自己"这事别人不知道""失误罢了""对我并没多大损失"。其方法不一定有多高明,但是其忍让、通达的人际相处理念,对心理的某种疏导与暗示,无疑都有一定的积极意义。

四、精彩片段选读

片段一

性有所偏在救失[1]

人之德性出于天资①者,各有所偏。君子知其有所偏,故以其所习为而补之,则为全德之人。常人不自知其偏,以其所偏而直情径行②,故多失。《书》③言九德④,所谓宽、柔、愿⑤、乱⑥、扰⑦、直⑧、简⑨、刚、彊⑩者,天资也;所谓栗⑪、立⑫、恭⑬、敬⑭、毅⑮、温、廉⑯、塞⑰、义者,习为也。此圣贤之所以为圣贤也。后世有以性急而佩韦⑱、性缓而佩弦⑲者,亦近此类。虽然,己之所谓偏者,苦不自觉,须询之他人乃知。

〔1〕 袁采:《袁氏世范(卷二·处己)》,《丛书集成新编》(第033册),新文丰出版股份有限公司,1986年版,第151页。

译文

人的德行乃是由天赋的秉性而来,每个人的天性都有偏颇之处。君子知道自己的天性有所偏颇,因此用自己后天所习来弥补,于是成为德行完备之人。普通人往往不知道自己的天性有所偏颇,而顺着自身偏颇的天性去做人,所以往往有失。《尚书》谈了九种德行,就是"宽、柔、愿、乱、扰、直、简、刚、强",这是生来就有的;而"栗、立、恭、敬、毅、温、廉、塞、义"这几种德行,则是后天习得的。这就是圣贤之所以能成为圣贤的原因。后世有人因为性子比较急而佩戴熟牛皮,有人因为性子比较缓慢而佩戴绷紧的弓弦,也和这个比较相近。尽管如此,自身天性的偏颇,自己往往苦苦求索也觉察不到,需要询问他人才能够知道。

注释

①天资:天生的个性、禀赋。

②径行:走小路,此处喻指不加自我约束。径,小路,往往指陡峭、狭窄的山路。常用来比喻"直接""捷径"。《老子》曰:"大道甚夷,而民好径。"

③《书》:春秋时期的典籍《尚书》。

④九德:九种德行。《尚书》的《皋陶谟》篇认为,施政者应具有九种德行,即"宽而栗,柔而立,愿而恭,乱而敬,扰而毅,直而温,简而廉,刚而塞,彊而义"。

⑤愿:谨慎、老实。

⑥乱:本义是"治理",作动词用,这里指有治理能力。

⑦扰:和顺、驯顺。

⑧直:正直。

⑨简:指能够抓住要害、举重若轻、不纠缠于细枝末节的品质。

⑩彊:通"强",指刚强自立。

⑪栗:古代孔颖达将"栗"解释为"矜庄严栗",郑玄将"宽而栗"解释为"宽而有辨"。近人俞樾也认为,解释为"战栗"不妥,认为"栗"通"秩",为"辨别、分辨"之意。

⑫立:指内心有主见、能辨别是非,从而卓然自立,不盲从他人。

⑬恭:恭敬有礼。孔颖达认为,老实质朴之人往往有点迟钝,反应慢,貌似怠慢不恭。

⑭敬:内心恭敬、谨慎。"乱而敬"是指有能力又保持敬慎。

⑮毅:指临事、临机时所表现出的果断、果决。

⑯廉:本义为厅堂的侧边,寓意为边角、不易觉察之处,此处指能够觉察到细节。"简而廉"就是既能抓住要害,又能看到细节。

⑰塞:指有容。《尚书》中"九德"的解释,历来歧义纷纷。"塞"字尤其有多种释义。中国社会科学院研究所刘义峰先生在其文章《〈尚书·皋陶谟〉"九德"释义》中,否定了孔颖达之"充实"、郑玄之"笃实"、俞樾之"思虑"等说,将"刚而塞"解释为"刚强却能有容",此处从刘义峰说。

⑱佩韦:佩戴熟牛皮。战国时期,西门豹性情很急,就佩戴熟牛皮来警诫自己。明代张溥的《五人墓碑记》中,就有颜佩韦。

⑲佩弦:佩戴弓弦。春秋时期赵国大夫赵简子的家臣董安,性情舒缓,就佩戴弓弦自砺。朱自清就以"佩弦"为字。

片段二

人贵能处忍[1]

人言居家久和者,本于能忍。然知忍而不知处忍之道,其失尤多。盖①忍或有藏蓄②之意。人之犯我,藏蓄而不发,不过一再③而已。积之既多,其发也,如洪流之决,不可遏矣。不若随而解之,不置胸次④,曰:"此其不思尔!"曰:"此其无知尔!"曰:"此其失误尔!"曰:"此其所见者小尔!"曰:"此其利害宁几何!"不使之入于吾心,虽日犯我者十数,亦不至形⑤于言而见于色。然后见忍之功效为甚大,此所谓善处忍者。

译文

人说"居家长久和平的原因,在于能忍"。但是,知道忍、却不知道处忍之道,其过失就尤其多了。因为,"忍"或有收藏、积累之意。别人触犯了我,而我自己的不满却藏匿、积累,而不发作出来,不过是一次、两次罢了。积累得多了,到发作的时候,就好比洪流决堤,不可遏制了。不如随时纾解开来,不把它放在心里,告诉自己"这不过是对方没有考虑到罢了!"告诉自己"这不过是对方无知罢了!"告诉自己"这不过是对方失误而已!"告诉自己"这是对方的眼界太小罢了",劝解自己"这里的利益与损害能有多少呢"。

不让不满、不快、芥蒂进入我心。就算别人每天触犯我十多次,也不至

───────────────

〔1〕　袁采:《袁氏世范(卷一·睦亲)》,《丛书集成新编》(第033册),第145页。

于表现在我的言语、面色上。然后，就能看到忍的功效实在很大。这就是善于处理"忍"的人。

注释

①盖：语气词，用在句首，无确切意思。可以理解为"因为"。

②藏蓄：隐藏、积累。蓄，积累。

③一再：一次、两次。再，第二次。

④胸次：胸襟，这里指内心。

⑤形：外表，这里是表现、显露之意。

片段三

人生劳逸常相若[1]

应高年①享富贵之人，必须少壮②之时尝尽艰难，受尽辛苦，不曾有自少壮享富贵安逸至老者。早年登科③及早年受奏补④之人，必于中年龃龉⑤不如意，却于暮年方得荣达。或仕宦无龃龉，必其生事窘薄⑥，忧饥寒，虑婚嫁。若早年宦达，不历艰难辛苦，及承父祖生事之厚，更无不如意者，多不获高寿。造物⑦乘除⑧之理类多如此。其间亦有始终享富贵者，乃是有大福之人，亦千万人中间有之，非可常也。今人往往机心巧谋，皆欲不受辛苦，即享富贵至终身，盖不知此理，而又非理计较，欲其子孙自少小安然享大富贵，尤其蔽惑⑨也，终于人力不能胜天。

译文

在年事已高时享有富贵的人，在少壮时必定会尝尽艰难、受尽辛苦。少壮时期就享受富贵安逸直到到老年的人，并不存在。早年登科及第和早年就实授官职者，一定在中年遭遇坎坷、不如意，然而在暮年才能荣耀发达。有人仕途并无不顺，然而却生计困窘、贫乏，担忧饥寒、忧愁婚嫁。如早年就仕途显达而未经历艰难辛苦者，以及承受父辈、祖辈丰厚产业，也没有其他不如意者，常常不得高寿。造物增加、减损的道理大多如此。其中也有始终享有富贵者，那也是在千万人中间才有的，并不常见。

当世之人，往往有很多心机和巧谋，都想不受辛苦就终身享有富贵。这

〔1〕 袁采：《袁氏世范（卷二·处己）》，《丛书集成新编》（第033册），第150页。

是因为他不知道这个道理,又毫无道理地算计,想让其子孙从小就安安稳稳地享有大富贵,这实在是太糊涂了,最终必定难以改变天意。

注释

①高年:老年。

②少壮:年少力壮。泛指年轻。

③登科:古代实行科举制度,"登科"指考中进士。

④奏补:被上奏皇帝补授实缺。奏,上奏(给皇帝)。补,就是"补(官位之)缺"。

⑤龃龉:原义指上下牙齿对不齐,比喻意见不合、参差不齐等,此指仕途不顺利。

⑥生事窘薄:指家财困窘、贫乏。生事,字面意可理解为"生计之事",指家产、家财。

⑦造物:古人用来指创造万事万物的某种事物或力量。

⑧乘除:指增加、减损。

⑨蔽惑:蔽,(头脑)被蒙蔽;惑,糊涂。

片段四

子弟当谨交游[1]

世人有虑子弟血气未定①,而酒色博弈②之事,得以昏乱其心,寻至于失德破家,则拘之于家,严其出入,绝其交游③,致其无所见闻,朴野蠢鄙④,不近人情。殊不知此非良策,禁防一驰⑤,情窦顿开,如火燎原不可扑灭。况拘之于家,无所用心,却密⑥为不肖⑦之事,与外出何异!不若时其出入⑧,谨其交游,虽不肖之事习闻既熟⑨,自能识破,必短愧⑩而不为。纵试为之,亦不至于朴野蠢鄙,全为小人之所摇荡⑪也。

译文

世上有人担心子弟血气未定,而饮酒、女色、赌博、对弈之事能够使其心混乱,会很快导致其失德、败家,就把子弟限制在家里,严控其出入,杜绝他和朋友交往,导致其没什么见识,头脑简单、没有文化、愚蠢而鄙陋,不懂人

[1] 袁采:《袁氏世范(卷二·处己)》,《丛书集成新编》(第033册),第153页。

情世故。殊不知这不是什么好办法,等到限制、防范消除,而他情窦打开,就像烈火燎原一样不可扑灭了。况且将其拘禁在家,无所事事,却悄悄地做一些不端的事,和外出冶游有何区别呢?

不如让他在规定的时间内出入,注意其来往之人,就算他遇到不端正的事,到了他熟悉社会、拥有见识后,自然能够识破,必然会知道这是缺点,心生惭愧而不再这样做。家长也自然能够识破。就算他尝试做了,也不至于愚蠢无识、完全被小人左右。

注释

①血气未定:指少年之时,血气旺盛、容易冲动。《论语》有"人之年少,血气未定,戒之在色"之语。

②酒色博弈:醉酒、女色、赌博、对弈。

③交游:交往,也指交往的朋友。

④朴野蠢鄙:朴,头脑简单;野,粗鲁、蛮横;蠢,愚笨;鄙,偏远,比喻无见识。

⑤驰:松懈。

⑥密:暗地,悄悄,隐秘。

⑦不肖:不像。喻指品行不端、不成器。

⑧时其出入:规定其出入的时间。时,指规定时间。

⑨习闻既熟:指对某事熟悉。习,本义是鸟儿试飞,引申为学习、实践、熟悉。闻,听说。

⑩短愧:短,缺点,这里是意动用法,即"认为是缺点、短处"。愧,愧疚、惭愧。

⑪摇荡:指内心为别人左右、蛊惑而摇摆不定。

片段五

子弟不可废学[1]

大抵富贵之家教子弟读书,固欲其取科第①及深究圣贤言行之精微。然命有穷达②,性有昏明,不可责③其必到,尤不可因其不到而使之废学。盖子

---

〔1〕 袁采:《袁氏世范(卷一·睦亲)》,《丛书集成新编》(第033册),第145页。

弟知书,自有所谓无用之用者存焉。史传④载故事,文集妙词章,与夫阴阳、卜筮⑤、方技⑥、小说,亦有可喜之谈,篇卷浩博,非岁月可竟。子弟朝夕于其间,自有资⑦益,不暇他务。又必有朋旧业儒⑧者,相与往还谈论,何至饱食终日,无所用心,而与小人为非也。

译文

一般而言,富贵之家教其子弟读书,固然是想考试及第,并且深究圣贤言行的精细之处。然而,命运有穷达,个性有愚昧和明智,不能要求他必然达到预期目的,尤其不可因其达不到预期目的而让他不学。因为子弟知道读书,自然有所谓的"无用之用"。历史传记记载的故事,文集中的美妙辞章,还有那些阴阳、卜筮、方技、小说,也有让人喜悦的言语,往往篇幅广博,不是一年一月就能读完的。子弟朝夕徜徉于书丛,自然会有益处,也没时间做其他事了。又一定要有以儒为业的新朋旧友,一起来往谈论,哪里还会"饱食终日,无所用心",与小人一起为非作歹呢!

注释

①科第:科举及第,考中进士。

②命有穷达:命运有困窘和通达之别。

③责:要求。

④史传:史,这里指史书;传,指记载历史人物的文章。

⑤卜筮:古代指算卦。

⑥方技:古代指医、卜、相、星等方法技术。

⑦资:提供、供给。

⑧业儒:以儒为业。儒,此处泛指读书人,也指教书先生。

五、评价

自《袁氏世范》问世后,袁采和这本书就受到时人的高度评价。袁采在太学的同学、隆兴府通判刘镇认为,作者"德足而行成,学博而文富",其撰写此书乃是"为一邑而切切,焉欲以为己者"。刘镇高度评价此书,认为该书阐述了居家做人、立身涉世的方方面面,以委婉的言语展示出温厚的品格,"其言则精确而详尽,其意则敦厚而委曲"。清代乾隆年间,太仓震泽人杨复吉在重刊《袁氏世范》时,将此书与苏东坡的父亲苏老泉的《族谱亭记》作了对比,认为前者风格"明白切要,易知易从",其功效将"达之四海,垂之后世无不可已"。而后者则"辞隐""旨远","读之者或未能得其微意之所存",即辞意隐藏,读者徒知其似有深意,而其微妙意旨则未能清楚晓畅地表达。

对儿童教育而言,《袁氏世范》秉承了《尚书》的"九德"之说,实际上提出了人格教育的规范性、个人社会属性的成长等问题。它敏锐地注意到,就人的天性而言,每个人的"德行"都不完美,而常常存在某种"偏颇",应该观察与把握其先天禀赋的特点,营造良好的后天教育环境,用纯正的规范去熏染和补救。这一认识,与近现代西方心理学的生物学流派也不谋而合,仍可为今天儿童教育之借鉴。

第六章　陆游《放翁家训》

一、作者简介及代表作

陆游(1125—1210),字务观,号放翁,越州山阴(今浙江绍兴)人。陆游出身官宦诗书之家,其先祖在唐代担任"辅相"者六人,为人"廉直忠孝"。唐末军阀混战,朱温灭唐,陆游的先祖不愿意其后代"事伪国,苟富贵,以辱先人",于是弃官而去,向东南迁徙,编户于平民之中。北宋统一之后,天下承平,百年间陆氏一脉"文儒继出,有公有卿",成为具有深厚文化素养的家族。

陆游的祖父陆佃,北宋末年担任尚书右丞。陆游之父陆宰,官至朝请大夫,家中拥有藏书一万三千余卷。凭借得天独厚的条件,在其父辈的熏陶和指点之下,陆游自幼潜心读书,对于先秦两汉以降的经史子集无所不览,受到良好而深厚的文化熏陶,年仅十余岁就已诗文颇丰,显露出一代文豪的良好底蕴。陆游的童年时代,适逢金国南侵。幼年的陆游随全家流离失所,艰难转徙,生活甚为困苦。其父亲存有朴素的爱国思想,对于人民生灵涂炭、金人残酷暴虐非常愤慨,对于秦桧等人的卖国行为,更是义愤填膺。

陆游青年时期,适逢宋高宗时期,屡次应科举,皆受到秦桧排挤。宋孝宗年间,陆游被赐予进士出身,曾任镇江、隆兴通判等职。因为其抗金立场,陆游多次受到当政者排挤。乾道六年(1170),陆游奉诏入蜀。乾道八年(1172)加入四川宣抚使王炎幕府,投身军旅生活。后来,陆游升任礼部郎中等职,不久即因作诗文嘲讽当政者而去官归里。七十七岁时,陆游奉宋宁宗之诏入京,主持编修宋孝宗、宋光宗朝的《实录》《三朝史》等,官居宝章阁待制等职位。此后,陆游长期蛰居山阴(即今绍兴),八十五岁病逝。

陆游成长为一代爱国诗人,与其书卷浓郁、正直爱国的家风熏陶是分不开的。陆游有《剑南诗稿》八十五卷、《渭南文集》五十卷、《老学庵笔记》十卷,以及《南唐书》等多部文集。今天保留下来的陆游诗作多达九千多首,为我国存世诗歌数量最多的诗人。

二、作品的时代背景

两宋时期，陆游的家族"与时俱兴""子孙宦学相承"，公卿辈出，鼎盛百年而不衰。陆游自己也因科举而为官，虽有不利，总体上仕途还算平顺。在《放翁家训》中，陆游回顾了其先祖在唐代、北宋、南宋的经历，描述了其几代先祖生活的艰难经历，认为其家族文气深厚、人才辈出的根源在于忠孝廉正的家风与简朴奋斗的家族传统。而家族的兴旺与鼎盛恰恰引起了陆游深切的忧思："天下之事，常成于困约，而败于奢靡。"因此，陆游作《放翁家训》以教诫子弟，继承其先辈的精神传统，因为这种传统才是家族兴旺、人文深厚的根源所在。

三、主要内容及思想主旨

通读《放翁家训》可知，其内容大致包括如下几个方面。

其一，陆游以大量的细节回顾了其祖父、父亲等人谋生的艰难和治家严谨、简朴度日的风范。教诫子弟居家饮食不可奢靡浪费，对世人大肆操办丧葬、奢靡浪费提出了批评，告诫子孙在自己死后节俭从事，不可被牟利的僧、道欺蒙。他说，"每见丧家张设器具，吹击锣鼓，家人往往设灵位，辍哭泣而观之。僧徒炫技，几类俳优，吾常深疾其非礼。汝辈方哀慕中，必不忍行吾所疾也"，认为某些道徒见到僧人靠操办丧葬"获利，从而效之"的行为"可笑尤甚"。因而告诫子孙，人的感情在于内心，而不在于繁缛的仪式和奢靡的花费。

其二，陆游谈到了立身的准则，即内心的"善"、人际的"礼"，以及不慕浮华、"厚重恭谨"的旨趣。陆游认为，"善"应该是与人相处之道，以及人应有的心态。陆游认为，自己虽然于"文辞一事"很有几分"名过其实"，但自己勉力行善而不为人所知，认为自己内心无憾，只希望子孙后代"世世有善士"，认为善的重要性"过于富贵多矣"。而为善是人的本分，为了求所谓的后身"福报"才去为善，是自己所耻于做的。陆游反对在人际相处时"害人"，教诫其子弟，在人际摩擦时以宽宏、通达的心态来应对。又主张其孩子见到父辈时，不管对方地位的"贵贱"、与陆游的交情"厚薄"，都应当"极恭逊"待之，哪怕自己"官高"，也要"力请居其下，不然则避去可也"，并称自己年少时就对不敬父辈者"心切恶之"，不愿意子孙成为那种重地位、轻礼仪之辈。对于子弟中的才思敏锐者，陆游认为，应该防范其受到"浮薄"者的影响，而以"宽厚恭谨"来引导之,如是十余年,方能培养出良好的旨趣。

其三,陆游认为仕宦之道非常艰难,常常受困受辱,而且面临各种危险。因此向子孙提出,宁可谦退、重新回到其先祖的"躬耕"以谋生的传统,也不要出来为官,并认为这才是"策之上也"。这一判断,体现了陆游内心深处的淳朴的观念和自强奋斗的精神。

其四,陆游表达了对人生的遗恨和遗憾。一是"道途一见,心赏其人,未暇从容,旋即乖隔",对此陆游临终时仍感觉遗憾。二是在四十岁之前见识不足,四十岁之后精力不足,因而其创作虽多,但仍有未尽之意。

其五,陆游告诫其子孙,人事有代谢,生老病死是人生的自然规律,而每个人离世的过程"或遽或久",因为亲人的寿命而困惑,而"欣戚",而"祈延而避促",这些都是愚行。

此外,陆游还主张其子孙于"诉讼一事,最当谨始"。认为邻里相处,其争执无非是地界、钱物及"凶悖陵犯"等事,居住乡里应该保持"困畏不若人"的弱者心态,大处着眼,拒绝轻易诉讼。陆游说,就算遇到"公""明"之官,也不要轻易开启;何况"官行关节,吏取货贿",如果其子孙才能"暗弱"而"为吏所(驱)使",则"何所不至",即可能发生任何后果,到时则"悔之固无及也"。

就其思想主旨而言,《放翁家训》虽然充满了诗人的洒脱与通达,但其教诫子弟之言,仍脱不开儒家的规范。它以简练的笔触,表达了陆游对人生的感慨,对生离死别的通达态度,以及对后世子孙立身处世应有的心态、准则、境界的谆谆告诫。对我们当今的儿童教育来说,《放翁家训》对儿童教育的价值主要表现为以下几点。

第一,对才思敏捷、反应敏锐的儿童,表达了深切的忧虑。认为越是才思敏捷越不容易受到拘束,其心性的磨炼、良好行为的养成要比其他儿童更为不易。因此,陆游提出,对这类儿童需要特别加以注意,用大的原则来加以引导和约束。除了以内心"宽厚"、待人"恭谨"来教导,还要防止与一些品行轻浮、浅薄的朋友往来。陆游认为,高尚、振奋、向上的人生旨趣的养成,大概需要十年左右的时间,而如果未能养成良好的人生旨趣,则越是敏锐,其青年之后越是堪忧。

第二,陆游在家训中,告诫子孙务必节俭,在饮食、用度、祭祀等方面摒弃铺张的行为、摒弃迷信的行为,而保持质朴、节俭的习惯。在内心,则应该摒弃慕虚荣、希望他人艳羡的心态,而不可用珍奇、不常见之物在世俗者面前矜夸、炫耀,认为这种"童心儿态"最不可取。

第三,对于职业前景、人生道路的选择,陆游更重视传统的耕读生活。在家诫中,他一再告诫子孙,普通、平凡的耕读生活,蕴含着质朴与恒久的品质,要远比官宦生活对自身更为有益。陆游自身久经宦途,反而不喜欢等级森严的官本位社会,其间的哲思、取舍均可为今天的家教借鉴。

四、精彩片段选读

片段一

后生才锐者[1]

后生①才锐②者,最易坏。若有之,父兄当以为忧,不可以为喜也。切须常加简束③,令熟读经子,训以宽厚恭谨,勿令与浮薄④者游处,自此十许⑤年,志趣自成。不然,其可虑之事,盖非一端。吾此言,后生之药石⑥也,各须谨之,毋贻⑦后悔。

译文

才思敏捷的孩子,最容易学坏。倘若有这样的情况,做长辈的应当把它看作忧虑的事,不能把它看作可喜的事。一定要经常加以约束,让他们熟读经典,训导他们必须宽容、厚道、恭敬谨慎,不要让他们与轻浮浅薄之人来往。就这样十多年后,他们的志向和情趣会自然养成。不这样的话,那些可以担忧的事情就不会只有一个。我这些话,是后辈的良药,都应该谨慎对待,不要留下遗憾。

注释

①后生:后辈、晚辈。

②锐:敏锐。指才思敏锐。

③简束:规范和约束。简,指大的原则、框架。束,约束。

④浮:指思想与趣味浮华、轻浮。薄:指品行不够宽厚。

⑤许:本义是听从,也有期望、相信、给予等意。这里是"大约"之意。

---

〔1〕 陆游:《放翁家训·游历书》,载鲍廷博辑《知不足斋丛书》(第23集),中华书局,1999年版,第10页。

⑥药石:汤药与砭石。古人用汤药、砭石等来治病。石,就是砭石,用加热后的干燥石头在腰背、颈椎等处研磨、按摩,起到治疗作用。作者用治疗身体疾病来比喻纠正德行的弊病。

⑦毋:勿,不要。贻:遗留,留下。

片段二

吾平生未尝害人〔1〕

吾平生未尝害人,人之害吾者,或出忌嫉,或偶不相知,或以为①利。其情多可谅,不必以为怨②,谨③避之,可也。若中吾过者④,尤当置之⑤。汝辈但能寡过⑥,勿露所长,勿与贵达亲厚,则人之害己者自少。吾虽悔,已不可追⑦。以吾为戒⑧,可也。

译文

我平生没有害过别人。那些害我的人,或者是出于忌妒,或者是不了解我,或者是出于利益。多数情况下可以原谅,而不必怨恨他们,小心避开他们就可以了。其中因为我的过错造成的,尤其应该放下。你们只要能减少过错,不要显露所擅长的,不要和达官贵人走得太近,那么害你的人自然就少了。我虽然后悔,但已不可挽回。以我为戒就行了。

注释

①以为:“以之为”,把他们看作。

②怨:怨恨的对象。

③谨:小心,谨慎。

④中吾过:受到我的过错的人。

⑤置之:放下,抒怀。

⑥寡过:减少过错。

⑦追:回溯、弥补。

⑧戒:警诫。

---

〔1〕 陆游:《放翁家训·游历书》,载鲍廷博辑:《知不足斋丛书》(第23集),第3页。

片段三

祸有不可避者[1]

祸有不可避者，避之得祸弥甚①。既不能隐而仕，小则谴斥②，大则死，自是其分③。若苟④逃谴斥而奉承上官，则奉承之祸不止失官。苟逃死而丧失臣节，则失节之祸不止丧身。人自有懦而不能蹈⑤祸难者，固不可强⑥，惟当躬耕⑦，绝仕进，则去祸自远。

译文

祸患，有的是躲不开的。避开了，反而得到更大的灾祸。既然不能退隐而出来为官，往小处说，就是受到谴责和贬斥，往大处说就是死，自然也就是其应分的了。如果为了逃避批评贬斥而去逢迎上级官员，那么其逢迎的灾祸，就不只是丢官了。如果逃避死亡而失去为臣之气节，那么失去气节的灾祸可就不只是失去生命了。有的人因为怯懦而不能应对灾祸和患难，也不必勉强，只应该亲自下地耕种，弃绝仕宦之心，那自然就远离灾祸了。

注释

①弥甚：更加深重。弥，更加。甚，指程度更深。

②谴斥：贬官与放逐。谴，批评，责备，这里是贬谪之意。

③分：应当、分内之事。

④苟：姑且，苟且。

⑤蹈：踏，踩。这里是直面、面对。

⑥强：勉强。

⑦躬耕：亲身耕种。指从事农业劳动来养活自己。古代的社会阶层基本上是"士农工商"，即士大夫、农民、手工业者、商人。古人重视耕读传家，农家子弟一般可以通过参加科举而成为士大夫阶层。

---

〔1〕 陆游：《放翁家训·游历书》，载鲍廷博辑《知不足斋丛书》（第23集），第3～4页。

片段四

风俗方日坏[1]

风俗方日坏①,可忧者非一事。吾幸老且②死矣,若使未遽死③,亦决不复仕。惟顾念子孙,不能无老妪态。吾家本农也,复能为农,策之上也。杜门穷经④,不应举,不求仕,策之中也。安于小官,不慕荣达,策之下也。舍此三者,则无策矣。汝辈今日闻吾此言,心当不以为是,他日乃思之耳。暇日时与兄弟一观以自警,不必为他人言也。

译文

风俗正在一天天坏下去,足以忧虑的不止一件事。我有幸年老而将死了,如果不能马上就死,也绝不会再为官。只是顾念子孙,不可能没有老妇人之态。我们家本来是农家,重新务农,这是上策。而闭门读书,穷尽经典,不去应科举、不求仕进,这是中策。安心做个小官,不思慕荣耀发达,这是下策。除了这三种,就没别的应对之策了。你们今天听我这话,心里应该不以为然,到他日你们才会思考我说的话。到闲暇时,给你兄弟看一看,以此自警,不必对别人说这个。

注释

①方日坏:正在一天天坏下去。

②且:将要,快要。

③遽死:马上就死。

④杜门穷经:闭门谢客,穷尽经典。

片段五

人与万物同受一气[2]

人与万物同受一气①,生天地间,但有中正②偏驳③之异尔,理不应相害。圣人所谓数罟④不入洿池⑤,弋⑥不射宿⑦,岂若今人畏因果报应哉。上古教

〔1〕　陆游:《放翁家训·游历书》,载鲍廷博辑《知不足斋丛书》(第23集),第4页。

〔2〕　同上书,第6~7页。

民食禽兽，不惟去民害，亦是五谷未如今之多，故以补粒食⑧所不及耳。若穷口腹之欲，每食必丹刀几⑨，残余之物，犹足饱数人。方盛暑时，未及下箸⑩，多已腐臭，吾甚伤之。今欲除羊羸⑪鹅之类，人畜以食者（牛耕、犬警皆资其用，虽均为畜，亦不可食），姑以供庖，其余川泳云飞⑫之物，一切禁断，庶几少安吾心。凡饮食，但当取饱⑬，若稍令精洁以奉宾燕⑭，犹之可也。彼多珍异夸眩⑮世俗者，此童心儿态，切不可为其所移⑯。戒之戒之。

译文

人和万物都是秉承同一种"气"，而生存在天地之间。只有中庸正直与偏差不纯的差异，按道理不应该互相伤害。圣人说，"细密的网不进入鱼塘""带着线的箭不去射已经归宿的鸟儿"，哪像今天的人，古人是怕因果报应啊。上古时期，圣人教人食用飞禽走兽，不仅仅是为民除害，也因为当时五谷不像今天这么多，所以用它们弥补粮食的不足。如果为了穷尽口腹之欲，每餐都要吃肉，厨房残留的食物，还足够几个人吃饱。正值盛夏之时，很多东西没来得及下筷子就腐臭了，我为此很难过。今天打算除了羊、猪、鹅之类用来让人食用的，姑且以此供给厨房，其余水里游的、云里飞的，一概禁断，这样差不多能稍微让我心安。但凡饮食，应该只满足于吃饱，如果用来宴客，让食物稍加精致、洁净也是可以的。拿来很多珍奇的、不常见的食物以在世俗者面前自夸、炫耀，这就是小孩子一样的心态和做法，切不可受其影响。戒之，戒之！

注释

①同受一气：秉受同一种气。古人认为，天地万物都由"气"产生。这是古代的一种朴素的唯物主义观点。

②中正：不偏不倚，中庸。

③偏驳：偏差与不纯。驳，驳杂、不纯。

④数罟：细密的网。

⑤洿池：水池，池塘。洿，同"污"，指水停留的地方。

⑥弋：带有细绳或细线的箭。

⑦宿：归宿的飞禽。

⑧粒食：粮食。粒，其本义是煮熟后仍为颗粒状之主食，与"面"或"粉"相对而言。

⑨丹刀几：染红切肉用的刀和几案。

⑩下箸：动筷子，指食用。

⑪彘:猪肉。

⑫川泳云飞:指水产和飞禽。

⑬取饱:得到饱腹。取,本义是"拿""执",这里是得到之意。

⑭宾燕:宾宴。燕,通"宴",指宴席。

⑮眩:眼花、看不清。

⑯移:改变。

片段六

世之贪夫[1]

世之贪夫,欲壑①无厌②,固不足责。至若常人之情,见他人服玩③,不能不动,亦是一病。大抵人情慕其所无,厌其所有。但念此物若我有之,竟④亦何用?使人歆艳⑤,于我何补⑥?如是思之,贪求自息⑦。若夫⑧天性淡然,或学问已到者,固无待此也。

译文

世上的贪婪者,欲壑没有饱足,固然不足以责备。至于常人的情形,见到别人的服饰、赏玩之物,不能不动心,也是个大毛病。大抵而言,人都是羡慕自己没有的,厌倦自己所拥有的。只要想一想,这件物事就算我拥有了,最终有什么用呢?让别人羡慕,对我有何裨益呢?这样去考虑问题,贪求之念自然就停息了。如果是天性淡泊,或者学问已经达到一定程度的人,固然用不着这样做了。

注释

①欲壑:欲望之沟壑。此处是把欲望比作沟壑。

②无厌:不满足。厌,满足。

③服玩:服饰与赏玩之物。

④竟:最终。

⑤歆(xīn)艳:喜悦、羡慕。歆,古代指祭祀时候神灵享受祭品的香气,引申义有"动心""贪图、羡慕""悦服、欣喜"等,此处为羡慕之意。艳,本义为

"色彩鲜艳",引申为长相的"漂亮"或文辞的"华美",以及"喜爱、羡慕"。

⑥补:补益,裨益。

⑦息:止息,平息。

⑧若夫:像那种。若,像。夫,语气助词,没有确切含义,可翻译为"那"。

五、评价

陆游提倡节俭与劳动,抵制奢靡和繁缛,希望子孙"世世有善士",能以恭逊礼让待人,并且深深厌恶重地位、轻礼仪的势利态度,宁愿子孙从事农业劳动、自力更生,也不愿子孙羡慕荣华。其终身的遗憾,却是未能创作更好的作品、未能认识更多的少年英杰。《放翁家训》体现了陆游旷达的内心和厚重谨慎的家教风范。

陆游认为,禀赋卓异的儿童不易受到拘束,则心性的磨炼、品行的养成要更为艰难,由此提出以"宽厚""恭谨"来引导,防范轻浮、浅薄的同伴,用十年左右来养成其振奋、向上的品格规范。按现代心理学的人格理论,童年时期对于儿童的人格发育至关重要。《3—6岁儿童学习与发展指南》重视儿童的身心健康,注重养成儿童的安全感、信赖感,保持其情志的安宁愉快,以形成良好的社会适应,在积极健康的人际中获得安全感、信任感,在良好的社会环境、文化熏陶中学习遵守规则。

第七章 郑太和等《郑氏规范》

一、作者简介及代表作

《郑氏规范》是南宋、元代、明代时期浙江浦江郑氏家族族规的汇编。元代,郑太和(郑文融)主持家政时,治家更趋严格,将其家规汇总并正式编定为 58 条,后来经历代主持家政的郑钦、郑铉、郑涛、郑湜等人多次修订和补充,扩展为 168 项,名为《郑氏规范》,后刊行于世,并被《学海类编》收入。《郑氏规范》是浦江郑氏家族历代心智的结晶,其大体轮廓至少在郑太和之兄郑文嗣主持家务时已经完成。因此,其作者应该包括了郑文嗣、郑太和、郑钦、郑铉、郑涛、郑湜等人,而统一冠以郑太和之名。

除了将郑氏家规整理为 58 条之外,郑太和还将南宋、元两代官方、民间褒扬郑氏孝义所题写的诗赋、碑志、序、记、题跋等文章汇集成册,取名《麟溪集》。

二、作品的时代背景

郑氏家族历时久远,从 12 世纪初(北宋灭亡之后)至 15 世纪中期(明代天顺年间),累世同居十五代,差不多三百余年。在《宋史》《元史》《明史》中,郑氏家族的事迹都被列入《孝义传》。1344 年(元代至正年间),郑氏家族被朝廷表彰为"孝义门"。元末浙东儒生宋濂,曾在郑家任私塾先生达 20 余年,宋濂成为明初大臣之后,郑氏家族逐渐演变为官宦之家。据统计,宋元明清四朝,郑氏家族超过 170 人为官,其出仕者在明代超过 40 人,最高官居礼部尚书。明初反腐,郑氏为官者,几乎无人因贪腐而免官,这不能不归结为其良好纯正的家风。

从宋至明,郑氏家族这个数百人的大家族,几代人同居共爨长达数百年,不仅家族和睦,在乡间享有盛誉,而且人才代出,因此郑氏家族早在南宋时期就声誉鹊起。到郑太和主持家政时,元朝政权甚至豁免了其族人的赋役。明太祖朱元璋在位时,郑氏家族的主持人郑濂因送粮来到南京,受到朱元璋召见,并垂询治家之道。1385 年,明太祖朱元璋又赐郑氏以"江南第一家"之誉。明初,丞相胡惟庸下狱后,郑濂、郑湜兄弟受到牵连,争相赴狱,朱元璋感其"仁爱"相让,对郑家疑心尽释,进而以郑湜为左参议。后来,郑济获任为东宫春坊左庶子,郑沂任礼部尚书,郑棠任翰林院检讨。建文帝朱允炆为郑家题写匾额《孝义家》,明宪宗重新表彰郑氏。

三、主要内容及思想主旨

《郑氏规范》158 条,其内容囊括了治家、长幼、做人、睦邻、立业、读书、女眷、仆役、饮食、宴客等方方面面,详细地规定了家族内部的治理、运作,家族子弟的责任、义务,应该具备的处世之道,此外还包括了生活起居、家政管理、子孙教育等诸多方面的具体内容。

就其思想主旨来看,《郑氏规范》是典型的儒家宗法社会的产物,但是却不能用"宗法"二字简单概括之。总结起来,其核心意旨不外乎如下几方面:其一,着力维护敬上、睦邻、友善、照顾病弱幼小等家族秩序和基层社会秩序。其二,对其子弟,讲求并力图树立仁爱、勤勉、俭朴、行善的诚朴风范,反对只重视辞章而忽视教人做人的做法,反对无故宴饮等铺张浪费的做法。其三,重视子弟教育,学习诗书以科举应试,习练人情世故以经营治家,成为其家族发展的两个方向。其四,重视对女眷、仆役、童幼等的管教,在这方面制定了细致具体的规则,今天看来似乎难以理解,然而在当时社会背景下,却具有一定的功用。

因此,《郑氏规范》的产生,离不开小自耕农的基层乡村社会,离不开儒家社会的伦理背景。它不仅是中国古人在治家、修身、处世、育人等方面实践经验的总结,而且对于中国古代基层社会的治理与安定,对于儒家思想伦理的实践,都产生了重要影响。通过其中一些内容,反映出古人教诫子弟的心态和某些具体做法,对今天的儿童教育仍有一定的借鉴意义,主要体现为如下几方面:

第一,注重书籍对儿童的熏陶,用优良的图书来引导儿童,尽量屏蔽涉及不良信息的图书。一方面,《郑氏规范》特别强调要"广储书籍",为子孙提供良好的读书条件,而不得外借、失散。另一方面,《郑氏规范》又特别提出,"子孙不得目观非礼之书",尤其是对于内容涉及"戏谑淫亵之语""妖幻符咒"的图书,直接焚毁。其对于图书的高度重视、严格选取的态度,也值得今人激赏。

第二，《郑氏规范》认为，对其子孙的读书、求学而言，其目的乃在于养成子孙的良好人品（即所谓"孝悌忠信""孝义"的品格），而不在于文辞的华美、对"词章"的"偏滞"。此外，《郑氏规范》重视生计教育、生存教育，提出如果子孙求学取科第不利，则教其经商。我们今天的儿童教育，似乎更重视对于才能的养成，对于儿童品格的要求则更趋于宽泛，其间也有应须深思和值得探讨之处。

四、精彩片段选读

片段一

立家之道[1]

立家之道，不可过刚，不可过柔，须适厥中①。凡子弟，当随掌门户者轮去州邑练达世故②，庶无懵③暗不谙④事机之患。若年过七十者，当自保绥⑤，不宜轻出。

译文

建立与保守家业之道，（在与人相处方面）不能太过刚强，也不可过于柔弱，需要适应那中庸之道。凡是子弟，都应该随同掌管门户的人轮流到州、县城去，锻炼和通达人情世故，以便消除懵懂、不熟悉处事之机的祸患。如果年龄过了七十岁，就应该注意保持自己的平安，而不要轻易（随他们）外出。

注释

①厥中：厥，本义是在憋气用力、采石于悬崖。引申义有"很不容易"、程度"严重"等意。中，即中道、中庸之道，也就是不偏不倚、恰到好处。《中庸》云"允执厥中"，意思就是"公允地掌握那很不容易的中道"。

②练达：熟练和通达。世故：指接人待物、处理事务的经验。

③懵：懵懂，不明白。

④谙：熟悉。

⑤绥：平安，安全。

---

〔1〕 郑太和：《郑氏规范》，载《丛书集成新编》（第三十三卷），新文丰出版公司，2008 年版，第 171 页。

片段二

子孙不得目观非礼之书[1]

子孙不得目观非礼之书,其涉戏谑淫亵之语者,即焚毁之,妖幻符咒之属并同。……广储书籍,以惠子孙,不许假①人,以至散逸②。仍识③卷首云:"义门书籍,子孙是教;鬻④及借人,兹为不孝。"……子孙自八岁入小学,十二岁出就外傅⑤,十六岁入大学⑥,聘致⑦明师训饬⑧。必以孝悌忠信为主,期抵于道。若年至二十一岁,其业无所就者,令习治家理财。向学有进者弗拘。……子孙为学,须以孝义切切为务。若一向偏滞词章,深所不取。此实守家第一事,不可不慎。子孙年未三十者,酒不许入唇。壮者虽许少饮,亦不宜沉酗杯酌,喧呶⑨鼓舞,不顾尊长,违者箠⑩之。若奉延宾客,唯务诚悫⑪,不必强人以酒。

译文

子孙不可看不合乎礼法的书籍。其中,涉及戏谑、淫秽、猥亵话语的书籍,要当即焚毁,妖幻、符咒之类的图书也一样(焚毁)。要广泛地收藏、积累图书,以惠及子孙,不可以借给外人,以免流散、丢失。要在书的开头写上"义门书籍,为了教诫子孙,借给他人,就是不孝"的字样。子孙八岁入"小学",十二岁外出跟随外边的塾师读书,十六岁进入"大学",聘请学问通达的老师来教导。教导子孙,必定要以"孝悌忠信"为主,以期望他们到达"道"的境界。如果到了二十一岁,学业没有成就,就让他学习治家理财之术。而之前学业有进展的,可以不拘泥于这个规定。子孙的学习,应该时刻追求"孝义"。如果偏向、沉溺于诗文,是我深深不赞同的。这确实是保守家业的第一要务,不可以不慎重啊。子孙未满三十岁的,酒不能入口。进入壮年,虽然允许少量饮酒,也不应该沉醉于杯酌,喧闹发(酒)疯、不顾尊长,违者用竹鞭打他。如果宴请宾客,只要做到诚恳就好,不必勉强别人饮酒。

注释

①假:借给。

②散逸:流散、丢失。

---

〔1〕 郑太和:《郑氏规范》,载《丛书集成新编》(第三十三卷),第173~174页。

③识:通"志",写明、标明之意。

④鬻:本义是"粥",这里引申为"卖"的意思。

⑤外傅:外面的老师,指私塾老师。

⑥大学:和今天的"大学"含义不同,是指官方或国家举办的高等级学堂,仍以传统的典籍为主。

⑦聘致:聘请。致,求访而得到。

⑧饬:整理、修剪。这里是教导之义。

⑨呶(náo):叫嚷。

⑩筞:竹条做的鞭子,引申义为"用竹鞭打"。

⑪悫(què):诚恳。

片段三

子孙当以和待乡曲〔1〕

子孙当以和待乡曲①,宁我容人,毋使人容我。切不可先操②忿人之心;若累③相凌逼,进退不已者,当理直之④。……秋成谷价廉平之际,籴⑤五百石⑥,别为储蓄;遇时缺食,依原价粜⑦给乡邻之困乏者。……吾家既以孝义表门,所习所行,无非积善之事。子孙皆当体此,不得妄⑧肆威福,图胁⑨人财,侵凌人产,以为祖宗积德之累,违者以不孝论。

译文

子孙应该用和气来对待乡邻。宁可我包容别人,不要让别人包容我。切不可先存有恨人的心。如果别人屡次凌驾我、逼迫我,而别人一再进、我一再退让还不行的话,那就应该用道理来面对他。……在秋季粮食下来、价格低廉的时候,购买500石粮食,另外存放;到了缺粮的季节,照原价卖给穷困的乡邻。……我们家既然宣扬和崇尚"孝""义",我们所习惯的、所做的事,无非是积累善行。子孙都应该体悟这个道理,不得随意放纵其威福,不得图谋掠夺他人的财产,以免损害到祖先之德。违犯者就是不孝。

注释

①乡曲:泛指乡邻。曲,本义是乡村农田体系的变动、解体、需要重组的

〔1〕　郑太和:《郑氏规范》,载《丛书集成新编》(第三十三卷),第174页。

状态,引申为弯曲(与"直"对应)。古代乡村组织称为"乡曲",东汉时期的乡村军事组织称为"部曲"。

②操:存、有。

③累:持续不断。

④当理直之:就应当用道理来应对他。直,直面、应对。

⑤籴:买入粮食。

⑥石(dàn):古代一种粮食的体积计量单位,1 石 = 10 斗 = 100 升。按粮食密度不同,古代的 1 石相当于今天的 50 ~ 60 千克。

⑦粜:卖出粮食。

⑧妄:本义为"胡乱""狂乱",引申为"不法""荒谬"等意。

⑨胁:腋下到肋骨尽头的部位,引申为用武力恐吓、逼迫。

片段四

子孙处事接物,当务诚朴[1]

子孙处事接物①,当务②诚朴,不可置③纤巧④之物,务以悦人,以长⑤华丽之习。……子孙不得与人眩奇⑥斗胜、两不相下。彼以其奢,我以吾俭,吾何害哉!家业之成,难如升天,当以俭素,是绳是准⑦。唯酒器用银外,子孙不得别造,以败我家风。……子孙不得无故设席,以至滥支。唯酒食是议,君子不取。子孙不得私造饮馔⑧,以徇⑨口腹之欲,违者姑诲⑩之;诲之不悛⑪,则责之。产者、病者不拘⑫。

译文

子孙的处事、待人,一定要诚朴,不可搞一些纤细、机巧的东西来取悦他人,以免助长华美艳丽的习气。子孙也不得向别人炫耀新奇的东西,和别人攀比争斗,互不相让。别人有别人的奢侈,我有我的俭朴,对我有什么损害呢?家业的成就,比上天还难,(在生活中)应当保持节俭、朴素,节俭和朴素就是准绳啊!除了用银制酒器外,子孙不得另外制作银器,以免败家。子孙不得无故设立宴席,以至于开支泛滥。只是注重酒食,这是君子所不以为然的。子孙不得私自制作饮食,以顺从其口腹之欲。违犯者,先姑且教导他;

---

[1] 郑太和:《郑氏规范》,载《丛书集成新编》(第三十三卷),第174页。

教导而不改者,就责罚他。产子者、生病者,不在此例。

注释

①接物:应接事物,指与人交往。

②务:务必、一定要。

③置:摆放、放置。

④纤巧:纤细、机巧。

⑤长:助长。

⑥眩奇:炫耀新奇(之物)。

⑦是绳是准:这就是准绳。是,这,并非现代的系动词"是"之意。

⑧饮馔:酒菜。饮,酒。馔,菜品。

⑨徇:顺从、满足。

⑩诲:教导儿童之意。从字形来讲,"诲"为"言"和"毓"的合体,"每"在此是"毓"的省略(即儿童之意)。

⑪悛(quān):改正,改过。

⑫拘:扣押。此处引申为限制、受限。

五、评价

作为儒家宗法社会的产物,《郑氏规范》对于儿童教育的着眼点在于,为子孙树立仁爱、勤勉、俭朴、行善的诚朴风范,以此维护"敬上、睦邻、友爱、抚恤弱小"的基层社会秩序。《郑氏规范》特别注重书籍对儿童的熏陶,强调"广储书籍",规定"子孙不得目观非礼之书",并焚毁有"戏谑淫亵之语""妖幻符咒"的图书。它注重子孙良好人格的养成,注重生活教育、生计教育和才干养成,而反对儿童教育的内容过于偏重"词章"。总之,《郑氏家训》重视选取优良书籍,重视儿童的人格教育,重视生活教育和才干养成。这些态度、观点、做法,对我们今天的儿童教育仍有一定的参考价值。

第八章　姚舜牧《药言》

一、作者简介及代表作

姚舜牧(1543—1622),字虞佐,今湖州市吴兴区人,明朝晚期的著名儒生。姚舜牧5岁开始受教于其父,学习《大学》及诗文,10岁入乡里私塾。12～16岁,求学于毕、宋、杨等家的私塾,学习《诗经》、"四书"、《文选》。16岁开始,求学于顾家私塾,开始"习举子业",为参加科举考试而准备。21岁时,读书于杭州大佛寺。22岁时,于舟山桃湾读书,学习《礼记》。23岁时,为了学习《礼记》而求学于潘家私塾,当年府试以《易经》为优,就开始继续钻研《易经》。25～26岁,先后于张剑台庄、陈家私塾等地读书。27岁时,于塘西丁念石家私塾读书。自29岁开始,到30多岁,姚舜牧生活的主要内容就是读书、学习传统的经典、参加科举考试。从24岁开始,也出现了短期的、断断续续的教书生活。

在长期的科举生涯不断受挫之时,姚舜牧持久的努力得到了收获。1573年,姚舜牧应试得以考中举人,此后陆续担任了今广东新兴县、江西广昌等地知县。居官期间,姚舜牧较为仁厚爱民,深受地方爱戴。新会县遭遇旱灾,为赈济灾民而劳心劳力至于"须发尽白,左耳聋",又"力锄双桥之顽赖辈、里甲之扰害",赈济灾民,并减免徭役,重新审理了狱案。后来因重修《新会县志》,而开罪于旧知县。此后,姚舜牧被人诬以侵吞赈灾款项,作对联"勤恤在我,知不知有天知;品骘由人,得不得皆自得"以自勉。此后,姚舜牧遭遇挫折,"深厌仕路之崎岖"。

晚年的姚舜牧声闻日益卓著。新会县、广昌县为其设立生祠,新会县的部分士民为其建立了"羽翼六经坊",徽州的南山观树立了"姚舜牧始著《四书五经疑问》处"碑,以表彰其学问与功业。

姚舜牧一生著述不倦,成就丰硕。其著述生涯开始于1588年,当年写就《左传》《国语》等经典的札记若干篇。1590年,著《四书疑问》并付刻。1591年,著《易经疑问》并付刻。1595年,在北京等地著《诗经疑问》,当年夏季付刻。1597 年,重修《新兴县志》。1600 年,著《书经疑问》《礼记疑问》并付刻。1602 至 1603 年,著《春秋疑问》(十二卷)。1605 年,任职广昌期间,所著的《家训》付刻。

在上述著作以外,姚舜牧还著有《性理指归》(二十八卷)、《诗文集》、《经书疑问》、《重订四书疑问》(十一卷)、《四书五经疑义》、《四书五经大全疑问要解》、《重订诗经疑问》一二卷、《重订书经疑问》(十二卷)、《重订易经疑问》(十二卷)、《经书字义》、《孝经疑问》、《孝经引证》、《注释大诰》、《迩言释训》、《正礼篇》、《论事口警世录》、《乐陶吟草》三卷。其所著的《来恩堂草十六卷》被收入《四库禁毁书丛刊》。在诗文、札记、儒学著作之外,姚舜牧还著有《家训》《药言》等教诫子弟的名篇。

二、作品的时代背景

姚舜牧生活在晚明时期的浙江湖州。从 16 世纪中期至 17 世纪 20 年代,姚舜牧所生活的苏南地区都是整个明王朝最为富庶、繁华的区域。从姚舜牧一生的履历来看,其绝大部分的精力,都用于读书、举业和著述。姚舜牧曾娶妻李氏、马氏、金氏,并纳妾沈氏、陈氏。从其能够长期读书和从事举业等情况看,不难窥测其家族的经济状况相对较好,也较为重视文化教育。其长子姚祚端于 1600 年应试中举人,并于 1607 年中进士,此后任江都知县等职,官至南太仆丞。

姚舜牧生活于明朝晚期的东南富庶地带。他去世之后数年,陕北高迎祥等人才发起了长达十几年的、葬送明王朝的农民运动。而在山海关内发生的明朝与后金的长期战争与对峙,自然也没有波及东南。所以,在姚舜牧漫长的一生中,除了短暂的数年为官生涯,读书、教书、举业、著述成为其生活的主要内容。而《药言》这一中国古代家庭教育的名篇,就是其著述的内容之一。

三、主要内容及思想主旨

《药言》共三十八节。其主要内容,乃是从作者立身处世的经验出发,专门谈论作者对儿童教育的观点。《药言》的思想主旨,无疑是儒家的"修齐治平",即注重德行修养而摒弃"讼争"。据姚舜牧在《药言》一书的自序,其"上世未有知学者",他们好比"上古葛天氏之民"那样憨厚淳朴,其"所见所闻"、耳濡目染之事,则不过是"浑浑焉,蠢蠢焉,不离耕作,不识官府"。盖中国古代文化,并不注重民事权利,因此遇到民事纠纷则以"息讼""止争"的做法来替代严格的民事权利认定和民事责任划分。后者这种自清朝末年的"新政"才逐渐从西方"舶来"的民法,在更早的中国古代是不太注重的。与"息讼""止争"相适应的,就是儒家的立身涉世之本,即用德行的自我检点、自我省察、自我约束,用对利害和不良后果的全方位认知,来尽力避免冲突。毋庸置疑,这种"息讼""止争"的精神,虽然在近代早已被严谨的法制精神、权利意识、责任划分所代替,人们也理直气壮地用法律来维护自己的各种合法权益,然而,在生活实践中,"息讼""止争"的精神、心态和做法,并非全无作用。客观上,它仍然是很多人生活中的原则之一。毕竟,过度的"讼争"对各方都是有害的。这也正是中国古代家训的当代意义之一。综上,姚舜牧《药言》对于当今的儿童教育具有如下两点启示。

第一,重视儿童的学习与启蒙教育。认为"学习好比是心中的太阳",会照亮人内心的蒙昧,驱散人性的黑暗。而学习的重点,又在于内心的怜悯、敦厚,外在行为孝顺、友爱。唯有长期好学,通过在现实生活不断学习与实践,把内心磨炼到"光明正大"的人生境界,这就是"成就圣贤般品行的功夫"。古人认为,在启蒙阶段,就须遵循这一"正"道,为人生的长远发展打下良好基础。

第二,在儿童教育的具体法则上,作者提出,为了实现道义、担当人生之责任,就需要克制原初的欲望、欲心、欲念。而这就需要在生活的细节、小事,甚至琐事上,都"决不可存苟且心"。内心决不"苟且",体现在个人仪态与教养上,就是"决不可学轻狂态";体现在与人交往、涉及他人利害上,就是"决不可做偷薄事""决不可做愆赖(奸诈无赖)人";体现在判断与处理事情上,就是事事都"须先论个是非""随论个利害",就不屑于妄为、也不敢妄为,就可以避免"自陷于危亡",就会有让自己满意的结果。作者进一步提出,越是在最忙碌、最急迫、最快意的时候,越是要谨慎和检点,方不至于因此疏忽生错。

四、精彩片段选读

片段一

蒙养无他法[1]

蒙养①无他法,但日教之孝悌,教之谨信,教之泛爱众亲仁,看略有余暇时,又教之文学。不疾不徐,不使一时放过、一念走作②,保完真纯,俾无损坏,则圣功③在是矣。是之谓蒙以养正④。

译文

对孩子的启蒙教育没有别的办法,只有每天教他孝敬父母、友爱兄弟,教他谨慎诚信,教他广泛爱怜众生,亲近仁义,如果还有闲暇就教他学习诗文。不能太急,也不可太缓,每时每刻都要注意,不可让其产生放纵的念头,保持其纯真天性不受损害,这样的话,成就圣贤的功夫就在其中了。这就是所谓的在童蒙阶段培养其"正"。

注释

①蒙养:儿童的教育。蒙,儿童。古人认为,儿童处在蒙昧状态,所以用"蒙"指儿童。语出《周易》,"蒙以养正,圣功也"。

②走作:走了样子。

③圣功:成就圣人的功夫。

④蒙以养正:语出《周易》,意思是,儿童的教育应该培养其"正直"的品格。

片段二

古重蒙养,谓圣功在此也[2]

古重蒙养,谓圣功在此也。后世则易骄养矣。骄养起于一念之姑息。

---

〔1〕　姚舜牧:《药言》,见《丛书集成初编·杨忠愍公遗笔及其他五种》,商务印书馆,1939年版,第63页。

〔2〕　同上书,第63~64页。

然爱不知劳，其究为傲为妄，为下流不肖，至内戕①本根，外召祸乱。可畏哉，可畏哉！蒙养不专在男也，女亦须从幼教之，可令归正。女人最污是失身，最恶是多言，长舌阶厉②，冶容诲淫③，自古忌之。故一教其缄默④，勿妄言是非；一教其俭素，勿修饰容仪。针黹⑤纺绩外，宜教他烹调饮食，为他日中馈⑥计。《诗》曰："无非无仪⑦，唯酒食是议。"此九字可尽大家姆⑧训。

译文

古人重视教育儿童，认为成就圣贤的功夫就在于此。后世的人们，却容易对自己的孩子娇生惯养。娇生惯养是起于一念之间的姑息纵容。疼爱子女却不让他们经受劳动之苦，这样终究会骄傲、狂妄，成为低劣、品质很差的人，乃至于戕害其内在的天性，并招致外在的祸患。太可怕，太可怕啊。启蒙教育，不只是针对男孩，女孩也要从幼年就加以教导，可使其归于端正。女人最大的污点是丧失贞洁的品行，最坏的品质是多言，长舌招致祸端，妖冶带来淫乱，自古以来为人们所忌讳。所以，一方面，教她沉静少言，不要妄言是非；另一方面，教导她节俭朴素，勿过于打扮。在教她针线活、纺线、织布以外，还应教她烹饪做饭，为以后下厨做准备。《诗经》说："不要非议他人，不要注重外表，要考虑酒浆和饭食。"这几句话可以说囊括了大家族教育女儿的全部内容。

注释

①戕：戕害、损害。

②长舌阶厉：语出《诗经·大雅·瞻卬》，"妇有长舌，维厉之阶"，意思是女人多言，这只能是走向灾祸啊。阶，台阶，寓意为导致、走向。厉，灾害、灾祸。

③冶容诲淫：语出《周易·系辞上》，"慢藏诲盗，冶容诲淫"，意思是，妖冶的容色，诱使人淫乱。诲，本义是教导、教育，此处意思是招致、招惹。

④缄默：闭口不言。缄，本义是封住、扎住（信封），引申为闭（口）。

⑤黹（zhǐ）：特指用针做的、除去用针缝之外的劳动，如刺绣、绒绣等。

⑥中馈：语出《周易·家人》，意思是家中的膳食供应，也指酒食，这些往往是女人所为，故又引申为妇人、妻室。馈，本义是在匮乏时赠送食物，引申为馈赠、吃饭、匮乏等意。

⑦无非无仪：语出《诗经·小雅·斯干》，意思是不要多言是非，不要议论长短。非，非议，意为批评他人、嚼舌根。仪，注重外表。一说议论之意，为"议"的通假字。

⑧姆(mǔ):指受雇为人照管儿童或料理家务的妇女。

片段三

学者,心之白日也[1]

学者,心之白日也。不知好学,即好仁、好知、好信、好直、好勇、好刚,亦皆有蔽①也,况于他好乎?做到老,学到老,此心自光明正大,过人远矣。世间极占地位的是读书一著②。然读书占地位,在人品上,不在势位③上。

译文

学习,好比人心中的太阳。如不知好学,就算喜好仁义、喜好智慧、喜好守信、喜好正直、喜好勇敢、喜好刚毅,也都存在缺憾,何况是其他爱好呢?所以,活到老,学到老,心态和人格自然光明正大,远远超过他人。世间最高贵的事,就是读书这条路。然而读书的可贵,并不在于它能带来权势、地位,而在于它有助于人品、人格的养成。

注释

①蔽:本义为败坏、衰败,引申为缺憾。

②著:同"着",下棋时走一步或下一子,引申为策略、办法。

③势位:权势与地位。

片段四

凡人欲养身[2]

凡人欲养身,先宜自息欲火;凡人欲保家,先宜自绝妄求。精神财帛,惜得一分,自有一分受用。视人犹己,亦宜为其珍惜,切不可尽人之力,尽人之情,令其不堪。到不堪①处,出尔反尔,反损己之精力矣。有走不尽的路,有读不尽的书,有做不尽的事,总须量精力为之,不可强所不能,自疲其精力。余少壮时多有不知循理②事,多有不知惜身事,至今一思一悔恨。汝后人当自检③自养,毋效我所为,至老而又自悔也。

---

〔1〕　姚舜牧:《药言》,见《丛书集成初编·杨忠愍公遗笔及其他五种》,第77页。

〔2〕　同上书,第69页。

译文

大凡人们想养生的,应该先自己平息欲火。大凡人们想保全家业的,应该先自己杜绝非分之要求。精力和财富,节省一分,就会多留出一分供日后享用。对待他人,也应当像对待自己一样,也应当替他人珍惜节省,千万不要竭尽别人的力量和情分,令他人无法承受。当他人忍无可忍时,就会放弃当初的承诺,反过来又会损耗自己的精力。世上有走不完的路,有读不完的书,有做不完的事,必须根据自己的精力的多少去做,不能勉强自己去做力不能及的事情,使自己筋疲力尽。我年轻时不明白这个道理,经常做一些不顾惜自己身体的事情,至今想起来十分后悔。你们这些后辈应当自我反省,自我保养,不要效仿我的做法,以免到年纪大了才追悔莫及。

注释

①不堪:不能承受。堪,能够承受。

②循理:依照道理。循,依照。

③检:检查,检点。

片段五

事到面前[1]

事到面前,须先论个是非,随论个利害①,知是非则不屑妄为,知利害则不敢妄为,行无不得矣。窃怪不审②此而自陷于危亡者。

译文

面对一件事,要先判断它是正确还是错误,随之再判断其中的利害关系。知道对与不对的道理,就不屑于胡乱作为;知道其中的利害关系,就不敢胡作非为。做事就没有不得当了。不考虑这个而自己陷于危险、败亡的人,我私下也感到奇怪啊。

注释

①利害:指利弊,利益和弊端。

②审:认真考虑。

---

〔1〕 姚舜牧:《药言》,见《丛书集成初编·杨忠愍公遗笔及其他五种》,第77页。

片段六

决不可存苟且心〔1〕

决不可存苟且心,决不可做偷薄①事,决不可学轻狂态,决不可做惫赖②人。当至③忙促时,要越加检点;当至急迫时,要越加饬守④;当至快意时,要越加谨慎。

译文

为人处世,决不可存有"姑且""苟且"之念;决不可在暗地里做薄德之事;决不可效仿轻浮、狂妄的仪态;决不可做懈怠、懒惰之人。在最为忙碌的时候,要越加检点自己;在最为紧急迫切之时,要越加注意谨守规矩;在最为顺心快意之时,要越加注意谨慎小心。

注释

①偷薄:暗地里的坏事。

②惫赖:卑劣、无赖。惫,卑劣、坏。

③至:最、最为。

④饬守:检点自己的操守。饬,整饬、检点。

五、评价

姚舜牧的《药言》,从作者立身处世的实际经验出发,专门谈论儿童教育。就其内容看,姚舜牧推崇"上古葛天氏之民"的憨厚淳朴,注重以德行修养来教化民众,而摒弃"讼争"。《药言》的观点,体现了传统中国的治理理念,即注重对自身的检点、省察、约束,尽力避免冲突。

对于当今的儿童教育来说,《药言》的某些观点仍具有其意义。一方面,它重视幼儿的启蒙教育、人格熏陶,认为这种健康人格的教育,足以照亮人的内心,消除自私自利的蒙昧状态,驱散深藏在人性中的黑暗。因此,它注重培养幼儿内心的敦厚温柔和行为孝顺、友爱,并且主张通过长期的学习、反省,来养成正大阳刚的内在人格境界,成就终生的德行基础。

在儿童教育的具体法则上,作者提出事事都"须先论个是非""随论个利

〔1〕　姚舜牧:《药言》,见《丛书集成初编·杨忠愍公遗笔及其他五种》,第77页。

害"的标准。并且提出,为了克制人类原初的欲望、欲心、欲念,在生活的细节与小事上"决不可存苟且心""决不可学轻狂态""决不可做偷薄事""决不可做惫赖(奸诈无赖)人",以此养成良好人格。《药言》集中体现了传统文化对人性恶的克制与防范,其中蕴含的价值、理念、做法,仍值得今天的人们深思。

第九章 爱新觉罗·玄烨《庭训格言》

一、作者简介及代表作

爱新觉罗·玄烨(1654—1722),即清康熙帝,为清朝入关后第二位皇帝。他8岁登基,在位61年,是中国历史上在位时间最长的皇帝。康熙八年(1669)除权臣鳌拜,夺回朝政大权,开始亲自理政。康熙帝对巩固和发展多民族国家的统一做出了杰出贡献。康熙帝平定"三藩"叛乱;此后,又消灭了在台湾的郑氏政权并驻兵屯守,备御西方殖民者侵略;他还三次亲征蒙古准噶尔部的噶尔丹,并取得胜利,又创立"多伦会盟"并联络蒙古各部;面对沙俄的进犯,他亲自率军迎击,订立《中俄尼布楚条约》,确定中俄东段边界,确保了清政府对黑龙江以南地区的统治。康熙帝加强中央集权,并注意休养生息、发展经济,也注意笼络汉族士人。作为清代统一的多民族国家的捍卫者,康熙帝奠定了清朝长久统治的根基。在执政的晚期,康熙帝标榜仁政,社会上出现了吏治败坏的现象。

康熙帝一生重在立功、立德,不太重视著述。其诗作主要有《弹琴峡》《登海楼》《登澄海楼观海》《天宁寺》《十架颂》《滇平》《中秋日闻海上捷音》《御赐施琅》《瀚海》《班师次拖陵》《赐将士食》《剿平噶尔丹大捷》《示诸皇子》等。康熙帝病逝后,其四子胤禛(雍正帝)将其言行辑录,编纂为《圣祖仁皇帝庭训格言》,后世简称为《庭训格言》。

二、作品的时代背景

《庭训格言》的编辑用意在于总结先辈的人生经验,用以垂范后世,供子孙研习以有利于治国理政。康熙帝一生戎马倥偬,注重对汉族文化的全面吸收与学习,其思想言论也体现出浓郁的汉族儒家文化特征,即重视满汉文化的融合,重视修身养性和提升人生境界,注重传授治国理政和处理军国大事的具体经验。

《庭训格言》总结与传习了清代皇帝的人生与治国经验,以巩固其统治。

其中仍有一些内容,可供我们今天借鉴。

三、主要内容及思想主旨

《庭训格言》共 246 条,辑录了康熙帝方方面面的人生经验。从雍正帝所选取康熙帝生前书信与言论的内容来看,《庭训格言》的目的在于三个方面:其一,体现出满汉文化杂糅与融合的文化背景。满族脱胎于游牧部落,深具剽悍骁勇的气质。而主流的汉族文化则是儒学,重视纲常等级的秩序,强调繁文缛节的礼仪文法,注重人性修养,并能够对未来的长远发展深谋远虑。康熙帝一生的作为及其言论,充分体现了这一点,即力图在接纳、学习汉族文化的同时,保留满族勇武生猛的锐气。其二,对军机事务、军国大计的权衡、考虑与筹划。康熙帝毕竟不是普通的儒学家,他时常面临着复杂尖锐的政治形势,常常需要处理紧急重大的军机事务。雍正帝对其相关言论的辑录,就注重学习其处理军机要务的经验。其三,总结人生修养与涉世的经验和心得。早在未入关之前,后金就非常重视吸纳汉族士人,注重对汉族文化的学习。《庭训格言》中大量出现的内容就在于人生境界、人生修养、处世经验。

综上所述,《庭训格言》的思想主旨,体现了标准的或严格的儒家规范。对于我们当下的儿童教育也有一定的借鉴价值,这主要体现于以下三个方面。

第一,学习功课的心态不能急躁,需要踏实、循序渐进。学习,还需要有顽强的毅力、坚忍的态度,遇到困难不能放弃,而要秉持"人一能之,己百之;人十能之,己千之"的态度,以"愚拙"的努力来克服一切困难。

第二,儿童阶段为一生的起点,关于儿童的德行修养,康熙帝提出了许多具体的看法。他主张,人应该"持其志,勿暴其气",就是保持内心的志向、志气,而不要意气用事、轻浮外露。在临事之时,或遇到冲突时,主张"忍一时之小忿",避免因"一语戏谑"或"鸡犬等类些微之事",而酿成事端。

第三,康熙帝认为,人生的内在修养,不仅有益于身体健康,也有益于书法等各种技艺的掌握。学习书法的要义,乃在于"心正气和",即内心的和悦、心思的纯正,"心正气和"就能做到"手掌虚而指头实",下笔就会端正而一丝不苟,起到"得于心而应乎手"的效果。在平时,应以"神静气和"为标杆,减少不必要的思虑、话语、欲望之心,以此加强修养,并作为保身之道。

四、精彩片段选读

片段一

凡人学艺，即如百工习业[1]

训①曰：凡人学艺，即如百工②习业，必始于易③，而步步循序渐进焉，心志不可急遽④也。《中庸》云："譬如行远，必自迩⑤；譬如登高，必自卑⑥。"人之学艺，亦当以此言为训也。

译文

训示说：大凡人们学习技艺，就像各种手工匠人学习本行业，一定从容易的开始，一步步循序渐进，心态不可急躁、求快。《中庸》说，"好比走远路一定从近处，比如登高处一定从低处"。人们学习技艺，也应当把这句话作为训示。

注释

①训：训示、指示，一般用于上级对下级、长辈对晚辈。

②百工：泛指各种手工艺匠人。工，工匠。

③易：简单、容易。

④急遽(jù)：急躁与求快。遽，快速或求快。

⑤自：从。迩：近、近处。

⑥卑：卑下之处、低处。

片段二

凡人读书或学艺，每自谓不能者[2]

训曰：凡人读书或学艺，每自谓不能者，乃自误其身也。《中庸》①有云："有弗学，学之弗能弗措②也……人一能之，己百之；人十能之，己千之。果能

---

〔1〕　雍正帝编：《圣祖仁皇帝庭训格言》(《摛藻堂四库全书会要·史部》)，世界书局，1990年版，第81页。

〔2〕　同上书，第87页。

此道矣,虽愚必明,虽柔必强。"实为学最有益之言也。

译文

训示道:大凡人们读书或学艺,每每告诉自己做不到,这就是自己耽误自己啊。《中庸》里有句话说,"如果没有去学,或者去学了但没能学会,不要放弃啊。别人学一次就能学会的,自己学一百次。别人十次能学会的,自己学一千次。如果能遵循这个方法,即便愚笨也一定会聪明,即便柔弱也一定会变强"。这是对于学习最有益的语言。

注释

①《中庸》:"四书"之一,为古代读书人的必读书。隋唐实行科举制度后,成为考试内容。

②措:放弃、停止。

片段三

书法为六艺之一[1]

训曰:书法为六艺①之一,而游艺为圣学之成功,以其为心体所寓②也。朕自幼嗜书法,凡见古人墨迹,必临一过,所临之条幅、手卷将及万余,赏赐人者不下数千。天下有名庙宇禅林③,无一处无朕御书匾额,约计其数,亦有千余。大概书法,心正则笔正,书大字如小字。此正古人所谓心正气和,掌虚指实,得之于心而应之于手也。

译文

训示道:书法是古代"六艺"的一种,而"悠游于技艺"是圣人学说中的成功。因为,技艺是心体所寄托之物啊。我从小嗜好书法,只要见到古人的墨迹,一定会临摹一次。所临摹的条幅、手卷快到一万了,赏赐给别人的书法作品也不低于几千幅。天下著名的庙宇、禅寺,无一处没有我写的匾额。大约计算其数量,也有千余处。大体上,对书法而言,如果心端正,下笔就端正,写大字和写小字的道理一样。这正是古人说的"心正气和""手掌虚而指头实",做到这个,书法会得心应手啊。

---

[1] 雍正帝编:《圣祖仁皇帝庭训格言》(《撝藻堂四库全书会要·史部》),第79～80页。

注释

①六艺:指礼、乐、射、御、书、数,是先秦时期周朝的官方学校所要求学生掌握的六种基本才能。

②寓:住所,引申为停留、寄托。

③禅林:禅寺。

片段四

长持其志,无暴其气[1]

训曰:孟子云,"持①其志,无暴其气②"。人欲养身,亦不出此两言。何也? 诚能无暴其气,则气自然平和;能持其志,则心志不为外物所摇,自然安定。养身③之道,犹有过于此者乎?

译文

训示道:孟子说过,"保持自己的志向,不要意气用事"。人要想养生,也离不开这两句话。为何? 确实能做到不意气用事,心气自然平和;能守住自己的志向,心志就不会被外在事物所摇撼,人自然就安定。养生之道,还有超过这一条的吗?

注释

①持:持有、坚持、坚守。

②暴(pù)其气:随意显露自己的意气,指意气用事。暴,本义是手持农具、在太阳下晒粮食,引申为展示、显露之意。

③养身:养生,保持身体健康。

---

〔1〕 雍正帝编:《圣祖仁皇帝庭训格言》(《摛藻堂四库全书会要·史部》),第87页。

片段五

天下未有过不去之事,忍耐一时,便觉无事[1]

训曰:天下未有过不去之事,忍耐一时,便觉无事。即如乡党①邻里间,每以鸡犬等类些微②之事,致起讼端③,经官告理;或因一语戏谑,以致口角争斗。此皆由不能忍一时之小忿,而成争讼之大端④也。孔子曰:"小不忍则乱大谋。"圣人之言,至理⑤存焉。

译文

训示道:天下没有过不去的事儿,遇事忍一忍,就觉得没事了。就好比乡里乡亲之间,每每因为鸡零狗碎之类的琐碎、细微的事儿导致诉讼发端,经过官方去讲论是非道理,还有的人因为一句话的戏谑而导致口角、争斗。这都是由于不能忍片刻的小的不满,而酿成诉讼之大的事端啊。孔子说,小地方不忍就会扰乱大的安排。圣人的话,最有道理啊。

注释

①乡党:泛指乡邻。

②些微:琐屑、细微。些,琐屑。

③讼端:诉讼的发端。端,发端、事端。

④大端:大的事端。

⑤至理:最深切的道理。至,最。

片段六

神静心和,心和形全[2]

训曰:庄子曰"毋劳汝形,毋摇汝精"①。又引庚桑子②之言曰"毋使汝思虑营营③"。盖寡思虑所以养神,寡嗜欲④所以养精,寡言语所以养气,知乎此⑤可以养生。是故形者,生之器⑥也;心者,形之主也;神者,心之会⑦也。

---

[1] 雍正帝编:《圣祖仁皇帝庭训格言》(《摛藻堂四库全书会要·史部》),第92~93页。

[2] 同上书,第93~94页。

神静而心和⑧,心和而形全⑨。恬静养神,则自安于内。清虚⑩栖心⑪,则不诱于外。神静心清,则形无所累矣。

译文

训示道:庄子说,"不要让你的形体劳累,不要动摇你的精神"。又引用庚桑先生的话说,"不要让你自己思考、筹划各种事情"。因为减少思虑才能"养神",减少嗜好欲望才能"养精",减少话语才能保养元气。知道这个,就可以养生了。所以,形体是生命的器皿。心灵,是形体的主宰。神志,是心灵的交汇之处。神志安静,心志就柔和;心志柔和,形体就保全了。恬然无欲、安静,去保养神志,身体内部自然安适。让心灵保持清净、没有思虑,就不会被外物所引诱。神志安静,心灵没有杂思,那么形体就不会受累了。

注释

①毋劳汝形,毋摇汝精:不要让你的形体劳累,不要动摇你的精神。毋,不要。劳,使劳累、使劳动。摇,动摇。汝,你。精,指精神。

②庚桑子:又作亢仓子、亢桑子,《庄子》一书中虚构的人物,战国时楚人,是老子的学生。

③营营:泛指各种烦琐之事。营,有营造、营生等意。

④寡:减少、少。嗜欲:嗜好,欲望。

⑤知乎此:知道这个。乎,语气助词,可理解为"于"。

⑥生之器:生命的器具。器,器皿、器具。

⑦会:交汇、汇集。

⑧神静而心和:神志安静,心灵就平和了。神,指神志。和,平和、无冲突。

⑨形全:形体得以保全。

⑩清虚:指清净、内心没有思虑的状态。清,清除、没有(杂念)。虚,空虚、没有(思虑)。

⑪栖心:栖息心灵。

片段七

人平日洁净，则清气着身〔1〕

训曰：尔等凡居家①在外，惟宜洁净。人平日洁净，则清气着身②。若近污秽，则为浊气所染，而清明之气渐为所蒙蔽矣。

译文

训示说：你们但凡在家或在外，应该保持洁净。人平时洁净，身体就会有清爽之气。如果接近污秽，就被污浊的气息所沾染，而清洁时的气息就逐渐被蒙蔽了。

注释

①居家：在家。

②着身：到身上。

片段八

诚能勤勉，到处皆可耕凿〔2〕

训曰：边外水土肥美，本处人惟种穈①、黍②、稗③、稷④等类，总不知种别样之谷⑤。因朕驻跸⑥边外，备知土脉⑦情形，教本处人树艺各种之谷。历年以来，各种之谷皆获丰收，垦田亦多，各方聚集之人甚众，即⑧各山墅中皆成大村落矣。上天爱人，凡水陆之地，无一处不可以养人，惟患人之不勤不勉尔。诚能勤勉，到处皆耕凿⑨，以给⑩妻子⑪也。

译文

只要能勤劳、努力，耕耘就会有收获。训示说：塞外水土丰美，本地人只是种植一些穈子、黍子、稗子、稷子等类作物，而不知道种植别的谷物。因为我巡游时驻扎在塞外，详细地知道土壤、水源的情况，所以教本地人种树的技艺，并种植各种谷物。历年来，各种谷物都获得丰收，开垦的田地也多了，各方狙击的人很多，哪怕各个沟壑中，也都成了大村落啊。上天爱人们，大

---

〔1〕 雍正帝编：《圣祖仁皇帝庭训格言》（《摛藻堂四库全书会要·史部》），第7页。

〔2〕 同上书，第51页。

凡土地,没有一处不能养人的,只是忧虑人们不够勤劳、努力。你们果真能够勤劳、努力,所到之处都可以耕田凿井,以此养活妻子和孩子啊。

注释

①糜(méi):古代特指一种不黏的黍,亦称"穄"(jì)。

②黍:类似于粟(即小米),其穗比粟更粗而长,颗粒也稍大。

③稗:一年生草本植物,其幼苗像稻,是稻田的主要杂草。康熙帝把"稗"也列为一种粮食作物,有误。

④稷:为黍的一个变种,其颗粒煮熟后不黏或黏性不如黍的,称为稷。

⑤谷:古代北方小米类粮食作物的总称。上述的糜子、黍、稷,都是同一种作物。

⑥驻跸(bì):古代指帝王出行中的停驻与清道,此处泛指帝王在外巡游或居住。跸,指帝王出巡时开路清道,禁止他人通行。

⑦脉:指像血脉一样连贯而成系统之物。这里指地下水。

⑧即:此处为连词,表示让步,哪怕、就连之意。

⑨耕凿(záo):耕田与凿井,泛指从事农耕生活。

⑩给(jǐ):供给、提供给养或生活必需品。

⑪妻子:古代"妻子"指妻子和孩子。子,孩子。

片段九

事无定规,合理则为[1]

训曰:天下事,固有一定之理。然有一等事如此,似乎可行,又有不可行之处;有一等事如此,似乎不可行,又有可行之处。若此等事,在以义理揆①之,决不可预定一"必如此,必不如此"之心。是故孔子云"君子之于天下也,无适也,无莫也②,义③之与比④"。

译文

训示说:天下的事情,固然有一定的道理。然而,有一种事是这样的,似乎可以去做,又好像有不可以做的地方;另一种事情是这样的,似乎不可以

---

〔1〕 雍正帝编:《圣祖仁皇帝庭训格言》(《摛藻堂四库全书会要·史部》),第86~87页。

做,又有可行之处。对于这种情况,其处理之道,在于用道义、道理来揣测它,就决不能事先就给自己规定"必定这样,必定不这样"。所以,孔子说"君子对于天下的事啊,不要依从,也不要拒绝,而要用道义来衡量它"。

注释

①揆:揣测、揣度。

②无适(dí)也,无莫也:语出《论语·里仁》,意思是既不跟从,也不拒绝,指做事灵活、不拘执。适,此处意为专主、依从。莫,指不肯(跟从)。

③义:道义、适宜、妥当。

④比:亲近、相近,这里是衡量的意思。

五、评价

《庭训格言》集中体现了清代康熙帝的人生修养与涉世经验。它虽然体现了标准、严格的儒家风范,其中对于儿童的学习、德行修养所提出的一些具体观点,却是值得当下的儿童教育借鉴的。《庭训格言》提出,学习的心态不能急躁;成才,还需要以毅力和坚忍的品格,秉持"人一能之,己百之;人十能之,己千之"的态度,以笨拙却踏实的努力来克服困难。

对于德行修养,康熙帝认为,人应该"持其志,勿暴其气",就是要庄重内敛,避免意气用事、轻浮外露。在临事之时,或遇到冲突时,要谨慎、忍耐,"忍一时之小忿",以避免因琐事酿成祸端。此外,康熙帝认为,书法艺术的要领在于内心"心正气和"的状态,主张平时养成"心静气和"的习惯。在儿童时期,就应该逐步熏陶其温和、稳重、耐心的品格,为此后的成长奠定良好的心理素质基础。

第十章 孙奇逢《孝友堂家规》

一、作者简介及代表作

孙奇逢(1584—1675),字启泰,一字钟元,直隶容城(今属河北)人,明末清初的理学名家。他晚年在今河南省辉县的夏峰村生活、讲学20多年,门生遍布海内,世人因此尊称他为夏峰先生。清兵入关之初屠杀汉人,而孙奇逢认为自己是明代遗民,因此康熙帝开博学鸿词科,征召天下著名的汉族士人,他也是屡次拒绝征召者之一,世人称他为"孙征君"。孙奇逢因其学问与骨气而闻名,和黄宗羲、李颙并称为明末清初"三大儒"。

孙奇逢的一生,著述颇为丰厚,其学术研究主要有集中在理学,代表作有《理学宗传》二十六卷,梳理与记述了周敦颐、程颐、程颢、张载、邵雍、朱熹、陆九渊、薛瑄、王守仁、罗洪先、顾宪成等北宋至明末几位著名理学家的思想与学问。此外,孙奇逢还著有《圣学录》、《四书近旨》二十卷、《书经近指》六卷、《日谱》三十六卷、《读易大旨》五卷、《补遗》两卷等,阐发自己对理学的研究与心得。此外,孙奇逢对史学、方志也有一定的记述与研究,作品有《取节录》《乙丙记事》《甲申大难录》等,记载了明朝末年反对阉党、农民战争、反清战争等历史。其作品还包括《榕城县志》《畿辅人物考》《中州人物考》等几种地方志。后人将孙奇逢上述著作收录、编纂为《夏峰集》《孙夏峰先生全集》。孙氏后人将其教诫子孙的言论辑录、整理为《孝友堂家规》,流传极广且影响深远。

二、作品的时代背景

孙奇逢的青壮年时代正值明朝末年。当时朝堂之上,魏忠贤长期把持朝政,清流与阉党斗争趋于激烈。1624年,杨涟、左光斗、魏大中、周顺昌等人先后入狱,受尽酷刑。时年40岁的孙奇逢与左光斗、魏大中、周顺昌等三人为故交,就通过同乡鹿继善向主持军务的孙承宗上书,营救左光斗等人。左光斗等人死于狱中后,被污以贪腐并向其家眷追赃,孙奇逢与鹿继善之父鹿正等人募资代付,左光斗等人的遗骸才被放还故里。因为营救左光斗,孙奇逢等三人被世人褒扬为"范阳三烈士"。

1628年,闯王高迎祥在陕北发动农民起义。1629年李自成也加入起义军队伍。从1629年始至1644年春李自成进入北京城,这15年为起义军和明朝军队的大混战时期,战乱遍及陕西、山西、河南、湖北、四川、湖南、安徽、江苏、山东、河北等地。与此同时,关外的清军也在山海关一带与明军对峙。战乱起来后,盗贼横行,孙奇逢全家和门生一起,搬迁到河北易县五峰山一代耕田、武力互保、教书授业。

因此,从45岁至60岁的孙奇逢所处的社会环境可以用"时局糜烂""内忧外患"来形容。而1644年年初,李自成刚刚进入北京城,准备替代明朝时,山海关外的清军在明朝将领吴三桂的指引下,大举入关。此后,李自成仓皇败退,直至退入湖北天门山中,不知所终。

清兵入关后,为巩固统治,也做出笼络汉族著名士人的姿态。而不少人对此或鄙夷不屑,或断然拒绝,或小心翼翼但保持着拒不合作的底线。晚年的孙奇逢之所以被时人看重,一个重要原因在于他拒绝参加清廷举办的所谓"博学鸿词科",拒绝与清廷合作。1645年,孙奇逢拒绝了国子监祭酒薛所蕴的引荐。1650年,由于耕田被清军圈占,孙奇逢率领全家从易县五峰山迁居到河南辉县苏门山下的夏峰村,又获工部侍郎马光裕赠送的田舍,在此隐居,讲学著述达25年之久。

三、主要内容及思想主旨

孙奇逢根据从先辈那里得到的家训,参照自己的亲身经历,穷其学问而编纂了《孝友堂家规》。该书的内容分为十八节,即安贫以存士节,寡营以养廉耻,洁室以妥先灵,齐躬以承祭祀,既翕以协兄弟,好合以乐妻孥,择德以结婚姻,敦睦以联宗党,隆师以教子孙,勿欺以交朋友,正色以对贤豪,舍洪以容横逆,安分以达衅隙,谨言以杜绝风波,暗修以淡声闻,好古以择趋避,克勤以绝耽乐之蠹己,克俭以辨饥渴之害心。这些内容,概括了孙奇逢教导子孙的方方面面,堪称孙奇逢毕生学问的精华。《孝友堂家训》的内容,可视为《孝友堂家规》在生活、读书、家务、养身、人际等各方面的具体阐发。

就学术而言,《孝友堂家规》的思想主旨具有三个特征。其一,孙奇逢的学问传承了陆九渊、王阳明的心学,强调做人的慎独,并以此为其毕生学问的圭臬。其二,虽然具有浓重的心学色彩,孙奇逢晚年逐渐趋于注重朱熹一脉,更重视对所谓"天理"的求索,这一点与宋代以来朱熹、"二程"、张载、邵雍等理学家一脉相承。其三,总体而言,孙奇逢尝试调和陆九渊、王阳明的心学与朱熹等人的理学,不论其汲取的是心学还是理学,其学问与思考的着眼点、落脚点仍然在于应对与处理日常生活、人际伦常。这一点,在其著作和讲学中体现得非常明确。

孙奇逢本人持己严于自律,对人则质朴诚恳而不惺惺作态。因此,乐意求教于他的人为数众多,孙奇逢对他们往往因材施教,就不同人的不同性格而引导开悟,使人听闻道理而能学以致用,真正有益于他们的实际生活、处人处事。即便是武夫、走卒、力田之人,也从孙奇逢那里获益良多。《孝友堂家规》的思想主旨,和孙奇逢毕生的思想、学问、做人是一脉相承的,其要义都在于贴近生活实际,贴近具体的人事来阐发做人、处世的道理。对我们今天的儿童教育,孙奇逢的学问及其《孝友堂家规》仍然极富借鉴价值与启迪意义,这主要体现为如下几点。

其一,强调以身作则、重视身教。孙奇逢认为,士大夫之所以子孙不守礼仪,"不旋踵而坏名,灾已辱身丧家",其原因在于"绝不讲家规身范",仅仅口头说教、自己反而不能做到,而立家之规范,在于祖、父要为子孙"以身作范"。大凡"祖、父不能对子孙""子、孙不能对祖、父",源于其自身"多惭德者"。因此,孙奇逢强调,在儿童教育中家长需要以身作则,儿童才能卓然有所守、有所立。

其二,把读书和生活结合起来,将谋生、家务、养身等内容的学习、操练与读书、明理结合起来。纵观《孝友堂家规》,大量的教导并不在于玄远的"天理",反而显得很切近生活、贴近自己的亲身经历。举凡其就睡眠、饮食、养病、避暑、处理家务等内容和子孙的交流,不难窥探其言传身教之内容,以及其立身涉世的根本所在。

其三,孙奇逢反对单纯的求功名、取科第,认为读书的本质在于明白做人的道理,戒除骄傲、怠惰的性情,养成开阔的心态,和人交往而能谦和待人、温和厚重。这方面,孙奇逢的教导与前人家训的教诲乃一脉相承。总的来看,孙奇逢对儿童的教育,在于通过读书、思考,克服自身的怠惰、骄傲,掌握谋生、养身和立业的本领,养成与人交往的礼仪与习惯,而文采反而在其次。

四、精彩片段选读

片段一

古人读书,取科第犹第二事[1]

古人读书,取科第犹第二事,全为明道理、做好人。道理不明、好人终做不成者,惰与傲之习气未除也。洒扫应对,先儒所谓所以折其傲与惰之念。盖傲惰除而心自虚,理自明。容色词气①间,自无乖戾差错。事父②、从兄、交友,各有攸③当,岂不成个好人? 日用循习,始终靡间,心志自是开豁,文采自是焕发,沃④根深而枝叶自茂。

译文

古人读书,其目的全然是"明道理、做好人",而把科举、及第作为次要的事。那些不明白道理、做不成好人的,是因为没能除掉自己懒惰和骄傲的习气。洒水、扫地、应对大人,古代的儒家们所说的,为了折服其傲、惰的心念。除掉了骄傲、懒惰,自然就虚心、明白道理。容色、说话、气势,自然就没有乖戾、差错。侍奉父亲、跟从兄长、结交朋友,都各有恰当之处,怎能成不了好人呢! 平时依照所学习的,始终没有间断,其心志自然开通、豁然,其文采自然焕发,好比"往根深处灌溉,自然枝叶繁茂"的道理。

注释

①容色词气:脸色、用词和(说话的)口气。

②事父:侍奉父亲。事,侍奉。

③攸:其本义为"水平稳流动",此处为"所"之意,与"性命攸关"之用法同。

④沃:此处为动词,"灌溉、用水浇灌"之意。如果作形容词,为"肥沃"之意。

---

[1] 孙奏雅、孙韵雅、孙诠编:《孝友堂家规》,《畿辅丛书》第 1523 卷,第 3~4 页。

片段二

谓韵雅曰,汝幼年理家务[1]

谓韵雅曰:汝幼年理家务,吾虞①其废业也。然陆象山当家三年,自谓学问长进。米盐零杂,至细碎也,综理有道②,便是学问。至长幼、尊卑、内外、男妇,情性不同,好恶各异,黾③勉有无,能得其贴心输意④,此非仁至义尽不能。志气从此立,学问从此充。虚心实体⑤,当自得之。

译文

告诉雅韵说:"你幼年时处理家务,我还担心你(因此)荒废了学业。然而,先儒陆九渊先生也曾当家三年,(而)自认为学问长进了。米、盐和零碎杂物,这都是最为细碎的事情,综合之、处理之而合乎'道',这就是学问。至于长幼、尊卑、内外、男女等各种人,其性情不同,其爱好和厌恶之事各异,还有努力与否的差别,能做到让其贴心、坦诚地表达,这如果不够仁义就做不到。志气,从这里建立;学问,从这里充实。所谓'虚其心、实其体'的道理,应该自己体悟而得。"

注释

①虞:忧虑、担心。

②综理有道:汇总与梳理,符合于"道"。综,总汇起来、聚在一起。理,本义指事物本身的"纹理"、层次、次序,引申为道理、规律等意,此处为整理、梳理之意。

③黾(mǐn):勉力。

④输意:表明心意、袒露心意。输,表达、袒露之意。

⑤虚心实体:"虚其心、实其体",语出《老子》"虚其心,实其腹"。

---

[1]　孙奏雅、孙韵雅、孙淦编:《孝友堂家规》,《畿辅丛书》第1523卷,第4页。

片段三

示尚儿暨濡、溥两孙[1]

曰：学不长进，病①在不虚己。以舜禹之圣，而好察乐善拜善。孔子之圣，四友六侍。颜子之贤，而问不能问。寡人②之取善③，岂有定方善④之所在。虽路人之言，臧获⑤之智，皆当取之。取诸人，乃所以与诸人也。故君子莫大乎与人为善。曲士俗学⑥，只喜闻誉、恶闻过，遂自闭取善之门，而阻人乐告之路，德何由进，业何由修？所谓自暴自弃也。尔等以文会友，便是进德修业之时，莫只作书生雕虫小技也。以文会友，以友辅仁，文与仁有本末而非二事：与胜己者友，须先虚心，至听其言与吾有未安⑦处，宜平心思之；而未安，又须平心定气，与之相商。唯恐我见⑧未克，未能尽其所长，则不收师友之益也。便是进德修业实际功夫。

译文

说："学问不长进，其过错在于自己不虚心。以舜、禹之圣明，还喜欢明察、乐于为善、敬仰为善者。以孔子之圣贤，还有四位友人和六位侍从。以颜回的贤德，还问一些看似简单而不该问的问题。我们分辨和选取善德，怎能先判定道理和良善在哪里呢？即便是路人的话语，卑贱者的智巧，也都应该汲取之。从他人那里汲取，这就是所给予他人的。所以，对君子来说，没有比与人为善更重要的了。那些鄙陋之士、学问浅薄者，只喜欢听到赞誉，而厌恶听到指责，这样就自己关闭了向善之门，而阻止了他人乐于劝说的路，德行从何长进、学业从何进修呢？这就是所说的自暴自弃啊。你们以文会友，就是进德修业，不要只是学一些书生的辞藻，那是雕虫小技啊。以文会友，以朋友来辅修自身的仁德，文辞与仁德虽有本末之分，却不是两件事：与胜过自己的人为友，首先要虚心；听到人家的话，而感觉有不满意的，要平心思考；思考之后，仍然不能满足的，又要平心静气，与人家商榷。就怕没能克服一己鄙陋之见解，而不能让朋友展示其所擅长的，就收不到师友的益处了。而这就是进德修业的实际功夫。"

---

[1] 孙奏雅、孙韵雅、孙沦编：《孝友堂家规》，《徽辅丛书》第1523卷，第6页。

注释

①病：缺点、过错。

②寡人：在道德方面做得不足的人，古人的一种谦称，通常作自称使用。

③取善：择善。取，采纳、采取、选取，为"主观选择"之意。

④方善：道理与善德。方，本义为两船并列、竹筏，引申为正直等意，此处为道理、礼仪之意。

⑤臧获（zāng huò）：古代指战败而被掳掠为奴者，泛指奴婢，有时也指愚贱者。表达对人的鄙视。

⑥曲士俗学：鄙陋的士人，流行的学说。曲，指乡里，鄙陋的意思。

⑦安：满意、满足。这里指对别人的看法感到满意。

⑧我见：自己的看法。我，在春秋之前指一种有锯齿的大斧，用以行刑或肢解牲畜，这种锯斧在战国时被淘汰。汉唐之后，"我"被普遍借用作第一人称使用，读音 wǒ 未变。

片段四

示奏儿[1]

近日饮食如何，能终夜熟睡乎？不能睡，由平日思虑过耗，欲禁之以勿思不得也。当就所思之事，穷其为真为妄、为正为邪，必有爽然自失者。圣人无思，贤人无邪，中人以下憧憧往来①，无所不思，能猛然提醒，破除邪思，思虑渐少，便是超凡入圣之路。

译文

近日饮食怎么样，能整夜熟睡吗？不能睡，是由于平日思考过度，要禁止不思而做不到。应该就你所思考的事，探究它是真是妄、是正是邪，必然明白自己所失误之处。圣人不思考，贤人不邪癖。而常人内心之念杂沓往来，无所不思，能猛然提醒自己，破除不正当的思考，思虑慢慢减少，这就是超凡入圣的路径。

注释

①憧（chōng）憧往来：指内心的念头摇曳不定，纷至沓来。憧憧，摇晃、

---

[1]　孙奏雅、孙韵雅、孙浍编：《孝友堂家规》，《畿辅丛书》第1523卷，第14页。

摇曳，比喻心意不定。

片段五

示望儿[1]

余四十三年在病，病胃病目病臂，饮食寝处，于斯已觉相忘，然亦惟病，遂寡营①，且得闲，则病之益我良多。我之得力于病，不敢忘也。尔病已二年，两次归来，四目欲断，今气力渐复，饮食渐壮，子疾有疗，亲心之悦可知，当亦有得力于病者也。病中苦楚，人不能代。病中修摄②，人不能知。此可为达者言也。吾家大小俱多病，不能不系我心，且以一家之长，幼众多人之病，攒而为一人之病，病之苦较贫更苦。贫与病，一时俱不能解免，而此趣弥觉隽永③，则非叟所敢承也。偶因尔病减，拈此志喜并志勉④。

译文

我四十三年里都身体不佳，胃、眼、胳膊有病，饮食睡眠之际，已经感觉忘记了疾病。然而，也正是因为疾病，才营谋较少，且得到闲暇，疾病给我的好处的确很多。我得力于疾病，不敢忘啊。你已病弱两年，两次回来，我和你眼泪都要断了，现在你气力慢慢恢复，饮食也逐渐增加，你的疾病得到疗愈，亲人心里的开心可想而知，你应该也有得益于疾病之处啊。病中的苦楚，别人替不了。患病中的修为与调摄，别人也不知晓。这一点，可以向通达者言说。我们家大大小小，都多病，不能不萦系我心。而且，我作为一家之长，你们小辈多人的病，积攒为我一个人的（心）病，患病之苦比贫穷更苦。贫穷和疾病，一时都不能解脱，而这个从疾病中得益之趣味，就更让人感觉其隽永，这可不是我所敢承担的。偶然因为你的病情减退，记下这些话表达喜悦，也表达勉励。

注释

①寡营：减少了营谋、思虑。营，本义为四周垒土而居，引申为经营、筹划，谋划、谋求。

②修摄：修养和调摄。摄，本义为牵引、执，此处为收敛、凝聚。

③弥觉隽永：更加感觉意味深长。弥，更加。隽，指鸟肉味道肥美。永，

---

[1] 孙奏雅、孙韵雅、孙淦编：《孝友堂家规》，《畿辅丛书》第1523卷，第15页。

回味深长。

④志喜并志勉:记载喜悦,记载勉励(的话)。志,记载,记录。

片段六

示立儿[1]

今岁炎热之甚。念从烽火场中得此暇日,思欲静坐数时,调摄例病①,不意却有不得不出门之事。欲静反而不得静。昨自郡中归,甫入座,而家园头绪、郡中光景,一一在念,遂事检点、安插此念,稍清,便忽忽入梦。夫绪烦,非静也。多睡,岂静乎!尔伯父尝谓,尔只是闭门静坐。我云:静坐良非易事。心浮之人,逐日奔忙,魂梦为扰,却质近安闲,非有学力、操得把柄在胸中,亦未能神闲而气定也。程子②见人静坐,辄叹其好学,谓与"未发之中"③相近。中人以下,既无"中节之和"④,安得有"未发之中"?此须有养心功夫,得丧炎凉,一丝不挂⑤;(遇)朋从扰攘,自然一念不起——则无意求静(而)无非静境。高子⑥野店小楼,忽悟明道实"无一事"之旨,孰非从静中养此端倪⑦。

译文

今年炎热极了。想到从战场上得到这一闲暇日子,想静坐几小时,调摄平日之病痛,没想到却有不得不出门的事。想静一下,反而不可以。昨天从郡城回来,刚入座,家园之事、郡中的景象,一一在心,于是就检点、安顿这个念头,稍微清楚,就忽忽入梦。有念、有烦,就不是安静啊。多睡,就是安静吗?你伯父曾说,你只是闭门静坐。我说:静坐的确不容易,心里浮躁的人,每天奔忙,魂梦受扰,却接近安闲的气质,这如果不是有学问之力、胸中有把持之处,也不能神闲气定啊。"二程"先生见到人静坐,就感慨其好学,说这与《中庸》的"未加表达,内心就已经合乎中道"接近。常人以下者,既然没有《中庸》所说的"表达出来,都合乎中道",哪里会有"未加表达时,内心就已经合乎中道"呢?这必须有养心的功夫,遇到得失、(人情)冷暖才会"(内心)一丝不挂(虑)",遇到朋友滋扰,便能一念不起。这就是无意求静,而都是安静的境界。高攀龙先生在野店小楼,忽然觉悟了"明道,就是内心无所

---

〔1〕 孙奏雅、孙韵雅、孙洤编:《孝友堂家规》,《畿辅丛书》第1523卷,第13~14页。

顾虑"的要旨,怎么不是从安静中而发现这个头绪呢。

注释

①例病:宿疾,旧有的病。

②程子:指宋代理学家程颐、程颢兄弟,世人并称其为"二程"先生。

③未发之中:与"中介之和",都出自《中庸》。其意思是,在(喜怒哀乐)还没有表达出来之时,内心就合乎中节、合乎中庸之道。

④中节之和:指(喜怒哀乐)表达出来之后,都符合中庸之道。

⑤一丝不挂:唐代佛教公案中的典故,其本义与今天相同,用来比喻内心毫无挂虑。

⑥高子:指明代政治家、文学家、东林党领袖高攀龙(1562—1626),世称景逸先生。

⑦端倪:语出《庄子·大宗师》,本义是推测事物的始末,引申为头绪、迹象、边际。

五、评价

孙奇逢持身严谨,为人质朴诚恳。他常常用具体的人事来阐发为人处世之道,十分贴近日常生活。《孝友堂家规》阐发了孙奇逢在生活、读书、家务、养身、人际等方面的观点,囊括了他教诫子弟的思想精华。其思考、立论的落脚点,仍然在于处理应对现实生活和人际关系。

作为一代理学大师,孙奇逢强调以身作则、重视身教,主张祖、父要为子孙"以身作范",这样就可以使子孙避免不守礼仪、"辱身丧家"的悲惨结局。应该说,孙奇逢重视身教的观点,和现代心理学的结论是完全一致的。此外,孙奇逢主张读书要切合生活实际,即切合生计、家务、养身、涉世等内容,为此他常常和子孙交流睡眠、饮食、养病、避暑、处理家务等方面的心得。

此外,孙奇逢认为,读书的目的,并不在于追求功名利禄、高人一等,而在于懂得做人的道理,戒除怠惰的习惯,戒除骄傲的心态,养成开阔、宽厚的心态,培养温和厚重的品格,从而培养起健全的人格。其重视身教、切合生活实际、培养内在人格的儿童教育观点,在今天看来更显历久弥新。

第十一章 朱柏庐《治家格言》

一、作者简介及代表作

朱柏庐(1617—1688),名用纯,字致一,自号柏庐,清江南昆山(今属江苏)人,明代生员,清初著名学者。朱柏庐之父朱集璜,是明朝末年的学者。受到父亲的影响,朱柏庐毕生没有入仕。康熙年间,为了巩固统治,清廷开"博学鸿词科",以笼络汉族的著名士人。此时,有人举荐朱柏庐应博学鸿词科之试,朱柏庐"固辞乃免"。朱柏庐毕生研究程朱理学,其著作包括《删补易经蒙引》《四书讲义》《耻躬堂诗文集》《愧讷集》《朱柏庐治家格言》和《大学中庸讲义》等,数百年来而以《朱柏庐治家格言》脍炙人口,影响极大。

《朱柏庐治家格言》简称《治家格言》,世称《朱子家训》,其全文仅五百零六字,以骈体文的形式、简短的语句,融会了儒家修身、做人、做事的思想、观念与做法,文笔含蓄凝练、风格浑朴庄重,对后世影响深远。

二、作品的时代背景

朱柏庐生活在明末清初,与《孝友堂家规》的作者孙奇逢生活在同一个时代。清兵入关之后,曾发动"扬州十日""嘉定三屠"之类的残酷暴行,在清代初年普通人的生活中,能够苟安图存已然极为不易。在当时的社会氛围下,汉族的士大夫转向了对传统文化中做人操守与底线的坚守,而尽量避免与清廷的直接冲突。因此,对孙奇逢、顾炎武、黄宗羲等人而言,"博学鸿词科"可以拒绝,但是对子孙的诫勉、教导却不可废止。朱柏庐作《治家格言》的心态与用意,大体上与其他士人不谋而合。而清廷的"博学鸿儒科"虽然遭到某些拒绝,但也展示了对汉族士人的某种宽宏姿态,以及对传统儒家文化的虚心学习和主动接纳。因此,在更大程度上,《治家格言》与《孝友堂家规》等儒家教子之作,与康熙帝的《庭训格言》呈现出了文化与价值的某种一致性。

三、主要内容及思想主旨

就其内容而言,朱柏庐《治家格言》虽言辞简约,却概括了古代中国普通人在做人、处世、做事的方方面面的"律条"或"规矩"。这些规矩可以概括如下:一曰勤勉,节俭,洁净,禁欲。二曰祭祀先祖,读圣贤书,做朴实人。三曰以身作则,教子以温和、厚道、恻隐、礼让对待宗族与乡邻,防范妒妇,善待自己父母和孩子。四曰居家的几种防范之事:争讼、多言、欺凌他人、为口腹之欲而杀生、乖僻而不自知、颓废懈怠、交游不良、轻信、争执。五曰居心或心术则需要防范:忘记他人恩惠、施恩要人记、得意而不知止、妒忌、盼人祸患、行善而欲人知、淫念、暗箭伤人。六曰存知足常乐之心,只求家门和顺,完成对国家的赋税义务,读书、报国,其余则"安分守命,顺时听天"。

就思想主旨而言,《治家格言》无疑充分体现了儒家的教导。只要"家门和顺,虽饔飧不济,亦有余欢";如果早早晚完成了缴纳"国课"的义务,就算囊中"无余",内心也安然畅快,乃至"自得至乐";就算科举不能及第,也要以"志在圣贤"自我劝勉。只是"心存君国""守分安命""顺时听天",如此反而接近了某种圣贤的境界。在这种看似饱受制约、不谈乐趣的生活方式中,《治家格言》完成了某种内心的升华,完成了道义层面的某种自我实现。

对当今的儿童教育而言,朱柏庐《治家格言》仍有一定的借鉴意义。

其一,《治家格言》提供了一个近古时代儿童社会化或成人化之后的生活模板,以简要的语言阐明了儿童成年以后的生活、内在德行、外在行为的实际边界。举凡勤劳庭除、谨慎门户、自奉简约、防范邪淫、祭祀先祖、读书明理、毋争讼、戒多言、戒贪财、戒醉酒、厚待父母、善待孩童、恩恤亲邻、毋欺凌弱小、毋杀虐动物、毋颓废不振、毋乖僻自是、亲近厚重老成、疏远"恶少"、待人厚道宽宏、常思自己不是、分辨他人"僭诉"、居心正大深沉、不图名利、安分顺适,熔铸各种规范为一炉,成为当时儿童社会化的模板。

第二,强调父母以身作则,并提出教子做人的两个最基本底线:一是待人以温和、厚道、恻隐、礼让;二是责任之心,强调对父母赡养和对后代的抚育之责,善待自己的父母和孩子。

第三,《治家格言》告诫子孙,需要防范和注意的事项:争讼、多言、欺凌他人、为口腹之欲而杀生、乖僻而不自知、颓废懈怠、交游不良、轻信、争执。此外,《治家格言》又重视做人的心术,告诫子孙防范如下几种坏心思:忘记他人恩、施惠要人记得、妒忌、盼人祸患、行善而欲人知、淫念、暗箭伤人等等。

四、精彩片段选读

片段一

黎明即起,洒扫庭除[1]

黎明即起,洒扫庭除①,要内外整洁。即昏②便息,关锁门户③,必亲自检点④。一粥一饭,当思来之不易;半丝半缕,恒念物力维艰。宜未雨而绸缪⑤,毋临渴而掘井。自奉⑥必须俭约,宴客切勿留连。器具质而洁,瓦缶⑦胜金玉;饮食约而精,园蔬愈珍馐⑧。勿营华屋,勿谋良田。三姑六婆⑨,实淫盗之媒;婢美妾娇,非闺房⑩之福。童仆勿用俊美,妻妾切勿艳妆。

译文

天蒙蒙亮就起来,洒水扫地,做到室内外都整洁。天黑就休息,关闭和锁住门户,务必亲自一一查看。每份粥、每顿饭,都要考虑其来之不易。半根丝半条线,也要常常想到其得来的艰难。应该在没下雨的时候就要把房屋修好,不要到口渴了才去挖井。对待自己必须俭朴节省,宴会相聚切不要流连忘返。器具朴实而洁净的,即便是瓦盆也胜过金玉器皿。饮食简单而精细,地里的蔬菜也胜过昂贵而奇异的食物。不要建造华美的房屋,不要谋求拥有良田。道姑、尼姑、卦姑,介绍人口买卖的女人、媒婆、巫婆、鸨母、卖药婆、接生婆,往往是淫乱、强盗的媒介。奴婢的妖媚、小妾的娇态,对自家女儿没什么正面影响。家里的童子和仆人,不要选择长相俊美的,妻子和小妾也切不可浓妆艳抹。

注释

①庭除:庭院和台阶。除,指门口的台阶。

②即昏:到了天黑。即,到。昏,指天黑时分。

③门户:古代双扇的叫门,单扇叫户。

④检点:检查、查看。点,数一数。

⑤绸缪:修补房屋。语出《诗经·豳风·鸱鸮》,"迨天之未阴雨,彻彼桑土,绸缪牖户",原义为紧密的缠缚,引申为纠缠、缠绵、男女感情等意。又引

---

[1]　朱柏庐:《朱柏庐治家格言》,1925 年吴昌硕隶书影印本,无页码。下同。

申为事先准备。

⑥自奉：奉养自己，对待自己，这里指吃穿用度。

⑦瓦缶(fǒu)：古代的一种瓦器，用来盛酒浆，宴会时常用来击打，产生音乐节拍。

⑧珍馐：指珍奇昂贵的食物。

⑨三姑六婆：在古代，"三姑"指尼姑、道姑、卦姑。"六婆"指牙婆(介绍人口买卖的女性中介)、媒婆、师婆(巫婆)、虔婆(鸨母)、药婆(卖药的女性)、稳婆(接生婆)。在古人心目中，"三姑六婆"往往行走江湖、巧言善辩，其中不乏作奸犯科、意图害人者，明代冯梦龙的小说"三言"(即《喻世明言》《警世通言》《醒世恒言》)，凌濛初的"二拍"(即《初刻拍案惊奇》《二刻拍案惊奇》)对此类事描述甚详。

⑩闺房：指未出嫁的女儿的房间。这里指待字闺中之女。

片段二

宗祖虽远

宗祖虽远，祭祀不可不诚；子孙虽愚，经书①不可不读。居身②务期质朴，教子要有义方③。勿贪意外之财，勿饮过量之酒。与肩挑贸易，勿占便宜。见穷苦亲邻，须加温恤。刻薄成家，理无久享；伦常④乖舛⑤，立见消亡。兄弟叔侄，须分多润寡⑥；长幼内外，宜法肃辞严。听妇言，乖骨肉⑦，岂是丈夫？重资财，薄父母，不成人子。

译文

宗门的祖先，虽然辈分和年代已然久远，但是祭祀却不可不虔诚。子孙虽然资质愚钝，经典之书却不可不读。做人务必要淳厚、朴实，教导孩子一定要讲道理、有原则。不要贪图非分的财帛，饮酒不要过量。买挑货郎的东西，不要占人家便宜。见到穷苦的亲戚、邻居，应该和颜悦色、适当照顾。用刻薄之道成就的家业，没有长久享用的道理。到了冲突起来的时候，家业立刻就会消亡。兄弟之间、叔侄之间，富足者要多照顾穷苦者。长幼的尊卑、家族内外的区分，其法度要严正、认真，其话语也要严格、认真。听信妇人的话，而疏远亲生骨肉，这样的人能称作大丈夫吗？看重财物，待父母刻薄，算不得是为人子啊！

注释

①经书:四书五经。在古代,四书包括《大学》《中庸》《论语》《孟子》。五经包括《诗经》《尚书》《礼记》《周易》《春秋》。

②居身:持身,指做人。

③义方:指道理和原则。义,适宜、应该做的事,引申为道义、道理。方,原则、准则。

④伦常:泛指基本的人际关系准则。伦,指人伦之道,中国古代特指君臣、父子、夫妇、兄弟、朋友这五种关系,称为"五伦"。常,即五常,在古代指人际相处或交往应该遵守的五种常理,即所谓"仁义礼智信"。

⑤乖舛(chuǎn):处理不当,出差错、不顺利。

⑥分多润寡:把家里富足的分出来一些,照顾贫苦的。多,指富足。润,指得到利益或好处。寡,指日子相对较差。

⑦乖骨肉:背离、离弃亲生骨肉。骨肉,喻指直系血缘关系者,常指父母和孩子。

片段三

居家戒争讼

居家戒争讼①,讼而终凶;处世戒多言,言多必失。勿恃②势力,而凌逼③孤寡④;毋贪口腹,而恣杀牲禽。乖僻⑤自是⑥,悔误必多;颓惰自甘⑦,家道难成。狎昵⑧恶少⑨,久必受其累;屈志老成⑩,急则可相依。轻听发言⑪,安知非人之谮诉⑫,当忍耐三思;因事相争,焉知非我之不是,须平心暗想。施惠无念,受恩莫忘⑬。凡事当留余地,得意不宜再往。人有喜庆,不可生妒忌心;人有祸患,不可生喜幸心。

译文

居家度日,要戒除事事争个是非曲直,因为这样做终究是不吉利啊。处世,要戒除多嘴多言,因为言多必有失误啊。不要依恃自家势力,就欺凌、逼迫孤寡老人。不要贪图口腹之欲,而放纵自己去杀戮禽鸟、牲口。不听人言、不走正道,而自以为是,其后悔和错误也必定很多。如果甘于颓废,则家业就很难成就。如果和不良少年走得很近,日子久了,必定受其牵连。地位不高而老成持重的人,遇到急难之事,可以向其寻求帮助。轻易听信别人的话,怎么知道那不是别人的诬告呢?应该忍耐、反复思考。遇到和别人相争,怎么知道不是我错呢?要平心静气地多想想。施加给他人的恩惠,不要去想;受到别人的恩惠,不要忘记。凡事要留有余地,得意的事就不要再去做了。遇到他人有喜庆之事,不能心生妒忌;他人遇到祸患,不能心生喜悦、庆幸。

注释

①争讼:本义是打官司。这里有"凡事争个是非对错"之意。

②恃:依恃、倚仗。

③凌逼:欺凌、逼迫。

④孤:孩子失去父亲,也指失去父亲的孩子。寡:指女性失去丈夫,也指失去丈夫的女人。

⑤乖僻:悖理、怪异。乖,悖逆、不合乎道理。僻,偏僻,指行为邪僻不正。

⑥自是:自以为正确。是,肯定,认为正确。

⑦颓惰自甘:颓,颓废,精神不振作;惰,懒惰;自甘,自己甘心情愿。

⑧狎昵:亲近而不庄重、不合乎礼节。这里指亲近。

⑨恶少:指行为不良的少年。

⑩屈志老成:屈志就是屈就的意思,高才任低职叫屈就;老成,指老成持重的人,此处指实在良善的君子。

⑪轻听发言:轻听,轻易相信别人说的话;发言,发表自己的意见。

⑫谮诉:以虚伪的事实诬陷别人叫谮诉。

⑬施惠无念,受恩莫忘:施予恩惠于人,不要牢记在心;接受别人的恩惠,要牢记报答。

片段四

善欲人见,不是真善

善欲人见,不是真善;恶恐人知,便是大恶。见色而起淫心,报在妻女。匿怨而用暗箭,祸延子孙。家门和顺,虽饔飧①不济②,亦有余欢。国课③早完,即囊橐④无余,自得至乐。读书志在圣贤,非徒科第。为官心存君国,岂计身家。守分安命,顺时听天;为人若此,庶乎⑤近焉。

译文

行善,而想让众人看见,就不是真的善心了。作恶,而害怕他人知道,那就是很大的恶了。见到美色而起了贪淫之心,其妻女会受到报应。隐匿对人的不满,而暗箭伤人,其祸患会绵延给子孙。家人相处和顺愉快,即便吃不饱饭,也是开心的。早早给国家缴纳赋税,就算所剩不多,也会自得其乐。读书,其目的在于成就圣贤的品行,而不只是在于科举及第。做官,要心存家国情怀,怎能总考虑自己和家人? 安守本分,安于命运,顺应时机,听从上天的安排,这样做人,就接近圣贤了吧。

注释

①饔飧:泛指一日三餐。饔,早餐。飧,晚餐。

②不济:接续不上。济,成功、到达,引申为"行、可以"之意。

③国课:给国家缴纳的赋税。课,本义为计量劳动果实,引申为考核、纳税等意。

④橐:一种大口袋。

⑤庶乎:"庶几乎"的简写,意思是"差不多吧"。

五、评价

朱柏庐《治家格言》以简约的言辞,凝练了古代中国人为人处世的"律法"或"规矩"。这些规矩,提供了一个近古时期儿童成人化之后的生活模板,概括儿童成年以后的生活、内心、行为的边界。它彰显了儒家的思想内涵,又呈现出某种低沉、自抑的风格。自古至今,古老的中国文明与西方的差异在于,这种繁复、纷杂却严整、完备的"律条"正构成了中国人生活的圭臬或准则,而并不仰仗于与某种超自然存在的精神联系。

《治家格言》高度重视儿童的健康人格,并从人际交往和外在行为、内心规范两方面提出了做人的标准,对子孙提出谆谆告诫:一方面,防范争讼、多言、欺凌他人、为口腹之欲而杀生、乖僻而不自知、颓废懒怠、交游不良、轻信、争执。另一方面,防范"忘记他人恩、施惠要人记得、妒忌、盼人祸患、行善而欲人知、淫念、暗箭伤人"等心术不正的行为。此外,《治家格言》强调父母以身作则,既要以温和、厚道、恻隐、礼让待人,又要尽到对父母的赡养和对后代的抚育之责,并善待之。对当今的儿童教育而言,《治家格言》所树立和标榜的做人处事的内心、行为的规范,无疑有助于为儿童的身心健康、社会性的发展营造轻松、温暖的心理和现实环境,有助于形成幼儿的安全感、信赖感。

第十二章　张英《聪训斋语》

一、作者简介及代表作

张英(1637—1708),字敦复,号乐圃、倦圃翁等,安徽桐城人。1663 年(康熙二年),时年 26 岁,应试中举。1667 年,会试中进士,被选任庶吉士,学习满、汉课程。1667 年至 1670 年,丧父而回乡,守丧三年。1672 年,授翰林院编修。自 1673 年起,入侍康熙皇帝左右,讲论经史,常陪侍左右,受到康熙皇帝赏识。后来官至文华殿大学士、礼部尚书。1677 年,入值康熙帝南书房,其间还曾担任皇太子胤礽的老师。1679 年,升任侍读学士。1680 年,受康熙皇帝嘉勉"勤慎可嘉",获翰林院学士、加礼部侍郎衔。1681 年至 1686 年,乞假回乡守丧,在家乡龙眠山修造屋舍,居住数年。1686 年年初,张英返朝,获任内阁学士(掌管翰林院),兼礼部侍郎。后因记录皇帝起居注出现失误,虽未被免职降级,几个月后改任兵部右侍郎,并辗转担任礼部右侍郎、翰林院掌院学士、礼部左侍郎兼翰林院掌院学士衔(后来兼詹事府詹事)、工部尚书(兼管詹事府)、礼部侍郎等职位。

张英为官恭谨勤勉,在康熙帝身边任职期间,仅出现过两三次小的失误,或被从宽议处,或被短期罢免,但很快官复原职,大体上深受重用。1697 年,任会试正考官。1699 年任文华殿大学士兼礼部尚书。1701 年,张英因老病休致回乡。1708 年病逝。

张英曾受命主持纂修《国史》《一统志》《渊鉴类函》《政治典训》《平定朔漠方略》。张英一生著述甚丰,其诗作有《笃素堂诗集》《笃素堂文集》《笃素堂杂著》《存诚堂诗集》。其家训《聪训斋语》《恒产琐言》,成为流传后世的名篇。此外,张英还有记载其侍从康熙帝经过的《南巡扈从纪略》,以及《易经衷论》《书经衷论》等遗作传世。

二、作品的时代背景

《聪训斋语》是张英毕生读书、求学、立身、涉世之经验与心得的总结。

张英生活在清朝初年,以科举应试走上仕途后,屡次获当时的最高统治者康熙帝的赏识与重用。张英的《聪训斋语》就是一个清代初年儒生、重臣的人生写照与经验的汇总。

毋庸置疑的是,《聪训斋语》无疑达到了其写作目的,即张英的家教堪称卓有成效。在张英身后,他的子孙数十人相继为官,其中位列翰林者达十二人之多。历侍康、雍、乾三朝的名相张廷玉就是张英的次子。自康熙朝至乾隆朝,张英、张廷玉、张若霭等祖孙几代人都曾入值南书房。

《聪训斋语》也被收入《四库全书》,并受到后世的赞赏和推崇。张英去世一百多年后,《聪训斋语》受到晚清“中兴名臣”曾国藩等人的高度推崇。

三、主要内容及思想主旨

从其主要内容来看,《聪训斋语》分为“四纲”“十二目”,包含立品、读书、养身、择友四个大的方面(“纲”),而每个方面又分为三个“目”。立品纲,分为“戒嬉戏”“慎威仪”“谨言语”;读书纲,分为“温经书”“精举业”“学楷字”;养身纲,包括“谨起居”“慎寒暑”“节用度”;择友纲,包括“谢酬应”“省宴集”“寡交游”。张英从自己的读书、做人、仕途、处世等方面的亲身经历和人生体验出发,参照古今圣贤的言行,教诫子弟读书立品、做人交友、情趣爱好、应对世务等人生之道。

《聪训斋语》融会了张英整个的人生哲学。该书展示了一位理学名臣的外在生活状态,也是张英本人内心世界、人生历程的真实写照。因此,就思想主旨来看,《聪训斋语》仍然浸润着儒家“修齐治平”的理念。只是张英更贴近生活,因此能够具体细致而又有效地指引其子弟处理读书、交友、立品、养生的关系,其中对人生盈亏之理、士人心态心术、人性修养趣味的阐述,在今天仍不失其内在价值。概言之,《聪训斋语》对于当代儿童教育的借鉴意义,主要体现在四个方面。

第一,强调了读书对于儿童成长的重要意义。张英自己是读书人出身,并由此而成为一代人杰。他提出,抓住二十岁之前的读书关键期,具有重要意义。这不仅有利于养成温和的习性,也有利于明白人世间的道理,使其做事“决不乖张”。

第二,重视人生修养,提出“厚重沉静”的人格境界。张英认为,寒门出身的普通读书人,往往处境艰难,难免养成“感慨唏嘘、放言高论、怨天尤人”的习气。于是在《聪训斋语》中诫勉其子孙,认为他们应该知福、惜福,除去普通读书人的感慨、埋怨和高谈阔论，养成自己对先辈、对家乡、对后人的社会责任感，认为这才是最根本的道理，这就是所谓的"厚重"与"沉静"。而为了担当这一责任，在儿童时期需要做的"唯有四事"，就是修身立品、读书成才、康健养身、杜绝浪费。

第三，张英提出了交友的极端重要性。认为儿童从进入私塾到逐渐成长，心智渐开而兴趣渐广，难免会与各种朋友交往，甚至遇到一些损友。他从亲身经历出发，认为某些损友兴趣邪僻、行事妄为而无所惧怕，决无解救之说，而儿童尚且不谙世事，无从分辨其良莠，"闻非僻之言"往往造成对其心灵与行为习惯的损害，难免陷入"不义"。张英甚至用"如鸩之入口，蛇之螫肤"来形容，告诫其子孙务必远离损友。

第四，张英提出养成良好的生活趣味、乐趣的重要性，并希望儿童养成欣赏大自然山水美景、读书这两个重要的趣味。他认为，青少年的"饮酒博弈，一切嬉戏之事"，都是常人所欲，"必皆觅伴侣为之"，而唯有读书和欣赏大自然的美景，可以独自感受其快乐。此外，凡是"声色、货利"等一切爱好，都难免苦乐参半，在享受的同时难免带来不良后果，甚至是恶果。而只有"读书与对山水，止（只）有乐而无苦"，还能够使青少年远离"无益之友""无益之谈""无益之应酬"。

清代初年的大学士张英对其子孙的教导，对于我们今天的儿童教育，无疑具有丰富的启迪与教育意义。

四、精彩片段选读

片段一

予之立训，更无多言[1]

予之立训，更无多言，止有四语：读书者不贱，守田者不饥，积德者不倾①，择交者不败。尝将四语，律身②训子，亦不用烦言絮说③矣。虽至寒苦之人，但能读书为文，必使人钦敬，不敢忽视；其人德性，亦必温和；行事决不

---

〔1〕 张英撰：《聪训斋语》（卷二），载《丛书集成新编》第三三册，新文丰出版公司，1986年。

颠倒。不在功名之得失,遇合④之迟速也。守田之法,详于《恒产琐言》。积德之说,六经⑤、《语》、《孟》、诸史百家,无非阐发此议,不须赘说。择交之说,予目击身历,最为深切。此辈毒人,如鸩⑥之入口,蛇之螫肤,断断⑦不易,决无解救之说,尤四者之纲领也。余言无奇,正布帛⑧菽粟⑨,可衣可食,但在体验亲切耳。

译文

我所立下的家训,没有多余的话,只有四句:读书者不低贱,守田产者不饥饿,积累德行者不会倾覆,择友而交的人不会失败。曾用这四句话约束自己、教导孩子,也不用多说烦琐的话。即便出身最贫寒、困苦的人,只要能读书做文章,必能让人钦敬,而不敢忽视。其人的德行,也一定温和,其做事也绝不会乖张、错乱。所以,不在于功名的得失、机遇的快慢啊。保守田产的方法,详见我的《恒产琐言》这本书。积累德行的说法,六经、《论语》、《孟子》、众多史家和杂家,无非都是在阐发这一点,不必多说。择友而交往的观点,是我亲眼所见和亲身经历而得来,最为深切。人害人,好像毒酒入口、毒蛇咬人,绝对不可改变,也决无解救的办法,这一点尤其是四个方面的总纲。我的话平淡无奇,正好比织物、豆子、小米一般,能穿能吃,只是经亲身体验而来,如此而已。

注释

①倾:本义为倾斜,引申为倒塌。此处指倒塌、覆灭。
②律身:约束自身。律,约束。
③夥(huǒ)说:多说。夥,本义为伙伴,引申为"多"。
④遇合:机遇。
⑤六经:指《诗》《书》《礼》《易》《乐》《春秋》。
⑥鸩:古代的一种毒酒。
⑦断断:决然、断然、确实无疑。此处为绝对之意,表达强烈的信念。
⑧布帛:古人称麻、葛之织品为布,丝织品为帛,"布帛"常用来总称棉、麻、丝的织物。
⑨菽粟:豆子和小米。菽,豆类的总称。粟,古代指小米。

片段二

人生必厚重沉静,而后为载福之器[1]

人生必厚重沉静,而后为载福之器。王谢子弟①,席丰履厚,田庐仆役,无一不具,且为人所敬礼,无有轻忽之者。视寒畯之士,终年授读②,远离家室,唇燥吻枯,仅博束脩③数金,仰事俯育④,咸取诸此。应试则徒步而往,风雨泥淖,一步三叹,凡此情形,皆汝辈所习见。仕宦子弟,则乘舆驱肥⑤,即僮仆亦无徒行者,岂非福耶? 乃与寒士一体怨天尤人,争较锱铢得失,宁非过耶? 古人云,'予之齿者去其角,与之翼者两其足',天道造物,必无两全,汝辈既享席丰履厚之福,又思事事周全,揆⑥之天道,岂不诚难。惟有敦厚⑦谦谨,慎言守礼,不可与寒士同一感慨欷歔、放言高论、怨天尤人,庶不为造物鬼神所呵责也。况父祖经营多年,有田庐别业⑧,身则劳于王事,不获安享,为子孙者,生而受其福,乃又不思安享,而妄想妄行,宁不大可惜耶。思尽人子之责,报父祖之恩,致乡里之誉,诒后人之泽,唯有四事:一曰立品,二曰读书,三曰养身,四曰俭用。

译文

人生一定要厚重、沉静,才能承载福泽。公卿子弟,用度丰厚,田舍仆役,没有不具备的,而且为人所礼敬,没有轻视、忽视他们的。再看穷寒的、出身农家的士人,全年教书,远离家小,唇干舌燥,仅仅得到微薄的薪俸,赡养老人、抚育孩子,都从这里支取。应试,就徒步前往,在风雨、泥淖中前行,步履艰难,叹息连连,这种情形是你们所常见的。官宦子弟,就乘车、骑马,他们的童仆也没有步行的,怎么不是福气呢? 而他们与寒士一样怨天尤人、锱铢必较,怎么不是过错呢? 古人说,"给它牙齿的,就不让它长角;给它翅膀的,就只给它两只脚"。上天造万物,一定没有两者兼备的,你们既然享受了用度丰厚的福泽,又想事事全都占,揣测一下天之道,岂不是的确很难? 只有笃厚谦虚,谨慎言语,遵守礼节,不与贫寒之士一同感慨唏嘘、高谈阔论、怨天尤人,这样才能不被造物者所呵斥、责备。况且你父辈、祖辈经营多年,有田舍、别墅,身体为公务所累而不得安享,你们当子孙的,生来就受到

---

〔1〕 张英撰:《聪训斋语》(卷二),载《丛书集成新编》第三三册,第220页。

福泽,而又不安于福泽,而妄想、妄为,难道不很可惜吗? 尽做孩子的责任,报答父辈、祖辈的恩德,赢得乡邻的赞誉,留给后人福泽,唯有四件事:一是树立品行,二是读书,三是保重身体,四是用度节俭。

注释

①王谢子弟:东晋时,王导、王敦家族和谢安家族长期秉政,后世就以"王谢子弟"比喻公卿子弟。

②授读:讲授句读,指塾师教书。

③束脩:古代指腊肉、大条的猪肉,引申为学费,此处指私塾老师的薪金。古人求学时,需要送给老师"束脩"之礼。

④仰事俯育:赡养老人、抚育孩子。仰,抬头。事,侍奉。俯,弯腰,喻指抚育子女。

⑤乘舆驱肥:乘车、骑马。肥,本义为肉多,此处指肥马。

⑥揆:测量、揣测、忖度。

⑦敦厚:笃厚。敦,古代的一种三足食器,寓意厚道、诚恳。

⑧别业:古代指位于郊区的、带有园林的住宅。别,另一份。业,产业。

片段三

父母之爱子[1]

父母之爱子,第一望其康宁,第二冀其成名,第三愿其保家。《语》①曰,"父母惟其疾之忧",夫子以此答武伯之问孝,至哉斯言②。安其身以安父母之心,孝莫大焉。养身之道,一在谨嗜欲③,一在慎饮食,一在慎忿怒,一在慎寒暑,一在慎思索,一在慎烦劳。有一于此,足以致病,以贻父母之忧。安得④不时时谨懔⑤也。

译文

父母疼爱孩子,第一期盼他康健宁和,第二希望他有好的名声,第三祈愿他保守家业。《论语》说,"(让)父母,只担心子女健康与否(而不用担心别的方面)",孔子用这句话来回答武伯"什么是孝"的问题。使身体安康,让父母心安,这是最大的孝顺。养生之道有几个方面:一是小心、警惕自身所

〔1〕 张英撰:《聪训斋语》(卷二),载《丛书集成新编》第三三册,第221页。

喜好、想要的;二是小心饮食;三是警惕愤愤不平、警惕发怒;四是小心寒暑节气的变化;五是小心思虑过度;六是小心劳累、烦闷。任一方面,都足以导致疾病,增加父母的忧虑,怎么能不时刻小心、警惕呢?

注释

①《语》:指《论语》,记录孔子及其门生言行的书,为古代士人的必读书。

②至哉斯言:这话真有道理啊。至,有道理、到位。哉,语气助词。斯,这。

③谨嗜欲:小心、注意所嗜好、想要之事。嗜,喜好。欲,想要。

④安得:怎么能。安,怎么。得,能、能够。

⑤懔:戒惧、恐惧、畏惧。引申为外貌的严肃、敬畏。这里是警惕、引起重视之意。

片段四

凡读书[1]

凡读书,二十岁以前所读之书,与二十岁以后所读之书迥异。幼年知识未开,天真纯固,所读者虽久不温习,偶尔提起,尚可数行成诵。若壮年所读,经月则忘,必不能持久。故六经、秦汉之文,词语古奥,必须幼年读,长壮后,虽倍蓰其功,终属影响。自八岁至二十岁,中间岁月无多,安可荒弃?或读不急之书?此时,时文固不可不读,亦须择典雅醇正、理纯辞裕、可历二三十年无弊者读之。如朝华夕落、浅陋无识、诡僻失体、取悦一时者,安可以珠玉难换之岁月而读此无益之文。何如诵得《左》《国》一两篇,及东西汉典贵华腴之文数篇,为终身受用之宝乎?且更可异者,幼龄入学之时,其父师必令其读《诗》、《书》、《易》、《左传》、《礼记》、两汉八家文;及十八九,作制义、应科举时,便束之高阁,全不温习——此何异衣中之珠,不知探取,而向途人乞浆乎!且幼年之所以读经书,本为壮年扩充才智、驱驾古人、使不寒俭,如畜钱待用者然。乃不知寻味其义蕴,而弁髦①弃之,岂不大相刺缪②乎?我愿汝曹将平昔已读经书,视之如拱璧,一月之内,必加温习。古人之书安可尽读,但我所已读者,决不可轻弃,得尺则尺,得寸则寸,毋贪多,毋贪名,但读

---

〔1〕 张英撰:《聪训斋语》(卷二),载《丛书集成新编》第三三册,第222页。

得一篇,必求可以背诵,然后思通其义蕴,而运用于手腕之下,如此则才气自然发越。若曾读此书,而全不能举其词,谓之画饼充饥;能举其词,而不能运用,谓之食物不化。二者其去枵腹③无异! 汝辈于此,极宜猛省。

译文

　　大凡读书,20岁以前所读的书,和20岁以后读的书迥然不同。人幼小时,知识未开,天真纯粹,所读的书即便久不温习,偶尔提起来,仍然可以背诵几行。若是壮年读的书,过一个月就忘了,肯定不能持久。所以说,六经和秦汉时的文章,用词古奥,必须在幼年时期读,到壮年后,即便用几倍的功夫,终究受到影响。从8岁到20岁,中间时光不多,怎能荒废? 或者读一些不应该急着读的书? 这时候,当代人的文章固然要读,也应该选择其风格典雅醇正、道理纯属、用词丰富、再过二三十年也没有弊病的文章来读。如果是那些早晨开花、傍晚就落掉,浅陋而没有见识,怪异偏颇而有失大体,以取悦于潮流的文章,怎能用珠宝玉石都难换取的时光来读这种无益之文章? 怎么比得上诵读《左传》《国语》一两篇,以及几篇两汉时期之经典、可贵、华美的文章,来作为终身受用之宝? 而且,更奇怪的是,幼童入学时,其父或其师一定要让他读《诗经》、《书经》、《易经》、《左传》、《礼记》、两汉八家文,到了十八九岁,作八股文应科举考试时,就束之高阁,全不温习。好比自己衣服中有珠宝,不知道取出来,反而向路人行乞索要米汤,两者有何区别! 而且,幼年读经书的目的,本来是壮年扩充才智,和古人并驾齐驱,使自己不寒碜,好比积蓄钱财待用。不知道探寻其中意蕴,而成年后反而抛弃读书,难道这不荒谬吗? 我愿你们把平时读过的经书,视作拱璧一般,在一月之内务必温习。古人的书,怎可全都去读? 只是我已经读过的,决不可轻易丢弃,得一尺就是尺,得一寸就是一寸,不要贪多,不要贪名,只要读了一篇,必求可以背诵,然后思考并通达其内涵,而用于写文章。这样,才气自然焕发、超越。如果曾经读过这书,而全然不能列举其用词,这就叫画饼充饥;能列举其用词,而不会运用,叫作吃东西不消化。这两种情况,和腹中空空没啥区别。你们对这一点,最应该猛然醒悟。

注释

　　①弁髦(biàn máo):此处指成年。弁,指黑色布帽。髦,指童子眉际的垂发。古代男子成年,须要行"冠礼",即先加黑色布帽,再加皮弁,后加爵弁,三加后,即抛弃黑色布帽并剃去垂髦,将头发束而为髻。所以,"弁髦"有成年、抛弃、鄙弃等意思。

②剌繆:违背,悖谬。

③枵(xiāo)腹:指饥饿的人。喻指才学空虚、空虚无物。

片段五

汝辈今皆年富力强[1]

汝辈今皆年富力强,饱食温衣,血气未定,岂能无所嗜好。古人云,凡人欲饮酒博弈①,一切嬉戏之事,必皆觅伴侣为之。独读快意书,对②佳山水,可以独自怡悦③。凡声色货利一切嗜欲之事,好之,有乐则必有苦,惟读书与对山水,止有乐而无苦。今架有藏书,离城数里有佳山水,汝曹与其狎无益之友,听无益之谈,赴无益之应酬,曷若珍重难得之岁月,纵④读难得之诗书,快对⑤难得之山水乎!我视汝曹所作诗文,皆有才情,有思致,有性情,非梦梦⑥全无所得于中者,故以此谆谆⑦告之。欲令汝曹安分省事,则心神宁谧,而无纷扰之害。寡交择友,则应酬简而精神有馀,不闻非僻⑧之言,不致陷于不义,一味谦和谨饬⑨,则人情服而名誉日起。

译文

你们现在年富力强,能够吃饱穿暖,而血气未定,怎能没有嗜好。古人说,凡是人想饮酒、博彩、对弈,一切开心玩耍之事,一定都会找玩伴来做。只有读让人快意的书、面对美好的山水景色,才只有快乐而没有痛苦。现在书架上有藏书,离城几里就有不错的山水,你们与无益之友狎玩,听无益之言谈,赴无益之应酬,怎比得上珍重难得的时光、任由自己读难得的诗书、快意观赏难得的山水啊!我看你们所作的诗文,都有才华、有思考、有个性和情感,并不是只会玄想而内心毫无所得之辈。所以,用这话谆谆告诫你们。想让你们安分、省事,这样就心神安宁、静谧,没有人际纷扰之害。少交往、择朋友,就会应酬少而精神好,不听错误、偏邪的话,不至于沦陷于不义之境。一味谦和、谨慎、修正自己,别人就服你,慢慢就会有声誉。

注释

①博弈:博彩,对弈。

②对:对着,有欣赏、观赏之意。

〔1〕 张英撰:《聪训斋语》(卷二),载《丛书集成新编》第三三册,第222~223页。

③怡悦：开心、快乐。怡，本义为外表和悦的样子，引申为快乐。悦，愉快、高兴。

④纵：放任，不拘束于。

⑤快对：快意面对、快意欣赏。

⑥梦梦：指玄思、玄想、幻想。

⑦谆谆：诚恳忠厚的样子，引申为反复、多次、重复。

⑧非僻：错误、邪僻。非，错误、不正。僻，偏斜、不正。

⑨谦和谨饬：谦逊，和悦，谨慎，反省。饬，整饬、修正，此处指自我反省。

五、评价

作为一部成功的儿童教育的著作，张英的《聪训斋语》受到后人的高度赞誉。清代理学名臣、被后世称作晚清中兴名臣之一的曾国藩，在给其子曾纪泽、曾纪鸿的家书中说："张文端所著《聪训斋语》，皆教子之言。其中言养身、择友、观玩山水花竹，纯是一片太和生机，尔宜常常省览。鸿儿体亦单弱，亦宜常看此书。"

曾国藩曾经把《聪训斋语》和《颜氏家训》做过比较。他认为，《颜氏家训》产生于"乱离之世"，而《聪训斋语》则创作于"承平之世"，"所以教家者极精"。曾国藩非常佩服张英，他认为，张英在《聪训斋语》中的每一句话，都是他自己"肺腑所欲言者"。他要求其子弟读书不在于多，而在于选择《聪训斋语》《庭训格言》这样的书。因此，他给两个孩子寄去《聪训斋语》，嘱咐他们常加阅读，认为该书不仅仅有助于进德、学业，也有益于养生与健康。曾国藩在家信中说，"《聪训斋语》，余以为可祛病延年"，并询问两位孩子是否对此有所体悟，"汝兄弟与松生、慕徐常常体验否"。

作为自己人生经验、生活体验的总结，张英《聪训斋语》一书，从传统士大夫的角度，对于子弟的读书、交友、立身、立品、高尚爱好等诸多方面，对于其子弟的教育提出了切实可行的意见，受到后世的高度评价和推崇，其中一些观点也值得我们今天的儿童教育吸收借鉴。

第十三章 郑燮《郑板桥家书》

一、作者简介及代表作

郑燮(1693—1765),字克柔,号板桥,人称板桥先生,江苏兴化人。清代著名画家、文学家、书法家,曾任山东范县、潍县知县。康熙年间,郑板桥中秀才,雍正十年中举人,乾隆元年中进士。做知县时政绩显著,后客居扬州,以卖画为生,为"扬州八怪"重要代表人物。郑板桥一生只画兰、竹、石,自称"四时不谢之兰,百节长青之竹,万古不败之石,千秋不变之人"。其诗书画,世称"三绝",是清代比较有代表性的文人画家。代表作品有《修竹新篁图》《清光留照图》《兰竹芳馨图》《甘谷菊泉图》《丛兰荆棘图》等,著有《郑板桥集》。

二、作品的时代背景

郑板桥历经清代康熙、雍正、乾隆三朝。郑板桥幼年家道中落,3 岁时失去母亲,后来随其父外出并就读于私塾。其乳母费氏为人善良质朴,给予郑板桥悉心照顾和关怀,成了幼年郑板桥的感情支柱。郑板桥天资聪颖,八九岁即可作文、对句,16 岁又学习填词。1713 年考取秀才。1719 年,郑板桥开始设塾教书。1723 年,其父亲去世后,生活困苦之下,他离开私塾,来到扬州以卖画为生,度过了十年的青壮年时代。其间,结识了金农、黄慎等诸多画友,对其思想、性格、艺术成就影响很大。

郑板桥曾多次赴北京、江西等地旅行。1716 年秋,郑板桥赴北京游学,书艺大进,手书小楷欧阳修《秋声赋》,得其神髓。1725 年,在江西庐山结识无方上、满人保禄。其后,又出游北京,与禅宗、满洲贵族交游,并结识了康熙的皇子慎郡王允禧。1728 年,在北京通州客居,又在扬州天宁寺读书。1732 年秋,四十岁的郑板桥赴南京参加乡试并中举人,此后又赴镇江焦山读书求学。1736 年,郑板桥进北京参加会试,被选为贡士后,又于太和殿前参加殿试,中二甲第八十八名进士。直到次年,由于未能谋得官职,又回到扬州。1741 年，郑板桥入京，并受到慎郡王允禧款待，后来获任为山东范县、潍县县令。其间，郑板桥勤政廉洁，鼓励农桑，又体恤民情、处理冤狱，重视赈济灾民，深得一方爱戴。1753 年，六十岁的郑板桥为灾民请求赈济未果，并由此得罪于上司。此后，郑板桥决意辞官并回到扬州，以卖画为生，并常与友人诗酒唱和往来。

三、主要内容及思想主旨

从存世的郑板桥书信来看，其教子的主要内容包括如下几个方面。其一，担心自己的弟弟、妻妾娇惯或偏爱自家孩子，担心孩子"凌虐"在自家私塾读书的孩子，要求对其他孩子一视同仁："家人儿女，总是天地间一般人，当一般爱惜，不可使吾儿凌虐他。凡鱼飧果饼，宜均分散给，大家欢嬉跳跃。"其二，希望自己的孩子有敬天、爱人之心，培养儿童对他人的厚道心肠，对动物的恻隐心、同情心。郑板桥反对囚禁鸟类，认为"我图娱悦，彼在囚牢，何情何理，而必屈物之性以适吾性乎"；也反对"发系蜻蜓，线缚螃蟹，为小儿顽具，不过一时片刻便折拉而死"，有违生灵平等的原则。也不利于儿童心灵的成长。其三，认为"富贵足以愚人""贫贱足以立志而浚慧"，而自己身居官位、家中条件稍微宽裕为戒惧，甚至认为富贵而无文教礼仪，则"不数年间，变富贵为贫贱"，作文则"刻骨铭心""为世称颂"。其四，意识到自己"富贵"之短，希望子弟依附于贫贱者的子弟，而能有所成。其五，要求子弟礼敬同学、老师，"同学（之年）长者当称为某先生，次亦称为某兄，不得直呼其名"。对老师"既择定矣，便当尊之敬之"，而不可"复寻其短"。

郑板桥教子的思想内容，和通常所见的《聪训斋语》《庭训格言》《治家格言》等有鲜明的儒家特征的家训有所不同。总体而言，其思想主旨，大体上仍以儒家为主，并渗透出浓重的"天人感应"色彩。对于我们今天的儿童教育来说，郑板桥家书的借鉴价值在三方面表现得较为突出。

其一，强调"众生平等"，反对孩子把小动物当作玩具，反对从凌虐动物中得到乐趣。郑板桥认为，天生各种动物，它们和人都是平等的，人应该爱护动物，否则就与造物之意图相违背，从而违反了某种自然秩序。

其二，郑板桥提倡"人我平等"，担心孩子凌驾他人，教诫其子弟要善待前来郑家私塾求学的孩子们，对他们一视同仁。从其书信内容看，不难看出其注重平等待人的拳拳心意。

其三，郑板桥认为，相比于物质上的财力而言，成才的关键更依赖于某种精神的力量,而这种力量往往与贫穷、困苦相关联。因此,郑板桥很担心物质条件的优越反而成为学习与成才的阻碍。为此,他要求孩子礼敬同学之年长者、礼敬私塾老师,以求"依附于"师长而得以成才。

四、精彩片段选读

片段一

《潍县署中与舍弟墨第二书》[1]

余五十二岁始得一子,岂有不爱之理。然爱之必以其道,虽嬉戏顽耍,务令忠厚悱恻①,毋为刻急也。平生最不喜笼中养鸟,我图娱悦,彼在囚牢,何情何理,而必屈物之性以适吾性乎?至于发系蜻蜓,线缚螃蟹,为小儿顽具,不过一时片刻便折拉而死。夫天地生物,化育劬劳②,一蚁一虫,皆本阴阳五行③之气氤氲④而出,上帝⑤亦心心爱念。而万物之性人为贵,吾辈竟不能体天之心以为心,万物将何所托命乎?蛇蚖⑥蜈蚣,豺狼虎豹,虫之最毒者也,然天既生之,我何得而杀之?若必欲尽杀,天地又何必生,亦惟驱之使远,避之使不相害而已。蜘蛛结网,于人何罪,或谓其夜间咒月,令人墙倾壁倒,遂击杀无遗。此等说话,出于何经何典,而遂以此残物之命?可乎哉?可乎哉?

我不在家,儿子便是你管束。要须长其忠厚之情,驱其残忍之性,不得以为犹子而姑纵惜也。家人儿女,总是天地间一般人,当一般爱惜,不可使吾儿凌虐他。凡鱼飧⑦果饼,宜均分散给,大家欢嬉跳跃。若吾儿坐食好物,令家人子远立而望,不得一沾唇齿,其父母见而怜之,无可如何,呼之使去,岂非割心剜肉乎!夫读书中举,中进士作官,此是小事,第一要明理作个好人。可将此书读与郭嫂、饶嫂听,使二妇人知,爱子之道在此不在彼也。

译文

我52岁才有了一个孩子,哪能不爱呢。但是,爱要有"道",即便是嬉戏、玩耍,一定要他存心忠厚、有同情心,而不要苛刻、急躁。我这辈子最不

---

〔1〕 郑燮著、王缊尘点校:《郑板桥全集》(全一册),国学整理社,1936 年版,第 35~37 页。

喜欢在笼中养鸟，我们图的是娱悦，鸟儿却在囚笼，这是什么情理，一定要让委屈外物的天性来满足我的天性呢？至于用头发拴住蜻蜓、用线捆住螃蟹，来作为小孩的玩具，过不了一时片刻就使它们被折断、拉扯而死。天地产生万物，其变化、抚育十分辛劳，一蚁一虫，都是秉持着阴阳五行之气、氤氲而出，上天心中也喜爱它。在万物中人最贵重，我们竟不能体悟天意，万物的命运将托付给谁呢？蛇、蚖、蜈蚣、豺、狼、虎、豹，是最毒的生物，然而上天既然生了它，我怎能杀害它呢？如果一定要都杀了，天地又何必生它？也只有把它驱赶到远处，避开它，使它不能害人就行了。蜘蛛结网，对于人有什么罪过？有人说蜘蛛在晚上诅咒月亮，让人家的墙壁倒掉，就把它们全部打死，这种话出于哪一种经典，而就因此残害生灵性命？能这样吗？能这样吗？

我不在家，儿子就归你管束。要增长他的忠厚之心，赶走其残忍的性情，不要因为还是孩子就暂且纵容、心疼他。仆人的儿女，也是天地间一样的人，应该一样爱惜，不可让我的孩子欺凌、虐待他。但凡鱼肉、熟食、果子、饼子，应该平均分给他们，让大家都欢喜雀跃。如果我的孩子坐着吃好东西，而让仆人的孩子远远站着看着，不能沾沾嘴唇，他的父母见了会心疼他，而毫无办法，只好喊他让他走开，岂不是割心、剜肉吗！读书而中举、中进士、做官，这是个小事，第一重要的是明理、做个好人。

可将这封信读给郭嫂、饶嫂听，让两位妇人知晓，爱子之道在这里，而不在其他地方。

注释

①悱恻：形容内心悲苦。这里指对外物的痛苦起同情心。

②劬(qú)劳：勤劳。劬，本义是弯腰用力，此处意为过于勤劳、劳苦。

③阴阳五行：战国时期，有阴阳五行学说，认为世间万物都分为阴阳两种属性，又都由金、木、水、火、土五种元素构成，这五种元素相互作用，产生了事物的多重属性。它反映了古人的一种朴素的唯物论和辩证观点。

④氤氲(yīn yùn)：形容云气或烟气浓郁而蒸腾。

⑤上帝：古人认为天上也有主宰，反映了古人的某种朦胧的迷信观念，此处译为"上天"。

⑥蛇蚖(wán)：泛指毒蛇。蚖，古代指一种毒蛇，有人认为就是虺(huǐ)或蝮蛇。

⑦飧(sūn)：本义是晚饭，也泛指做熟的食物。

潍县寄舍弟墨第三书[1]

富贵人家延师傅教子弟,至勤至切①,而立学有成者,多出于附从贫贱之家,而己之子弟不与②焉。不数年间,变富贵为贫贱,有寄人门下者,有饿莩③乞丐者。或仅守厥家④,不失温饱,而目不识丁;或百中之一亦有发达者,其为文章,必不能沉着痛快,刻骨镂心⑤,为世所传诵。岂非富贵足以愚人,而贫贱足以立志而浚慧⑥乎。我虽微官,吾儿便是富贵子弟,其成其败,吾已置之不论,但得附从佳子弟有成,亦吾所大愿也。

至于延师傅、待同学,不可不慎。吾儿六岁,年最小,其同学长者当称为某先生,次亦称为某兄,不得直呼其名。纸笔墨砚,吾家所有,宜不时散给诸众同学。每见贫家之子,寡妇之儿,求十数钱买川连纸钉仿字簿,而十日不得者,当察其故而无意中与之。至阴雨不能即归,辄留饮,薄暮⑦,以旧鞋与穿而去。彼父母之爱子,虽无佳好衣服,必制新鞋袜来上学堂,一遭泥泞,复制为难矣。

夫择师为难,敬师为要。择师不得不审,既择定矣,便当尊之敬之,何得复寻其短?吾人一涉宦途,即不能自课⑧其子弟。其所延师,不过一方之秀,未必海内名流。或暗笑其非,或明指其误,为师者既不自安,而教法不能尽心,子弟复持藐忽⑨心而不力于学,此最是受病⑩处。

不如就师之所长,且训吾子弟之不逮⑪。如必不可从,少待来年,更请他师。而年内之礼节尊崇,必不可废。又有五言绝句四首,小儿顺口好读,令吾儿且读且唱,月下坐门槛上,唱与二太太、两母亲、叔叔、婶娘听,便好骗果子吃也:

二月卖新丝,五月粜新谷。医得眼前疮,剜却心头肉。

耘苗日正午,汗滴禾下土。谁知盘中餐,粒粒皆辛苦。

昨日入城市,归来泪满巾。遍身罗绮者,不是养蚕人。

九九八十一,穷汉受罪毕。才得放脚眠,蚊虫虼蚤出。

译文

富贵人家,请老师教孩子最勤快、心愿最强烈,而学问有所成就的,大多

---

〔1〕 郑燮著、王缁尘点校:《郑板桥全集》(全一册),第43~47页。

出自陪读的穷人之家，而自己的孩子不在其中。过不了几年，富贵变为贫贱，有寄人篱下的，有成为饿莩或乞丐的。也有人仅仅是勉强守住家业，保持温饱，而目不识丁。（富贵之家）也有百分之一的人发达，然而其文章一定达不到“沉着痛快、刻骨铭心”的程度，而不能为世人传颂。这岂不是富贵让人愚昧，而贫贱让人立志、让人开通智慧？我就算官小，我的孩子也出自富贵之家，他的成败，我已经放在一边不考虑了，只要能依从于别人家的孩子而有所成就，这也算是我的大心愿了。

至于请老师、待同学，不可不重视。我的孩子六岁，年龄最小，应该称他的同学、长者为“某某先生”，至少也要称为“某某兄”，不能直接喊人家名字。纸笔墨砚，我们家里有的，要时不时地散给其他同学。每当遇到穷人家的孩子、寡妇的孩子，索要十几文铜钱来买“川连纸”以钉仿字簿，而十来天都得不到的，要查看其原因，装作无意给对方钱。遇到阴雨天，在咱家私塾上学的孩子，不能立刻回家的，就留下来饮茶，傍晚时分，拿旧鞋给人家穿走。因为对方父母爱孩子，虽然没有好衣服，一定要做新鞋新袜来上私塾，一旦遇到淤积的烂泥，再做新鞋就困难了。

选择老师很难，尊敬老师很重要。选择老师，不得不详查，已经选定后，就应该尊敬对方，怎能再找人家的缺点？我们一旦踏上为官之路，就不能亲自考核子弟了。给孩子所请的老师，不过一方之秀，未必是什么海内知名人士，有人暗中嘲笑人家的不正确的地方，有人明白指出人家的失误，当塾师的就不安心，教书就不能尽心，而孩子就会又轻视塾师而不努力学习。这是最引人批评的地方。

因此，还不如根据塾师所擅长的，暂且来训导孩子不行的地方。如果一定不能听从我，稍微等等，到来年再请其他老师。而年内对老师的礼节与尊崇，一定不可停止。我这里还有五言绝句四首，对小孩子来说顺口、易读，让我的孩子边读边唱，在夜月之下坐在门槛上，唱给二太太、两位母亲、叔叔、婶娘听，就容易骗果子吃了：

二月里卖了新丝，五月卖了新谷。医治了眼前的疮，却剜了心头的肉。

中午来锄禾，汗水滴入禾下的土。谁知道盘里的饭，每一粒都凝聚着辛苦。

昨天来到城市，回来泪水却湿透了手帕。只因为那身上满是罗绮绸缎的人，却不是咱养蚕人啊。

受过九九八十一件苦,咱穷汉才算受完了罪。才把脚放了想入睡,蚊虫和虼蚤就出来了。

注释

①切:急迫,指心愿强烈。

②不与:不参与其中。与,参与、跟随。

③饿莩(piǎo):饿死的人,莩,同"殍"。

④厥家:好不容易才勉强维持家业。厥,本义为在悬崖憋气用力去采石,此处引申为辛苦费力、不容易。

⑤镂(lòu)心:刻在心上。镂,雕刻。

⑥浚(jùn)慧:开通智慧。浚,本义为疏通沟渠、河道。

⑦薄暮:天快黑的时候,黄昏。薄,迫近、快要。

⑧课:本义是计量劳动果实,引申为考核、测量。此处为测验、考核。

⑨藐忽:轻视、不在意。藐,轻视。忽,不重视、不在意。

⑩病:批评、诟病。

⑪不逮:不及、不行。逮,能跟上。

五、评价

关于儿童教育,郑板桥主张儿童对待小动物要有爱心,反对儿童把小动物当作玩具,反对从凌虐动物中得到乐趣。郑板桥认为,各种动物都在大自然中产生,小动物和人是平等的,人应该爱护动物,否则就与造物之意图相违背,而违反了某种自然秩序。此外,郑板桥很担心自己的孩子凌驾于其他孩子之上,他教诫其子弟要善待前来郑家私塾求学的孩子们,对他们一视同仁。再者,郑板桥认为,儿童的成长、成才更为依赖于内在的精神力量,而不是外在物质条件的丰厚或优越,更不取决于父母社会地位的高低贵贱。而这种内心的精神力量,又往往与贫穷、困苦的境遇相关联。出于对物质条件的优越的担忧,郑板桥要求孩子礼敬年长的同学、敬重私塾老师,以"依附于"师长而得以成才。

《郑板桥家书》的思想观点至今仍有一定借鉴价值。郑板桥对于自然秩序的某种敬畏,对于儿童成长的精神品质的重视,对于人我平等、善待他人的观点,有利于建立良好的师生关系、同伴关系,让幼儿在良好、健康的人际中获得归属感、自信心,从而学会遵守社会规则,对于儿童社会属性的发展有一定的积极意义。

第
二
编

中国近现代篇

一、中国近现代家庭教育思想的当代价值

中国的近现代史是中华民族波澜壮阔的奋斗史,它充满了时局的动荡和个人奋斗的希望。清朝末年,中国因接踵而至的内忧外患而日益衰败、国势日颓,政治、经济、文化等社会领域都发生了翻天覆地的变化,可谓"实惟数千年来未有之变局"。清末民初时期,西方的家庭教育思想、儿童心理学理论的引入和传播、"西学东渐"留学思潮的兴起,使民国时期的家庭教育思想有了新的转型和开拓。这些从未有之"变局"给当时人们的思想注入了新鲜血液,打上了时代烙印,在逐步交融中形成了既传承传统又吸收国外精华、具有鲜明时代特色的家庭教育思想。

通过梳理中国近现代名家的家书、关于家庭教育的著作,可以发现,这一时期,家庭教育思想的精神内涵有一些共同之处,对当代也有一定的借鉴价值。

其一,突出救国济民、报效祖国的人生追求。在这样的特殊时期,中华民族的同胞都被激发起保家卫国的情怀,在名家一封封家书中,在一篇篇著作中无不满怀忧国忧民的情感,呼唤感染着子孙们努力奋斗、报效祖国。

其二,重视良好的德行、品格、行为的养成。不论是曾国藩、左宗棠、梁启超等人对子女强调的"寒士家风",还是陶行知、傅雷等对子女品德修养的陶冶,都体现出家庭对良好品行养成的重视。

其三,强调以孝为本,宽厚待人。不仅是对父母的孝顺和尊重,更是对宗族亲戚、对邻居友人、对那些需要帮助的人行善济困、乐善好施。

其四,教导子女踏实学问、注重实用。既有对子女读书的劝勉和督促,也有对子女求学之路的引导与帮助。曾国藩、左宗棠常在家信中教导子孙读书方法,强调学问要"经世致用"。傅雷等大家更是尊重孩子的兴趣,结合国家需要发展的短缺领域,引导子女确定自己的求学方向,并教导子女踏实求学,学有所成。

二、中国近现代家庭教育的总体思想倾向

中国近现代的家庭教育总体思想倾向有着鲜明的时代印记。

首先,中国近现代的家庭教育思想趋于科学、实用。清末时期,家庭教育不再强调"天理""人性",更加重视结合实际,"百工技艺均是一事",强调做学问要明理经世,求真务实。民国时期家庭教育思想在内容、方法上都趋

向于科学、实用,为培养国民良好的品格奠定了重要基础。

其次,重视家长家庭教育的能力素养。清末时期,大多强调家长要以身作则,言传身教,为孩子营造良好的环境方可教之有效。到民国初期,大多数家长在教育子女上仍较随意、混乱。中国的有识之士,如儿童教育家陈鹤琴撰写了《怎样做父母》《家庭教育》等著作,读起来较为通俗易懂,力求普及家庭教育的科学知识并提高家长的家庭教育素质,成为该时期家庭教育的重要代表作品。

最后,完成了"以成人为中心"到"儿童本位"的转变。民国时期,随着西方儿童心理学、儿童教育学的引进,以及对传统的家庭教育思想的批判,近代意义上的家庭教育思想逐步形成。陈鹤琴在《家庭教育》一书中提出,儿童具有喜欢玩游戏、喜欢成功、好模仿、喜欢合群、好奇、喜欢称赞等特点。按照"儿童本位"的教育观念,结合孩子的发展特点,陈鹤琴提出了家庭教育的 101 条原则。梁启超等人则提出,应按照孩子的爱好兴趣培养和塑造孩子各方面的素质。这个时期,家庭教育更加尊重儿童的兴趣爱好和发展水平,力求让孩子在快乐中学习和成长。

三、对中国近现代家庭教育内容的介绍与说明

中国近现代有关家庭教育的著述浩如烟海、不胜枚举。由于篇幅有限,本编选择了其中较有代表性的内容。其中家书可以最直接地体现出父母对子女的情深与期许,可以对其家庭教育思想窥一斑而知全貌。如 20 世纪被称为中国"三大家书"的《曾国藩家书》《傅雷家书》《梁启超家书》,使读者在阅读时既有感动的情感,也能受到一定的启发。

在节选本编内容时,笔者或做部分删节,或做整篇取舍,而尽量选取贴近当今、有当代价值之言,以飨读者。

第十四章　曾国藩《曾国藩家书》

一、作者简介及代表作

曾国藩(1811-1872),湖南湘乡白杨坪(今属双峰)人,历经道光、咸丰、同治三朝更替,是中国近代史上功过是非毁誉参半的人物。他既曾在不同历史时期遭遇诟病,又有"中兴名臣"、晚清"第一名臣"的美誉,并受到孙中山、蒋介石、毛泽东、刘伯承等人的一致推崇。毛泽东曾说"愚于近人,独服曾文正"。蒋介石把《曾胡治军语录》印发给黄埔军校学生,作为必读书目。刘伯承则说,即便曾国藩有过镇压太平天国的事迹,也不能"因人废言",而应对其严于自律、修身教人的言论予以肯定。

曾国藩的先祖本来居住于衡阳庙山,在清朝初年方才迁到湘乡。幼年的曾国藩生活在一个大家庭里,祖孙四代同堂而居。曾氏家族可谓白手起家,曾国藩的高祖曾应贞年轻时十分清贫,经勤恳努力而成就了一定的家业,除了分给儿子们几处房产,还有四十亩的养老田。其高祖去世后,子孙通过收租便可维持日常生计。到曾国藩曾祖父时,曾家已经成为一个拥有相当规模田产的地主家庭。此时的曾氏家族,只是"耕"而未有"读",百年间未出一名秀才,也因此与仕途无缘。

到了曾国藩的祖父曾玉屏这一代,随着家境的改善,曾玉屏早早辍学,年少时肆意挥霍、鲜衣怒马,几乎沦为纨绔子弟。在家族长辈的规劝下,曾玉屏收敛了荒唐的行为,开始承担其家族重担,一边勤习农事,一边树立读书的家风。曾玉屏对于子孙后辈的督促、教育非常严格,于立身养性等方面要求更为认真,因此享有很高的家族威望,在其76年的生涯中,一直担任着家族掌舵者的角色。

曾国藩的父亲曾麟书,被家族寄予读书和及第的厚望。然而,他在举业上却十分不顺,来来回回共经了17次考试,才考取了秀才。曾麟书自身读书成就不大,于是在学业上发愤教导曾国藩,将自己未竟的读书、科举的抱负寄托在了长子曾国藩的身上。

曾国藩于6岁开始进学,7岁起跟随其父曾麟书进入私塾,学习"四书"、"五经"、《史记》等科举考试的必读书。曾国藩以优异成绩通过童子试,年仅14岁。在23岁时,曾国藩考取秀才,并离开家乡,在衡阳地区唐氏家塾、湘乡地区涟滨书院、长沙地区岳麓书院等地学习,比较系统地接受封建思想教育和湖南学派的文化熏陶。在道光十八年(1838)的会试中,曾国藩中了第38名进士。此后,又通过复试、殿试、朝考,得以觐见道光帝,并在进入翰林院后,被授予翰林院庶吉士。就学术和做人而言,曾国藩秉承了宋儒的理学思想,毕生对儒学服膺备至。他曾从师于唐鉴、倭仁、吴廷栋、邵彭辰等多位当时的著名儒者,并在家书中把自己学习和做人的心得传授给弟弟和子侄们,认为理学的"好处万不可忽略看过"。

太平军兴,自广西攻入湖南、湖北,又攻克江西一带,震动清廷。曾国藩此时以在籍侍郎的身份响应朝廷号召,在清廷的正规部队八旗和绿营之外,主动创办了湖南的地方武装——团练。他挑选具有"血诚"精神、能吃苦、不怕死的农民,加以严格训练,并购买当时最先进的西方火器,又争取了地方官员的财力支持,遵循自西向东、步步为营的战略和"扎死寨""打硬仗"的基本战术,经过长期艰苦的作战,和清廷的其他军事力量一起,基本扑灭了近代历史上规模最大的农民战争——太平天国运动,他因此被视为挽救晚清王朝的中兴名臣。此后,他又倡导洋务运动,学习西方建立军事工业、兴办相关的西式教育,成为中国工业近代化的开端,并成为中国近代史上备受关注的风云人物。

曾国藩毕生勤奋,著述甚丰。后人将其日记、奏稿、书信、诗歌、散文等汇编为《曾文正公全集》。其《家书》刊刻之后,风靡天下而备受世人瞩目和赞誉。曾氏的家庭教育思想、观点和做法获得当世和后来几乎各派人物的认可、称赞。

二、作品的时代背景

早在道光二十二年(1842)的家书中,曾国藩就曾提到"前立志作曾氏家训一部,曾与九弟详细道及。后因采择经史,若非经史烂熟胸中,则割裂零碎,毫无线索;至于采择诸子各家之言,尤为浩繁,虽钞数百卷犹不能尽收"。

中国古代的士大夫都希望子女能够成为有德行、有才能的君子。正如《颜氏家训》《朱子家训》等,从古至今的诸多家训已说明了这一点,曾国藩自然也不例外。早在1843年,曾国藩32岁时,他就有意作家训一部,垂范子孙后世。这一年,科考得中后刚刚入京供职于翰林院,其心态可谓意气风发。作为家族中走出的第一人,他希望通过自身成功的经历,以简洁明了又含义深刻的文字,将自己思想中的精华、成功的经验诠释于后人。曾国藩认为,自己得父亲的教导得以成才,如果不能将生平所学教给诸弟、使他们得以成才,就是一种不孝。

曾国藩所处的时代,中国社会遭遇了空前的动荡,可谓内忧外患。前有英国因虎门销烟而发动战争,后有太平天国运动,以及英、法等国发动的对华战争。曾国藩参与到平息太平天国运动的战争中之后,辗转各地,在瞬息万变的战场上,通过一封封家书,展示了自己的真实想法,以及对家人的教导和期待。

正因为家书承载了他对子弟立德、立品、成为人才的殷切希望,曾国藩十分重视家书的保存。由于遭逢战乱,曾国藩的家书时常不能寄到,多有丢失。在我们可以找到的最早的一封家书中,也就是道光二十年(1840)二月初九的《禀父母》家书中,第一句话"去年十二月十六日,男在汉口寄家信,付湘潭人和纸行,不知已收到否",可以看出这封家书不是最早的,此前的家书应该已经丢失。他在道光二十四年(1844)九月十八日的家书中提到,他决心在之后的书信中更换纸张,以利于保存。其后,曾国藩乘船而被劫,导致他历次被赏赐的物品及上谕、奏章、家书、地图、书籍等全部遗失,经历此次教训后,曾国藩开始对重要资料采取稳妥的措施,即抄录副本进行保护。"嗣后我写诸弟信,总用此格纸,弟宜存留,每年装订成册。"咸丰八年(1858)七月初七的信中写道:"兄此出立有日记簿,记每日事件,兹抄付一览,可得其详。此后凡寄家书,皆以此法行之,庶逐一悉告,不至遗漏。"

《曾国藩家书》共收录了一千多封家信。无论在朝为官,抑或将兵在外,无论闲暇,抑或公务间隙,曾国藩未曾间断家书。据估算,三十四年中,他平均每月写三封家信,频繁时达到每天两封。自1828年至1871年,曾国藩给其祖父母、父母、叔父、诸弟、妻子、儿辈共计写了1500余封家信。曾国藩去世后,其门生李鸿章对他的书信进行了长达七年的整理,而编写了此书。

三、主要内容及思想主旨

曾国藩虽然身居高位,权高位重,但是对于家书却常非寥寥数笔、潦草写就,而是字面工整,一丝不苟,呈现出翔实而丰富的内容和深刻而真挚的见解。其家信不只包含自家琐事,也涉及对宏观局势的分析,以及为人处世的心得。例如,他与祖父、叔父的通信多是问候、祝福;而他与其弟弟的书信,多是学业、交际、治家、进学等的教导;他给孩子们的书信,则主要涉及治学、修身、养生、成才内容。在每一篇家书中,都包含了孝心、爱心和诚心。阅读《曾国藩家书》,读者不难感受到他对父母长辈的尊敬、关心,对不能在老人身前尽孝的愧疚,以及对诸弟和子侄们的关爱。

(一)教导子女要戒骄戒躁、修身养性

在曾国藩的教育理念中,人才不以官位高低来衡量,不以高官厚禄为奋斗目标,反而教育子女具有勤俭、自强、忠恕、有恒等品质。曾国藩在平日里就时刻重视对子女性情的培养,去除他们品性中的缺点,他强调最多的是"骄"和"惰"。曾国藩对家人的行为约束不因身份改变而轻易变动,他提出了做人的自我修养,告诫自己的子弟在做人方面要保持戒骄戒躁、拒绝骄奢淫逸,否则会出现家败、人败的现象,从而导致家门不幸。

曾国藩认为曾氏子弟具有骄傲的习气,开口就说别人的长短,笑话别人的鄙薄浅陋,而要想纠正这些错误的观点,首先就得从自身做起,戒掉自己身上的骄气,给子弟树立一个好的榜样。改掉骄气的方法有两点:八字诀与三不信。"八字诀"的内涵即其祖父的家庭副业的缩影,"书、蔬、鱼、猪、早、扫、考、宝"。同时他重视劳动,要求生活中须保持节俭,为了督促媳妇等女眷,曾国藩要求她们仍为自己做衣做鞋。

曾国藩在家庭教育中重视的是子女德行的树立而非单纯的功名的取得。他认为"志高则品高,志下则品下"。曾国藩曾给儿子写过这样一句话:"至于作人之道,圣贤千言万语,大抵不外敬恕二字。"所以,曾国藩于家书中提出最多的就是"敬恕",为人行事务必谦逊、戒骄、大度。曾国藩曾讲,以往认为自己甚为强大,他人则是不成的。而后发觉自己本领少有,探究他人优势为佳。他认为,骄傲和话多都会成为成功路上的阻碍,在后辈教育中尤其慎重,不但要他们严于律己、抛掉骄傲之心,还要学会大度、容忍,原谅他人过错。曾国藩以为,"君子之道,莫大乎与人为善"。须要待人友善,即便对方过错在先,亦必须宽容对待。曾国藩同时强调,无论大小难易,皆宜有始有终,尤其是"人生适意之时不可多得,……当尽心竭力,做成一个局面"。

(二)教导子女应孝敬父母、友爱乡邻

一方面,强调孝悌思想的践行。咸丰二年(1852),在赴江西上任的路上,曾国藩听闻母亲过世,哀痛不已。为尽孝道,他立即脱下官服,披麻戴

孝,经黄梅县渡江至九江,然后溯江西上赶往家中;咸丰七年(1857),曾国藩在瑞州湘军大营中接到他父亲过世的消息后,同样是悲痛欲绝并再三要求"在籍终制",其理由在于"前此母丧未周,墨绖襄事,今兹父丧,未视含殓。在军营数载,又功寡而过多,在国为一毫无补之人,在家有百身莫赎之罪"。甚至未等到回籍治丧的圣旨下来,曾国藩便匆忙回家。相对于咸丰二年,这时的曾国藩身负督军重任,且正值战事吃紧,他却依然选择回家奔丧。当然,其中也有其他原因,但这种宁愿冒死违背忠心的做法,也体现了曾国藩"孝"的精神。另一方面,为了调和忠孝两者之间的矛盾,曾国藩别出心裁,采取全效尽忠的方法。清朝时遵循古制,父母死,官吏均得在家守制三年后才能复官。曾国藩在家只为母亲守孝了三个月,却不得不临危授命。出于愧疚,他在守孝期间不愿接受任何的赏赐和提拔。在给诸弟的信中,他说:"兄意母丧未除,断不敢受官职。若一经受职,则二年来之苦心孤诣,似全为博取高官美职,何以对吾母于地下?何以对宗族乡党?方寸之地,何以自安?"这种出力而避仕的做法,不得不说是曾国藩的良苦用心,也可以反映出在孝在他的心中所占的比重要大得多。

同时,曾国藩对诸弟的情感也颇为真挚。曾国藩是家中长兄,一共有兄弟五人,除了自己,分别是四弟国潢、六弟国华、九弟国荃、季弟国葆。作为长兄,曾国藩担负起了长兄如父的职责,事事为诸弟谋划。他深信悌为兴家之要,认为兄弟和可以力挽家运,能让家中兴旺发达。他曾说过:兄弟和,穷家小户必兴;兄弟不和,虽世家宦族必败。在曾国藩的家书中给诸弟、子辈的信件占有多数,他在书信中常常教导诸弟、子侄为人处世、修业立德的方法,虽然身处两地,但曾国藩与诸弟的兄弟之情却从未淡漠,即便发生矛盾也从未因为自己大哥的身份而责怪他人,反而是处处从自己身上找原因。当然,面对子弟们的骄奢懒惰的行为,曾国藩也从不曾放纵,严厉批评的同时,现身说法,亲身示范。

曾国藩对待邻里乡亲一直秉承着友爱、热心的态度,在道光二十四年(1844)二月十四日与诸弟书中他就详细介绍了对于来访的同乡的热情接待,十分友好亲切,不曾因为自己有了官职便目空一切。在道光二十四年三月初十与祖父书:"各亲戚家皆贫,而年老者,今不略为资助,则他日不知何如。孙自入都后,如彭满舅曾祖、彭王姑母、欧阳岳祖母、江通十舅,已死数人矣,再过数年,则意中所欲馈赠之人,正不知何若矣,家中之债,今虽不还,后尚可还,赠人之举,今若不为,后必悔之!此二者,孙之愚见如此。"

面对家境窘迫的亲友,曾国藩尽力接济,认为各亲戚家都穷,对于年老的亲戚,现在不略加资助,以后不知怎么样。道光二十五年(1845)五月二十九日,曾国藩与父母通信:"我家既为乡绅,万不可入署说公事,致为官长所鄙薄。即本家有事,情愿吃亏,万不可与人签讼,令官长疑为倚势凌人,伏乞慈鉴。"道光二十五年六月十九日,曾国藩寄写家书:"男意有人做官,则待邻里不可不略松,而家用不可不守旧,不知是否?"与一人得道,鸡犬升天的得志便猖狂的情形不同,曾国藩虽身居高位,却仍洁身自好,并在此嘱咐家人,虽然家中有人在外做官,生活富裕了,也应保持旧习,维持勤俭的家风,越是官宦人家越应睦邻友好,和睦乡党,这才是保持家业安泰的正道。

(三)教导子女要进德修业、勤奋学习

曾国藩自己虽是高官权贵,但却不求子女做官发财,甚至也不求其早日成名,只期望他们读书明理。"世人皆以子孙任大官为福,而余不愿,能为读书明理之君子极好。"要"扶植特长,切莫自弃天分",要"兼收并蓄,不拘守常格"。

曾国藩在人生辉煌时期,亦不忘时刻督促教导子弟,并以亲身实践言传身教。作为年轻的翰林,曾国藩可以说是已经到了统治者的近前,穷则独善其身,达则兼济天下,对个人修养的提高是他最为看重的,尤其是个人的德行品质,曾国藩将这些理念内化于心,外申于对后辈们的教育之中。

曾国藩在家书中曾写道:"吾人只有进德、修业两事靠得住。进德,则孝悌仁义是也;修业,则诗文作字是也。""至于功名富贵,悉由命定,丝毫不能自主。"并且认为进德和修业全靠自己做主。德进一尺,便是我自己的一尺;德进一寸,便是我自己的一寸。德行一点点的提升,修业细碎的累积,都可视作于钱粮的积累。德和业都增进,那么家业就会一天天兴起。

曾国藩对子女的教育从不放松,但却并不是一味地说教,他对于孩子的教育一直践行的是身教胜过言传,在道光二十二年(1842)十一月十七日与诸弟书中,曾国藩写道:"余写信,亦不必代诸弟多立课程,盖恐多看则生厌,故但将余近日实在光景写示而已,伏惟诸弟细察。"在当今我们便可用孩子的青春期、叛逆期来解释信中"多看则生厌"的情况,但曾国藩却早于当时便意识到了一味督责的方法会引起孩子的逆反心理,并在信中说不要求诸弟学什么课程,而是只把自己近日平常生活多写写即可,唯愿诸弟细查。

在此篇家书中,曾国藩通过生活实例,反映对他人的认识与分析,内含

好恶,从而为弟兄树立榜样,这比空洞的说教更直接,更实际,寓教于景,以身作则,值得我们借鉴。作为湘军的统帅,曾国藩在信中也曾提到自己在营中时,各营兵士都惧怕,全部谨慎地早起。后来移至公馆歇息,起来得晚,没有人带头,将士便不再早起,就像一家之中没有家长起得晚而子女早起的例子一样。通过这些生活中的点滴,告诫四弟要重视领头人的作用。为了教导家中的小辈,曾国藩自己还制定了课程表,不管是工作多么繁忙,他也努力坚持,做到今日事今日毕。在家中这种良好的氛围下,相信起到的教育效果也是不可忽视的。

在咸丰十年(1860)十月二十日与国荃、国葆书中,曾国藩曾这样写道:在五十年的人生中,自己除了学问没有大成之外已没有什么遗憾,并建议弟弟教育子孙后辈,"总当以勤苦为体,谦逊为用,以药佚骄之积习,余无他嘱"。

(四)教导子弟需勤俭节约

曾国藩认为勤劳节俭是家庭兴旺的基础,告诫子侄不能滋长骄奢懒惰的品行,骄傲是凶戾之德,懒惰是衰败之气,二者都是败家之气。他希望子侄们早起以便戒除懒惰,多走路少乘轿以便戒除傲气。为了防止家道中衰、财物皆失以及地位被贬等情况出现,曾国藩要求家人和弟子以勤俭节约、恭敬为本,倡导个人的自我修养。

他要求子弟半耕半读,恪守祖先的旧规,不要存半点官气,不准坐轿,不准唤人为自己倒水添茶,等等。拾柴捡粪等事,也必须一一做到;插秧锄地等事,也要事事学做,以便渐渐务农而不至溺于淫逸。为了达到这种要求,曾国藩还在家书中写道:"甲三、甲五等兄弟,总以习劳苦为第一要义。生当乱世,居家之道,不可有余财,多财则终为患害。又不可过于安逸偷惰,如由新宅至老宅,必宜常常走路,不可坐轿骑马。又常常登山,亦可以练习筋骸。仕宦之家,不能有剩余的钱财,从而让家里的子弟觉得如果不通过辛勤劳动,就有吃不上饭的危险,这样时间久了,子弟会逐渐形成充足的自立能力。"

在生活方面,曾国藩也要求家中子侄以节俭为主,购物不可铺张;走路不许花钱乘轿骑马,以步行为主;女孩不能太懒,从小要学会烧茶煮饭。为了达到节俭的目的,在家庭日常开支方面,每月要有计划,到月底,只许结余,不能亏欠,这样一来,就能达到戒除奢侈之风的目的。

对于耕读之家家风的保持,曾国藩时刻提醒家中成员,克勤克俭,反对铺张浪费,不为子孙留钱财是他勤俭思想的写照。曾国藩认为钱财只是身外之物,只能保家族一时的兴盛,而才能才是自己的依仗,人的立身之本,子孙只有具备内在的才干才能保家族长盛不衰。

(五)教导子女应勤劳做事

曾国藩认为,子侄们除了读书,还要打扫房屋、抹桌椅,拾粪锄草,这些都是很好的事,不能认为是破坏自己形象而不愿去做。在咸丰四年八月十一日与诸弟书中写道:"诸弟不好收拾洁净,比我尤甚,此是败家气象。嗣后务宜细心收拾,即一纸一缕,竹头木屑,皆宜检拾,以为儿侄之榜样。一代疏懒,二代淫佚,则必有昼睡夜坐,吸食鸦片之渐矣。四弟、九弟较勤,六弟、季弟较懒;以后勤者愈勤,懒者痛改,懒者痛改,不能让子弟有懒惰的思想和行为,否则将影响今后的前途,除了要学习外,还要劳动,比如打扫房屋、擦桌子、收拾凳子,要依靠自己,苦其心志,劳其体肤,才能发奋图强,同时还可以避免为官者为子孙积财而贪污受贿之类事件的发生。"

勤劳耐苦为人生的根本,谦虚恭逊为生存之实用法则,不可狂妄自大,骄傲自满。除了对家族男人有要求之外,对家族中的妇女,曾国藩也要求她们在操持家务,比如酒食、纺织方面"常常勤习",他在外做官,要求家里的"三姑一嫂"每年做鞋一双,将自己纺织的布做成衣服寄给他。对于酒食,他也要求家中妇女每人做几样腐乳、酱菜之类的带给他,以便考察她们的实际操作能力。

覆巢之下安有完卵?曾国藩在家书中也坦言了声名过于强大,导致自己忧心忡忡。居安思危的做法就是在教育儿女之时,要以勤劳、节俭、谦恭三方面为主,顺便告知了自己现在已经做到俭朴方面六七分,勤勉方面不到五分,而弟弟们在勤勉方面做到六七分,俭朴方面还有欠缺。言外之意便是让弟弟们保持勤勉的同时更加磨炼意志,勿忘节俭,不要被一时的荣光迷了眼。为了做到不被富贵迷了心窍,曾国藩认为子弟应该戒除骄傲,戒除懒惰。不大声责骂仆从是戒除傲慢的开始。早起是戒除懒惰的开始,曾国藩要求子弟作息规律,尤其着重于早起,一日之计在于晨。

历史上,曾氏家族绵延百余年,子孙后代人才辈出。如此长盛兴旺之家,在古今中外皆属罕见。曾国藩始终关注家庭教育,认为家庭保持兴盛必须由大量人才支撑,而不是如何去积攒过多资金或者发展产业。他写的家书总数达到1600多件、字数接近100万,这些文字都是在工作之外抽出时间所写,体现了他对家庭教育的高度关注。系统探究他的家庭教育理念,对于当前家庭教育仍然具有重要意义和影响。

四、精彩片段选读

片段一

致诸弟信·勉励自立课程[1]
(道光二十二年十二月二十日)

诸位贤弟足下:

九弟到家,遍走各亲戚家,必各有一番景况,何不详以告我?

四妹小产以后,生育颇难,然此事最大,断不可以人力勉强,劝渠家只须听其自然,不可过于矜持。又闻四妹起最晏,往往其姑反服事他,此反常之事,最足折福。天下未有不孝之妇而可得好处者,诸弟必须时劝导之,晓之以大义。

诸弟在家读书,不审每日如何用功?余自十月初一日立志自新以来,虽懒惰如故,而每日楷书写日记,每日读史十页,每日记"茶余偶谈"二则,此三事未尝一日间断。十月二十一日誓永戒吃水烟,泊今已两月不吃烟,已习惯成自然矣。予自立课程甚多,惟记"茶余偶谈"、读史十页、写日记楷本此三事者,誓终身不间断也。诸弟每日自立课程,必须有日日不断之功,虽行船走路,俱须带在身边。予除此三事外,他课程不必能有成,而此三事者,将终身行之。

前立志作曾氏家训一部,曾与九弟详细道及。后因采择经史,若非经史烂熟胸中,则割裂零碎,毫无线索。至于采择诸子各家之言,尤为浩繁,虽钞数百卷,犹不能尽收。然后知古人作《大学衍行义》《衍义补》诸书,乃胸中自有条例,自有议论,而随便引书以证明之,非翻书而遍钞之也。然后知著书之难,故暂且不作曾氏家训。若将来胸中道理愈多,议论愈贯串,仍当为之。

---

〔1〕 曾国藩著,李鸿章校勘:《曾国藩家书》,江西人民出版社,2016年版,下同。

　　现在朋友愈多,讲躬行心得者,则有镜海先生、艮峰前辈、吴竹如、窦兰泉、冯树堂;穷经知道者,则有吴子序、邵蕙西;讲诗、文、字而艺通于道者,则有何子贞;才气奔放则有汤海秋;英气逼人,志大神静,则有黄子寿。又有王少鹤、朱廉甫、吴莘畲、庞作人,此四君者,皆闻予名而先来拜,虽所造有浅深,要皆有志之士,不甘居于庸碌者也。京师为人文渊薮(sǒu),不求则无之,愈求则愈出。近来闻好友甚多,予不欲先去拜别人,恐徒标榜虚声。盖求友以匡己之不逮,此大益也;标榜以盗虚名,是大损也。天下有益之事,即有足损者寓乎其中,不可不辨。黄子寿近作《选将论》一篇,共六千余字,真奇才也。子寿戊戌年始作破题,而六年之中遂成大学问,此天分独绝,万不可学而至,诸弟不必震而惊之。予不愿诸弟学他,但愿诸弟学吴世兄、何世兄。吴竹如之世兄,现亦学艮峰先生写日记,言有矩,动有法,其静气实实可爱。何子贞之世兄,每日自朝至夕总是温书,三百六十日,除作诗文时,无一刻不温书,真可谓有恒者矣。故予从前限功课教诸弟,近来写信寄弟,从不另开课程,但教诸弟有恒而已。盖士人读书,第一要有志,第二要有识,第三要有恒。有志,则断不甘为下流;有识,则知学问无尽,不敢以一得自足,如河伯之观海,如井蛙之窥天,皆无识者也;有恒,则断无不成之事。此三者缺一不可。诸弟此时惟有识不可以骤几,至于有志、有恒,则诸弟勉之而已予身体甚弱,不能苦思,苦思则头晕;不耐久坐,久坐则倦乏。时时属望惟诸弟而已。

　　明年正月,恭逢祖父大人七十大寿,京城以进十为正庆。予本拟在戏园设寿筵,窦兰泉及艮峰先生劝止之,故不复张筵。盖京城张筵唱戏,名为庆寿,实而打把戏。兰泉之劝止,正以此故。现作寿屏两架,一架淳化笺四大幅,系何子贞撰文并书,字有茶碗口大。一架冷金笺八小幅,系吴子序撰文,予自书。淳化笺系内府用纸,纸厚如钱,光彩耀目,寻常琉璃厂无有也,昨日偶有之,因买四张。子贞字甚古雅,惜太大,万不能寄回。奈何奈何!

　　书不能尽言,惟诸弟鉴察。兄国藩手草。

　　课程

　　主敬　整齐严肃,无时不俱。无事时心在腔子里,应事时专一不杂。

　　静坐　每日不拘何时,静坐一会,体验静极生阳来复之仁心,正位凝命,如鼎之镇。

　　早起　黎明即起,醒后勿沾恋。

　　读书不二　一书未点完,断不看他书。东翻西阅,都是徇外为人。

　　读史　《二十三史》每日读十页,虽有事不间断。

写日记　须端楷,凡日问过恶、身过、心过、口过,皆己出,终身不间断

日知其所亡　每日记"茶余偶谈"一则,分德行门、学问门、经济门、艺术门。

月无忘所能　每月作诗文数首,以验积理之多寡,养气之盛否。

谨言　刻刻留心。

养气　无不可对人言之事,气藏丹田。

保身　谨遵大人手谕:节欲,节劳,节饮食。

作字　早饭后作字,凡笔墨应酬,当作自己功课。

夜不出门　旷功疲神,切戒切戒。

片段二

致诸弟信·述接济亲戚族人之故
(道光二十四年三月初十日)

六弟、九弟左右:

…………

所寄银两,以四百为馈赠族戚之用。来书云:"非有未经审量之处,即似稍有近名之心。"此二语推勘入微,兄不能不内省者也。又云:"所识穷乏得我而为之,抑逆知家中必不为此慷慨,而姑为是言?"斯二语者,亦报阿见不伦乎? 兄虽不肖,亦何至鄙且奸至于如此之甚! 所以为此者,盖族戚中有断不可不有一援手之人,而其余则牵连而及。

兄己亥年至外家,见大舅陶穴而居,种菜而食,为恻然者久之。通十舅送我,谓曰:"外甥做外官,则阿舅来作烧火夫也。"南五舅送至长沙,握手曰:"明年送外甥妇来京。"余曰:"京城苦,舅勿来。"舅曰:"然。然吾终寻汝任所也。"言已泣下。兄念母舅皆已年高,饥寒之况可想,而十舅且死矣,及今不一援手,则大舅、五舅者又能沾我辈之余润乎? 十舅虽死,兄竟犹当恤其妻子,且从俗为之延僧,如所谓道场者,以慰逝者之魂,而尽吾不忍死其舅之心。我弟我弟,以为可乎?

兰姊、蕙妹家运皆舛,兄好为识微之妄谈,兰姊犹可支撑,蕙妹再过数年则不能自荐活矣。同胞之爱,纵彼无触望,吾能不视如一家一身乎?

欧阳沧溟先生凤债甚多，其家之苦况，又有非吾家可比者，故其母丧，不能稍降厥礼。岳母送余时，亦涕泣而道。兄赠之独丰，则犹徇世俗之见也。

楚善叔为债主逼迫，入地无门，二伯母尝为余泣言之。又泣告子植"八儿夜来泪注，地湿围径五尺也。"而田货于我家，价既不昂，事又多磨。尝贻书于我，备陈吞声饮泣之状，此子植所亲所见，兄弟常歔欷久之。

丹阁叔与宝田表叔昔与同砚席十年，岂意今日云泥隔绝至此。知其窘迫难堪之时，必有饮恨于实命之不犹者矣。丹阁戊戌年曾以钱八千贺我，贤弟谅其景况，岂易办八千者乎？以为喜极，固可感也；以为钓饵，则亦可怜也。任尊叔见我得官，其欢喜出于至诚，亦可思也。

竟希公一项，当甲午年抽公项三十二千为贺礼，渠两房颇不悦。祖父曰："待藩孙得官，第一件先复竟希公项。"此语言之已熟，待各堂叔不敢反唇相识耳。同为竟希公之嗣，而菀枯悬殊若此，设造物者一旦移其菀于彼二房，而移其枯于我房，则无论六百，即六两亦安可得耶？

六弟、九弟之岳家皆寡妇孤儿，槁饿无策。我家不拯之，则孰拯之者？我家少八两，未必遽为债户逼取，渠得八两，则举室回春。贤弟试设身处地而知其如救水火也。

彭王姑待我甚厚，晚年家贫，见我辄泣。兹王姑已殁，故赠宜仁王姑丈，亦不忍以死视王姑之意也。腾七则姑之子，与我同孩提长养。各舅祖则推祖母之爱而及也。彭舅曾祖则推祖父之爱而及也。陈本七、邓升六二先生，则因觉庵师而牵连及之者也。其余馈赠之人，非实有不忍于心者则皆因人而及。非敢有意讨好，沽名钓誉，又安敢以己之豪爽形祖父之刻啬，为此奸鄙之心之行也哉？

诸弟生我十年以后，见诸戚族家皆穷，而我家尚好，以为本分如此耳而不知其初皆与我同盛者也。兄悉见其盛时气象，而今日零落如此，则大难为情矣。凡盛衰在气象。气象盛，则虽饥亦乐，气象衰，则虽饱亦忧。今我家方全盛之时，而贤弟以区区数百金为极少，不足比数。设以贤弟处楚善、宽五之地，或处葛、熊二家之地，贤弟能一日以安乎？凡遇之丰啬顺舛，有数存焉，虽圣人不能自为主张。天可使吾今日处丰亨之境，即可使吾明日处楚善、宽五之境。君子之处顺境，兢兢焉常觉天之过厚于我，我当以所余补人之不足；君子之处啬境，亦兢兢焉觉天之厚于我，非果厚也，以为较之尤啬者，而我固已厚矣。古人所谓境地须看不如我者，此之谓也。

来书有"区区千金"四字，其毋乃不知天之已厚于我兄弟乎？兄尝观

《易》之道，察盈虚消息之理，而知人不可无缺陷也。日中则昃，月盈则亏，天有孤虚，地阙东南，未有常全而不缺者。剥也者，复之几也，君子以为可喜也。夬也者，姤之渐也，君子以为可危也。是故既吉矣，则由吝以趋于凶；既凶矣，则由悔以趋于吉。君子但知有悔耳。悔者，所以守其缺而不敢求全也。小人则时时求全，全者既得，而吝与凶随之矣。众人常缺而一人常全，天道屈伸之故，岂若是不公乎？今吾家椿萱重庆，兄弟无故，京师无比美者，亦可谓至万全者矣。故兄但求缺陷，名所居曰"求阙斋"，盖求缺于他事而求全于堂上，此则区区之至愿也。家中旧债不能悉清，堂上衣服不能多办，诸弟所需不能一给，亦求缺陷之义也。内人不明此意，时时欲置办衣物，兄亦时时教之。今幸未全备，待其全时，则吝与凶随之矣，此最可畏者也。贤弟夫媳诉怨于房闱之间，此是缺陷。吾弟当思所以弥其缺而不可尽给其求，盖尽给则渐几于全矣。吾弟聪明绝人，将来见道有得，必且韪余之言也。

至于家中欠债，则兄实有不尽知者。去年二月十六接父亲正月四日手谕，中云："年事一切，银钱敷用有余，上年所借头息钱，均已完清。家中极为顺遂，故不窘迫。"父亲所言如此，兄亦不甚了了，不知所完究系何项？未完尚有何项？兄所知者，仅江孝八外祖百两、朱岚暄五十两而已。其余如未阳本家之账，则兄由京寄还，不与家中相干。甲午冬借添梓坪钱五十千，尚不知作何还法？正拟此次禀问祖父。此外账目，兄实不知。下次信来，务望详开一单，使兄得渐次筹画。如弟所云："家中欠债于余金，若兄早知之，亦断不肯以四百赠人矣。"如今信在已阅三月，馈赠族戚之语，不知乡党已传播否？若已传播而实不至，则祖父受吝啬之名，我加一信，亦难免二三其德之诮，此兄读两弟来书所为踌躇而无策者也。兹特呈堂上一禀，依九弟之言书之，谓朱啸山、曾受恬处二百落空，非初意所料。其馈赠之项，听祖父、叔父裁夺，或以二百为赠，每人减半亦可；或家中十分窘迫，即不赠亦可。戚族来者，家中即以此信示之，庶不悖于过则归己之义。贤弟观之，以为何如也？

若祖父、叔父以前信为是，慨然赠之，则此禀不必付归，兄另有安信付去，恐堂上慷慨持赠，反因接吾书而尼沮。凡仁心之发，必一鼓作气，尽吾力之所能为，稍有转念，则疑心生，私心亦生。疑心生则计较多，而出纳吝矣；私心生则好恶偏，而轻重乖矣。使家中慷慨乐与，则慎无以吾书生堂上之转念也。使堂上无转念，则此举也阿兄发之，堂上成之，无论其为是为非，诸弟置之不论可耳。向使去年得云、贵、广西等省苦差，并无一钱寄家，家中亦不能责我也。

九弟来书，楷法佳妙，余爱之不忍释手。起笔收笔皆藏锋，无一笔撇手乱丢，所谓有往皆复也。想与陈季牧讲究，彼此各有心得，可喜可喜。然吾所教尔者，尚有二事焉：一曰换笔，古人每笔中间必有一换，如绳索然，第一股在上，一换则第二股在上，再换则第三股在上也。笔尖之着纸者，仅少许耳。此少许者，吾当作四方铁笔用。起处东方在左，西方向右，一换则东方向右矣。笔尖无所谓方也，我心常觉其方，一换而东，再换而北，三换而西，则笔尖四面有锋，不仅一面相向矣。二曰结字有法，结字之法无穷，但求胸中有成竹耳。

六弟之信文笔拗而劲，九弟文笔婉而达，将来皆必有成。但目下不知各看何书？万不可徒看考墨卷，汩没性灵。每日习字不必多，作百字可耳。读背诵之书不必多，十页可耳。看涉猎之书不必多，亦十页可耳。但一部未完，不可换他部，此万万不易之理。阿兄数千里外教尔，仅此一语耳。

罗罗山兄读书明大义，极所钦仰，惜不能会面畅谈。

余近来读书无所得，酬应之繁，日不暇给，实实可厌。惟古文各体诗，自觉有进境，将来此事当有成就。恨当世无韩愈、王安石一流人与我相质证耳。贤弟亦宜趁此时学为诗、古文，无论是否，且试拈笔为之，及今不作，将来年长，愈怕丑而不为矣。每月六课，不必其定作诗文也。古文、诗、赋、四六无所不作，行之有常，将来百川分流，同归于海，则通一艺即通众艺，通于艺即通于道，初不分而二之也。此论虽太高，然不能不为诸弟言之，使知大本大原，则心有定向，而不至于摇摇无着。虽当其应试这时，全无得失之见乱其意中；即其用力举业之时，亦于正业不相妨碍。诸弟试静心领略，亦可徐会悟也。

外附录《五箴》一首、《养身要言》一纸、《求缺斋课程》一纸，诗文不暇录，惟谅之。兄国藩手草。

片段三

致诸弟·必须立志猛进
（道光二十四年九月十九日）

四位老弟足下：

自七月发信后，未接诸弟信，乡间寄信较省城寄信百倍之难，故予亦不望也。九弟前信有意与刘霞仙同伴读书，此意甚佳。霞仙近来读朱子书，大有所见，不知其言语容止、规模气象如何？若果言动有礼，威仪可则，则直以为师可也，岂特友之哉？然与之同居，亦须真能取益乃佳，无徒浮慕虚名。人苟能自立志，则圣贤豪杰何事不可为？何必借助于人？"我欲仁，斯仁至矣。"我欲为孔孟，则日夜孜孜，惟孔孟之是学，人谁得而御我哉？若自己不立志，则虽日与尧、舜、禹、汤同住亦彼自彼，我自我矣，何与于我哉？去年温甫欲读书省城，吾以为离却家门局促之地而与省城诸胜己者处，其长进当不可限量。乃两年以来，看书亦不甚多；至于诗文，则绝无长进，是不得归咎于地方之促也。去年予为择师丁君叙忠，后以丁君处太远，不能从，予意中遂无他师可从。今年弟自择罗罗山改文，而嗣后杳无消息，是又不得归咎于无良友也日月逝矣，再过数年则满三十，不能不趁三十以前立志猛进也。

予受父教，而予不能教弟成名，此予所深愧者。他人与予交，多有受予益者，而独诸弟不能受予之益，此又予所深恨者也。今寄霞仙信一封，诸弟可钞存信稿而细玩之。此予数年来学思之力，略具大端。

片段四

致九弟、季弟·须戒傲惰二字
（咸丰十年十月二十四日）

沅弟、季弟左右：

沅弟以我切责之缄，痛自引咎，惧蹈危机，而思自进于谨言慎行之路，能如是，是弟终身载福之道，而吾家之幸也！季弟言亦平，温雅，远胜往年傲惰气象。

吾于道光十九年十一月初二日,进京散馆,十月二十八日早侍祖父星冈公于阶前,请曰:"此次进京,求公教训。"星冈公曰:"尔之官是做不尽的,尔之才是好的,但不可傲,'满招损,谦受益',尔若不傲,更好全了!"遗训不远,至今尚如耳提面命。今吾谨述此语,告诫两弟,总以除傲字为第一义,唐虞之恶人,曰丹朱傲,曰象傲,桀纣之无道,曰强足以拒谏,辨足以饰非,曰谓已有天命,谓敬不足行,皆傲也。

吾自八年六月再出,即力戒傲字,以傲无恒之弊,近来又力戒惰字。昨日徽州未败之前,次青心中不免有自是之见,既败之后,余益加猛省大约军事之败,非傲即惰,二者必居其一。巨室之败,非傲即惰,二者必居其一。

余于初六所发之折,十月初可奉谕旨。余若奉旨派出,十日即须成行,兄弟远别,未知相见何日?惟愿两弟戒此二字,并戒后辈,当守家规,则余心大慰耳!

片段五

致四弟信·教子勤俭为主
(同治三年八月初四日)

澄弟左右:

余在金陵二十日起行至安庆,内外大小平安。门第太盛,余教儿女辈惟以"勤、俭、谦"三字为主。自安庆以至金陵,沿江六百里,大小城隘皆沅弟之所攻取。余之幸得大名高爵,皆沅弟之所赠送也,皆高、曾、祖、父之所留贻也。余欲上不愧先人,下不愧沅弟,惟以力教家中勤俭为主。余于俭字做到六七分,勤字则尚无五分工夫。弟与沅弟于勤字做到六七分,俭字则尚欠工夫。以后勉其所长,各戒其所短。弟每用一钱,均须三思。至嘱。

五、评价

对于家庭教育来说,最普遍、最常见的教育方法便是言传身教,面对懵懂无知的孩子,教育他们认识这个世界,了解这个社会,父母是孩子的第一任老师。那么如何当好孩子成长道路上的领路人呢?这是十分关键的问题。

　　曾国藩对于子女的教育从不放松,但却并不是一味地说教,对于孩子的教育一直践行的是身教胜过言传,在道光二十二年十一月十七日与诸弟书中,曾国藩写道:"余写信,亦不必代诸弟多立课程,盖恐多看则生厌,故但将余近日实在光景写示而已,伏惟诸弟细察。"

　　除了言传身教,曾国藩采取的教育形式多样,如"挫折教育""因材施教",这些教育方法的实践效果也十分明显。而这些也是如今我们可以借鉴学习的地方。

第十五章　左宗棠《左宗棠家书》

一、作者简介及代表作

左宗棠(1812—1885),汉族,字季高,一字朴存,湖南湘阴人。左宗棠为晚清重臣,洋务派重要代表人物,湘军著名将领,与曾国藩、张之洞、李鸿章并称晚清"中兴四大名臣"。

在三次进京应试落第之后,左宗棠决心不再应试,"即拟长为农夫以没世",在家教书务农,课读子女。后又在长沙设馆授徒数年。作为一个职业教书先生,左宗棠积累了丰富的教书尤其是家教经验。

1852 年(咸丰二年),40 岁的左宗棠入佐湘幕,先后协助湖南巡抚张亮基、骆秉章处理湖南军务,抵抗太平军。左宗棠以"一介寒儒"从戎,不久便威震四方,名声显达于天下。太平天国运动平息之后,左宗棠又参与了平定陕甘的军事行动。此后,为了收复新疆,年届 65 岁的左宗棠抬棺西征,克服了筹集粮饷和后勤运输上的艰难险阻,历经两年才完成收复新疆的历史伟业。近代历史学家郭廷以先生高度赞誉左宗棠,认为"生长于鱼米之乡的湖湘子弟"能在"风沙漫天、冰雪载地、石田千里"的恶劣环境下成就如此功勋,左宗棠本人的"意志果决,计划周密"是一个重要因素。[1]

回望左宗棠的征战生涯,尽管戎马倥偬,军政繁忙,远离妻子儿女,但是左宗棠始终怀有对妻儿亲人的深深眷念,没有放松对子侄后辈的教育。在家书抵万金的烽火岁月,左宗棠时常写家书给他们,在家书中教导子女读书做人的道理。左宗棠的子孙虽然没能像他一样成为叱咤风云的大政治家、大军事家,但也没出一个纨绔子弟,更没出一个贪官劣绅,其中不少成为教授、学者、医生、政协委员等对社会极有贡献的人。

左宗棠的一生富于传奇色彩,其家书中反映的人生哲理、修身养性之道

---

〔1〕　郭廷以:《近代中国史纲》,香港中文大学出版社,1987 年版,第 182～183 页。

仍有很多值得后人借鉴的地方。而这正是《左宗棠家书》流传甚远,至今还影响着世道人心的重要因素。

二、作品的时代背景

清朝末年时局动荡,中国在列强的裹挟下,由相对独立、自给自足的封建社会,向半殖民地半封建社会急剧转变,民族危机日益加剧。清末重臣胡林翼、李鸿章等人,都认为晚清中国面临着"数千年来未有之变局"。清帝国进入垂暮之年,国家与社会积贫积弱,贫苦饥饿的民众在苛政下苟活着。清廷秉政者无开阔的视野与变革的远见卓识,面对危亡局面又颟顸无能。面对前所未有的困局,不少士子高举"经世致用"的大旗,大力提倡在经济和政治领域进行改革,呼吁向西方先进的科学技术学习,以达到"师夷长技以制夷"的目的。

作为站在风口浪尖上的人物,左宗棠的《左宗棠家书》也自然成为清末社会与思想文化变局的见证。1833 年,年仅 21 岁的左宗棠初次赴京参加科举,有感于沿途见闻而写下《燕台杂感》八首七律诗,表达了自己对时局的隐忧,以及对沿途所见的民众艰难生活的哀叹:"世事悠悠袖手看,谁将儒术策治安? 国无苛政贫犹懒,民有饥心抚亦难。天下军储劳圣虑。升平弦管集诸官。青衫不解谈时务,漫卷诗书一浩叹。"

《左宗棠家书》记载了左宗棠在清咸丰二年(1852)到光绪九年(1883)这三十几年内写给家人至亲的信件,所涉内容十分丰富,小到人际交往和家庭事务的指陈,大到修身进德、治邦理国之道的论述,是左宗棠一生主要事迹和修身齐家、治学为政之道的生动体现。

从这一封封满怀深情的家书中,我们不仅可以看到一位父亲对后辈的谆谆教诲与殷切期望,还可以看到一位政治家的光明磊落与教育家的真知灼见。

三、主要内容及思想主旨

左宗棠出生于以耕读传家的下层贫困知识分子家庭,受其祖上的影响,十分看重对子孙的家庭教育。他认为:"一国有一国之习气,一乡有一乡之习气,一家有一家之习气。有可法者,有足为戒者。心识其是非,而去其疵以成其醇,则为一国一乡之善士,一家不可少之人矣。"但是因为左宗棠长年在外领军征战,频繁的军事活动和繁忙的政务工作,使他不能当面对子孙进行教导,只能通过家书的方式,对子孙言传身教。

《左宗棠家书》的内容丰富而切合家教的实际,形式灵活多样,文字感情真挚。左宗棠告诫子女们,读书并不是为了考取功名,而是要明白做人的道理。左宗棠还要求子女,无论是贫贱还是显达,都要始终保持寒素家风,做到严于律己、力戒奢华。

(一)教导子女为明理经世而读书

左宗棠非常重视子女的教育,对儿子们的读书情况始终高度关注,作为家庭的第一大事来抓,在家书中也经常强调"读书"的重要性。

咸丰十年(1860),左宗棠独领"楚军"出征江西时,曾给孝威、孝宽两子写信道:"我此次北行,非其素志。尔等虽小,亦当略知一二。世局如何,家事如何,均不必为尔等言之。惟刻难忘者,尔等近年读书无甚进境,气质毫未变化,恐日复一日,将求为寻常子弟不可得,空负我一片期望之心耳。夜间思及,辄不成眠,今复为尔等言之。尔等能领受与否,我不能强,然固不能已于言也。"但是,关于读书的理念与观点,左宗棠却与前人有所不同。

古代读书人,大多把读书作为通过科举考试考取功名的一种手段。寒窗苦读三十载,一朝科举中第,便可以扬名显亲、门闾光大。因此,许多父母对子女们最大的希望,也不外乎是科举中第,光耀门楣。左宗棠在 1856 年的一封家书中表示,"读书非为科名计,然非科名不能自养,则为科名而读书,亦人情也"。但左宗棠对自己子女明确多次指出,读书非为考取功名,读书为明理经世。

1861 年,在写给长子孝威的书信中,左宗棠说:"只要读书明理,讲求做人及经世有用之学,便是好儿子,不在科名也。"左宗棠得知长子孝威参加乡试但未中时,说:"榜已发矣,不中是意中之事,我亦不以一第望尔。尔年十六七,正是读书时候,能苦心力学,作一明白秀才,无坠门风,即是幸事。"

左宗棠不仅教育儿子不要为科名而读书,还要求不要让孙子为科名之计而读书。1876 年,在给次子孝宽的家书中,左宗棠认为,孙儿们读书,只要坚持下去,保持不间断就可以了,不用太过于严格督促他们,"读书只要明理,不必望以科名"。

他强调,向先贤们学习,不在于考取功名这一条路上。假若自己是品学兼优之君子,"即不得科第亦自尊贵"。如果只会写几个时髦的字文,模仿几篇流行的八股文章,作几句只是格式比较工致的诗句,用这样的手段骗来一个秀才、举人、进士、翰林的头衔,这样的人是没有什么大出息的。

同时,左宗棠对于该如何"读书",也提出了自己的见解:"读书做人,先要立志。想古来圣贤豪杰是我这般年纪时是何气象? 是何学问? 是何才干? 我现在哪一件可以比他? 想父母送我读书、延师、训课是何志愿? 是何意思? 我哪一件可以对父母? 看同时一辈人,父母常夸赞者是何好样? 斥詈者是何坏样? 好样要学,坏样断不可学。心中要想个明白,立定主意,念念要学好,事事要学好。自己坏样一概猛省猛改,断不许少有回护,断不可因循苟且,务期与古时圣贤豪杰小时志气一般,方可慰父母之心,免被他人耻笑。"

左宗棠教子孙读书,主张将读书明理与日常言行结合起来,以圣贤豪杰为榜样,学习身边的好人好事,警惕身边的坏人坏事,努力学做好人、做好事,"只要读书明理,讲求做人及经世"。

左宗棠主张读书不为科名计,读书为明理经世的思想是其家教思想中的宝贵财富。

(二)教导子女勿忘寒素家风

早年的贫苦经历对左宗棠有着深刻影响,他在家书中提道:"吾本寒生,骤致通显,四十年前艰苦窘迫之状今犹往来胸中。"所以在教育子女时,表示"富贵怕见开花",要求戒骄去奢,秉承寒素家风,勿沾纨绔子弟习气。

左宗棠认为自己从一普通儒生到现在督抚一方,从籍籍无名到声名显赫,只不过是短短几年工夫。所谓物极必反,仕途绚烂到了极点那就是将要衰竭的先兆。只有尽心竭力地把事情做好,才上可报答国家的培养,下能拯救黎民百姓于水火之中。他希望子女能低调内敛,比平常百姓家的后代更加地勤奋努力。只有这样,才能"诗书世泽或犹可引之弗替,不至一旦渐灭殆尽也"。

左宗棠为官清正廉洁,在外领兵打仗,从不克扣一分钱粮,"任疆圻三年,所余养廉不过一万数千金"。清政府的养廉银,左宗棠不以肥家之用,均随手散去,不留给子孙。家中除去周夫人的药用,教书先生的聘任费用外,"一切均从简省,断不可浪用,致失寒素之风,启汰侈之渐。惜福之道,保家之道也"。左宗棠后出任湘军高级将领,薪俸提高,家中生活也随之改善,但他仍对儿子们要求"不可乱用一文,有余则散诸宗亲之贫者",认为"惟崇俭乃可广惠也"。

左宗棠不仅对子女提出要求,更是以身作则,亲身践行"衣无求华,食无求美"。他在给儿子们的信中说:"自入军以来,非宴客不用海菜,穷冬犹衣温袍,冀与士卒同此苦趣,亦念享受不可丰,恐先世所贻余福至吾身而折尽耳。古人训子弟以'咬得菜根,百事可作',若吾家则可宜有进于此者,菜根视糠屑则已为可口矣。尔曹念之,忍效纨绔所为乎?"

他多次在家书中明言:"古人教子必有义方,以鄙吝为务者仅足供子孙浪费而已。吾之不以廉俸多寄尔曹者,未为无见。尔曹能谨慎持家,不至困饿。若任意花销,以豪华为体面;恣情流荡,以沈溺为欢娱,则吾多积金,尔曹但多积过,所损不已大哉!"

左宗棠"勿忘寒素家风"的风范与曾国藩极为相似。曾国藩也同样主张"有福不可享尽,有势不可使尽",认为"一家饱暖千家怨"。曾国藩曾在《日记》中称赞左宗棠的话"多见道之语":"季高言,凡人贵,从吃苦中来。又言,收积银钱货物,固无益于子孙,即收积书籍字画,亦未必不为子孙之累。"

(三)教导子女行善济困、普济天下

左宗棠自奉甚廉,对家中子弟的要求也十分严格,绝不允许奢侈浪费,但对生活较为贫困的亲戚朋友十分慷慨,经常巨资相助。特别是他担任总督之后,把养廉银的绝大部分都用在了扶贫济困、捐助公益事业等方面,并经常在家书中教导孩子们要乐于行善济困。

左宗棠扶贫济困首先从宗族亲戚开始。他在家书中曾说:"族众贫苦患难残废者,无论何人,皆宜随时酌给钱米寒衣,无俾冻饿。至吾五服之内必更有加,愈近则愈宜厚也。九、十两伯老而多病,除常年应得外,每年酒肉寒衣不可不供也。吾每念及,心滋戚焉,尔曹体之。"

左宗棠不仅救济宗族亲戚,对生活困难的往日故交、家中仆人,也常时时关心,加以周济。他在给诸子的家书中说:"周文荆来营,询其在长沙开小碓行,失本欠债至二三百千,而所分家产仅田一石数斗,子女又多,无以为生,此子老实可怜,具有先世谨厚有余,应有以恤之。大约除此间给盘川外,应由家中付银百两与之(或须再优,临时有信)。"当家中的仆人遭遇穷困时,他在信中也时常关照:"旧仆中所亟宜怜恤者周光照、曾昆厚两人,当极留意。光照近况如何?须另择佳处,俾其耕种获利。曾昆厚未与娶妇,已闻其腰脚受病,步履维艰,当急思所以恤之,俾得饱暖终身为要。"

至于曾与左宗棠并肩作战的同僚、战友、下属,左宗棠更是关怀备至。

遇到困顿抑或丧事，无不解囊相助。如他的好友蕈农的父亲去世时，他对儿子们说："蕈农顷得家信，己丁父忧。作书唁之，致百金为赙。我以前颇有分赠数百两之说，蕈农过长沙时，孝同可亲奉四百两为奠，切嘱，切嘱。"

左宗棠的乐善好施，不仅表现在对亲戚好友身上，对寒门读书人更是如此。同治七年（1868 年），长子孝威进京应试，左宗棠特地在信中说："同乡下第寒生见则周之。尔父三试不第，受尽辛苦，至今常有穷途俗眼之感，尔体此意周之为是。"并叮嘱孝威"同乡会试寒士可暗地查明告我"。当孝威遵照回复后，左宗棠感到欣慰进而交代："下第公车多苦寒之士，又值道途不靖，车马难雇，思之恻然……儿体我意，分送五百余金，可见儿之志趣异于寻常纨袴。惟闻车价每辆七八十金，寒士何从措此巨款？或暂时留京，俟事定再作归计，亦无不可。"

除了对个别寒士倾力相助，左宗棠在担任陕甘总督期间更是大力兴教，很多书院都是从他的养廉银中拨款兴办的。同治八年，湖南发生大洪灾，他虽远离湖南，闻之却忧心如焚，立即捐助万两白银，帮助家乡抗洪救灾。他每年捐给甘肃最高学府兰山书院学生的生活费高达白银数千两，愿为湖南省赈荒之用捐献万两白银，为家乡族邻备荒产粮买四百石的田土，但不愿拿银子在家乡为子孙购买私田。

他在 1870 年的《与孝威孝宽》信中说："尔等所说狮子屋场庄田价亦非昂，吾意不欲买田宅为子孙计，可辞之。吾自少至壮，见亲友作官回乡便有富贵气，致子孙无甚长进，心不谓然，此非所以爱子孙也。今岁廉项，兰州书院费膏火千数百两，乡试每名八两，会试每名四十两，将及万两，而一切交际尚不在内。明春拟筹备万两为吾湘赈荒之用，故不能私置田产耳。备荒谷本不宜即以买田，见买之四百石即留为族邻备荒用，但宜择经管任之，须稍筹经费加给经管。仁风堂亦宜分给，以全义举，此吾当寒士时与尔母惨淡经营者也。"

这种热心公益事业，不忘桑梓，不忘百姓，普济天下的情怀与义举，对左宗棠来说，绝不是一时一事，而是始终如一，贯彻终生的。左宗棠教育儿子们要行善济困、普济天下，身教重于言教，很多善事都是他自己掏出银子在书信中指示儿子们去执行。

"桃李不言，下自成蹊。"左宗棠担任总督二十多年，但是他留给四个儿子的银两只有他全部收入的大约百分之五，其他收入均用来周济困难的亲友寒士、兴教救灾等公益事业。他不仅是子孙的榜样楷模，更是一名伟大的慈善家，是中华民族传统美德的光辉典范。

（四）教导子女戒骄戒躁、求真务实

从亲身经历中，左宗棠感悟道："古人经济学问都在萧闲寂寞中练习出来。"像他这样数代贫寒的耕读之家，子弟们最忌侥幸浮躁心态，只一心求取功名，以求早日出人头地，浪得文人名士虚名，然则华而不实，终究一事无成。"然子弟欲其成人，总要从寒苦艰难中做起，多酝酿一代多延久一代也。"因此，左宗棠对子孙的教育主张是戒骄戒躁，要求求真务实。

1862年，左宗棠听说长子孝威在乡试中"幸中三十二名"，立刻语重心长地致信孝威："古人以早慧早达为嫌，晏元献、杨文和、李文正千古有几？其小时了了，大来不佳者则已指不胜屈……尔才质不过中人，今岁试辄高列，吾以为学业颇进耳。顷阅所呈试草，亦不过尔尔，且字句间亦多未妥适，岂非古人所谓'暴得大名不祥'乎？尔宜自加省惧，断不可稍涉骄亢，以贻我忧。"

这些皆与左宗棠一生不贪图虚名，不恋慕浮华，强调求真务实，讲求实效的作风相对应。他反复告诫儿子们，不必急于求取功名，不要沾上所谓的"名士气""公子气"："尔少年侥幸太早，断不可轻狂恣肆，一切言动宜慎之又慎。凡近于名士气、公子气一派断不可效之，以贻我忧。"他表示："目今人称之为才子、为名士、为佳公子，皆谀词，不足信。即令真是才子、名士、佳公子，亦极无足取耳。识之。"

与此相联系，左宗棠也再三教育儿子，要慎交游，少应酬。他对孝威说："少年新进，诸事留心考究，虚心询问，藉可稍资历练，长进学识。切勿饮食征逐，虚度光荫，每日读书识字，仍立功课。闻王老师清俭耐苦，人品心术甚为人所莫及，尔可时往请其教益。总要摆脱流俗世家子弟习气，结交端人正士，为终身受用，勿稍放浪以贻我忧。时政得失，人物臧否，不可轻易开口。少时见识不到，往往有一时轻率致为终身之玷者，最须慎之又慎。"

四、精彩片段选读

片段一

论耕田及读书之益处[1]

许行为神农之言，自孟子距之，后儒遂绝口不谈。鲁斋以治生为急，世

---

[1]　左宗棠著，李金旺主编：《左宗棠家书》，外文出版社，2012年版。下同。

或玩之。其实古人无不耕且读者，伊尹生于畎亩，孔谷躬耕南阳。宽衣博带，仰食于人，以官为家，臣饥欲死者，汉以后之学士大夫也。究竟治生何害？治生自以务农为先务，果欲为隐居求志之处士，太平有道之良民，合躬稼其何从乎？陶诗云：既耕亦已种，时还读我书。又曰，四体诚乃疲，庶无异患干。与其扣门乞食，何若带月荷锄之为乐乎！盖治生为吾儒之本分，谋利则高贾之贱行，此中义利界限甚谷。孔子之利樊须，孟子之责陈相，乃系就学人立志光立其大者远者而言，并非谓士人不当躬稼也。而后儒讲贯不谷，遂至博览群书，不知五谷，宁奔走于风尘，而怠荒于稼穑，名为学者，实等游民。鸣呼，此其弊也，岂独迂阔无用为人所诟病也哉！近日所著又得数篇，今门别类，纂辑成编，名曰《朴存阁农书》，大约十数篇耳。他日告成，拟即以此函中之意见，演为序论，未知吾兄以为然否？

译文

许行主张"教民农耕"的农家学说，自从被孟子拒斥之后，以后的儒家学者就都闭口不谈了。鲁斋把谋生当作要紧事来做，世上就有人嘲笑他。实际的情况是古时候的人没有不是边耕作边读书的，伊尹出身农家，诸葛亮在南阳亲自耕种。那些穿着肥大的衣服，系着宽大的衣带，靠着别人的供养生活，把当官作为职业却饿得都快死的人，是汉朝以后的学者士大夫。到底经营家业谋生计会有什么害处啊？谋生自然是把务农当作最要紧的事情，如果想要归隐成为追求自己理想的居士，或者是太平年代的安顺百姓，如果舍弃了耕种又该依靠什么生活呢？陶渊明在诗中说"既耕亦已种，时还读我书"，还说"四体诚乃疲，庶无异患干"。敲别人的家门靠乞讨生活，怎么能和伴着月光扛着锄头回家的乐趣相比呢？大概经营家业谋生计是我们儒家学者自己应尽的义务和责任，谋取利益是商人们的低贱行为，这里面道义和利益的界限非常明显。孔子训导樊须，孟子责问陈相，是针对学者儒生确立志向时应该志向远大来说的，并不是说学者就不应该亲自耕种。但是后来的儒生没有正确理解先生的教诲，于是就到了博览群书却五谷不分的地步，宁愿奔走在尘世中，却懈怠荒废了耕种，这样的人名义上是学者，实际上和无业游民没什么区别。唉，这种弊病，难道只是因为迂腐没用才被人们大加非议辱骂吗？最近这段时间我又写了几篇文章，按照门类把它们分开整理好，编纂成书，名叫《朴存阁农书》，大约有十几篇吧。等到完成了，我打算把从这封信中提取出的意见编写成序说、论述，不知道兄长认为这样可以吗？

片段二

与宽勋同诸子庚辰

君积世寒素,近乃称巨室,虽屡申儆不可沾染世宦积习,而家用日增,已有不能樽节之势。我廉金不以肥家,有余辄随手散去,尔辈宜早自为谋。大约廉余拟作五分,以一为爵田,余作四分,均给尔辈,每分不得过五千两也。爵田以授案子袭爵者,凡公用于此取之。吾生平志在务本,耕读而外别无所尚。三试礼部,即无意仕进。时值危乱,乃以戎暮起家,厥后以不求闻达于人,上动天鉴,逢节锡封,忝窃非分。复以乙料入阁,为家世未有之殊荣,国家特见之旷典,此岂梦想所能到!子孙能学吾之耕读为业,务本为怀,吾心慰矣。若必谓功名事业,高管显爵,无忝乃祖,此岂可期必之事,亦岂数见之事哉!或且以科名为门户计,为利禄计,则并耕读务本之素志而忘之,是谓不肖矣。

译文

我们家几代都是贫寒家庭,到最近这些年才称得上是大户人家,虽然我多次强调不能沾染世俗官宦人家的习气,但是现在家庭开支越来越大,已经有了遏制不住的势头。我的养廉银不是用来让家里富裕的,有剩余的我就随手发放出去,你们还是趁早自己谋取生路吧。我剩余的钱大概分成五份,一份用来置办爵田,其余的四份平均分给你们,每份不能超过五千两。爵田是传给承袭爵位的人的,凡是公共的开支都可以从这里获取。我一生都致力于务农,除了种田读书之外没有别的尊崇的东西。去礼部参加了三次考试,就不想在仕途上有什么作为了。当时正赶上动乱,我这才凭借军事才能起家,后来虽然不求声名显赫,却惊动了朝廷,给了我很高的地位和丰厚的赏赐,让我身居高位。后来我又以乙科进入内阁,这是家族里没有过的荣耀,也是国家前所未有的恩典,这即便是在梦里又怎么能得到呢?孩子们能够学习我以种地读书为本业,心里想着致力于务农,我心里感到很宽慰。如果一定要求取功名事业,尊崇的官职和爵位,不至于给你们的祖宗丢脸,这种事情怎么能够一定实现呢,又怎么会经常发生呢?也许可以姑且把科举功名作为支撑家庭门户的办法,作为谋取利益的途径,那么这样就连耕种读书的务本的志向都忘记了,这就是所谓的不肖子孙啊!

片段三

又癸亥（谕知受银之用意）

　　吾在军中自奉极俭，所得养廉银，除寄家二百金外，悉以捐赈。宁波海关，有巡抚平余银八千两，历任皆照例收受，我今日何需乎此款，本可裁，以其为陋规也，但裁之后，未必人皆似我之省约，则必爪敷用矣，岂可以我独揽清名，而致他人于窘境乎？因遂受之，仍以转送账局。书告尔等，应知取与皆当准之于义，而又不可不近人情也。

译文

　　我在军队里自己生活极为节俭，所得到的俸禄除了有二百两银子寄给家人以外，剩下的都捐出去赈灾了。宁波海关，有巡抚的八千两平余银，以前各届官员都按照惯例收纳，我认为现在不需要这笔款项，本来打算裁掉，因为这是不合理的规定，但是裁掉之后，人们不一定都像我这样节约，那么钱就不够花了，怎么能我一个人独揽清廉的美名，而使他人陷入窘迫的境况中呢？于是我就接受了，但是仍然把银子转交给赈灾机构。我写信告诉你们这件事，你们应该知道索取和给予都应该以道义作为自己的标准，但是又不能不近人情啊！

片段四

与孝宽戊辰（诫勿沾名士气）

　　闻汝幸入府庠，为之一慰。吾家本寒儒，世守耕读，吾四十以前，原拟以老孝廉终于陇亩，迫于世难，跃马横一心十余年，几失却秀才风味矣。尔之天资非高，文笔亦欠担拔，侥幸青衿，切勿沾沾自满，须知是读书本分事，非骄人之具也。吾尝谓子弟不可有纨绔气，尤不可有名士气，名士之怀即在，自以为才，日空一切，大言不惭，只见其虚骄狂诞，而将所谓纯谨笃厚之风悍然丧尽，故名士者，实不详之物。从来人说佳人命薄。一才人福薄，非天赋之薄也。其自戕自贼，自暴自弃，早将先人萌，自己根基所削尽矣，又何怪坎坷不遇，憔悴伤生乎！戒之戒之。

译文

　　听说你有幸进入府学，我感到很欣慰。我们家本来就是贫寒书生的家庭,世世代代以耕读为业,我四十岁以前,原本打算作为老举人终老田园,由于时局所迫,带兵打仗十几年,差点就丢掉了读书人的风尚了。你天资不算高,文笔也不够挺拔,侥幸进入府学,千万不能沾沾自喜,你要知道这是读书人本来就应该做的事,并不是用来骄傲的工具。我曾经告诫弟子不能有纨绔子弟的习气,尤其不能有名士的习气,如果有了名士的情怀,就会以为自己是很了不起的人才,目空一切,大言不惭,只会显得虚荣骄傲、狂妄怪诞,却把纯良严谨、老实忠厚的良好风气丧失殆尽,所以名士并不是什么好的事物。自古以来,人们都说佳人多薄命,有才能的人福分浅薄,不是天赋浅薄。那些人自己残害自己,自暴自弃,早已经把先辈积累下来的恩德和自己先天的基础砍削光了,又怎么能怪命运坎坷、怀才不遇,而变得憔悴不堪,伤感生平呢? 你一定要警惕、防备这类事情发生。

五、评价

《左宗棠家书》所涉内容十分丰富,小到人际和家庭事务的指陈,大到修身进德、治邦理国之道的论述,是左宗棠一生主要事迹和修身齐家、治学为政之道的生动体现,饱含了左宗棠教导子侄,要孝悌力田、克己复礼的殷切期望,他一生经世致用的学问,也都涵盖在这一封封情真意切的家书里。

《左宗棠家书》,既有一般仕宦世家教导后辈承袭祖业的传统性,也有在动荡年代求生存、图发展的时代性。不仅对我们当今子女的教导有很大的借鉴意义,而且对研究左宗棠的思想也具有重要价值。但是,我们也应该看到《左宗棠家书》的不足之处。由于左宗棠身处时代的局限性,难免受到封建社会重男轻女思想的影响,把自己的视线大多集中在四个儿子身上。所以家书的写作对象,大致都是自己的四个儿子——特别是长子左孝威,相较而言,左宗棠写给四个女儿的家书却是寥寥无几。

第十六章　梁启超《梁启超家书》

一、作者简介及代表作

梁启超(1873—1929),字卓如,号任公,又号饮冰室主人、饮冰子、哀时客、中国之新民、自由斋主人等。广东新会人。

梁启超是我国近代维新运动的代表人物,又是中国近代史上著名的政治活动家、启蒙思想家、文学家、史学家等。作为"言论之泰斗,近代之文豪",梁启超一生笔耕不辍,讲学不断,实践了他"战士死于沙场,学者死于政坛"的夙愿。但是梁启超积劳成疾,于1929年1月19日午后2时15分,结束了他激情烂漫、叱咤风云的一生。社会各界人士广泛悲悼。熊希龄、蔡元培、章太炎、杨度等纷纷呈上挽联。这些挽联对梁启超的一生做了高度评价。具有代表性的有蔡元培:"保障共和,应与松坡同不朽;宣传欧化,宁辞五就比阿衡。"杨杏佛:"文开白话先河,自有勋劳垂学史;政似青苗一派,终怜凭藉误英雄。"这些挽联从政治和学术上评价了梁启超的非凡成就。

同时,梁启超还是一名成功的教育家。他不仅自己功成名就,而且培养了一批优秀的学生,如著名诗人徐志摩、著名军事家蔡锷、著名史学家谢国桢等。儿女也个个出息成才,创造了一段"一门三院士,个个皆俊才"的佳话。长子梁思成是著名的建筑学家,他被英国著名学者李约瑟称为"中国建筑历史的宗师",他是中国运用现代科学技术分析我国古建筑的第一人。二子梁思永是著名的考古学家,他是我国第一个接受现代考古正式训练的学者,是科学田野考古的奠基人,现代考古教育的开拓者之一,引进和传播了现代考古方法,提高了我国考古发掘的水平。五子梁思礼是著名的火箭控制系统专家,他是我国航天可靠性工程学的开创者和学科带头人之一,航天CAD(计算机辅助设计)的倡导人和奠基者,为我国航天事业做出了巨大的贡献。1943年,梁思成和梁思永都被评选为中央研究院首届院士,1993年,梁思礼当选为中国科学院院士。"一门三院士"在中国现代史上是绝无仅有的,甚至在整个世界上也实属罕见。

梁启超的其他子女也是"个个皆俊才"。长女梁思顺具有广博的诗词素养,编有《艺蘅馆词选》;三子梁思忠任国民党十九路炮兵校官,是梁启超所有孩子中政治热情最高的一位;次女梁思庄是著名的图书馆学家,她是"浩瀚书海中的女领航员",一生致力于西文编目、参考咨询和教育工作,为我国图书馆事业做出巨大贡献;四子梁思达,长期从事经济学研究,心系国计民生;三女梁思懿,是我国著名的社会活动家,积极奉献于祖国的公益事业;四女梁思宁,弃笔从戎,抗日战争时,她毅然投身革命,成为一名新四军的战士。

梁启超的家教可以说是非常成功的,甚至可以称为一个传奇。儿女们在各个领域所取得的成就,并非偶然。这不仅与他们个人的勤奋努力相关,也与梁启超的家庭教育息息相关。五子梁思礼曾说:"是父亲的思想使我终身受益。"然而能够形成中学与西学思想的融合、"趣味主义"教育、"学而优不仕",爱国主义思想贯穿始终的独特的梁氏家庭教育,与当时特殊的社会时代和他个人的成长经历是密切相关的。

二、作品的时代背景

梁启超出生在一个翻天覆地的年代。郑振铎曾这样形容梁启超出生的年代,"他生于同治十二年癸酉正月二十六日,正是中国受外患最危急的一个时代,也正是西欧的科学、文艺以排山倒海之势输入中国的时代;一切旧的东西,自日常用品以至社会政治的组织,自圣经旧典以至思想、生活,都渐渐地崩溃了,被破坏了,代之而起的是一种崭新的外来东西,梁氏恰恰生于这一个伟大的时代,为这一伟大时代的主动角之一"。在这样一种时代下,中国已经积累了三千年的传统家教思想,由鼎盛转向了衰弱。西方资本主义思想的侵入,导致中学与西学发生碰撞。梁启超的家庭教育思想自然受到了影响。

1911 年 10 月 10 日,革命党人在武昌打响了第一枪,辛亥革命的风暴席卷全国,终在 1912 年元月,"中华民国"成立,辛亥革命以胜利结束。中国结束了两千多年的封建帝制,开启了它的新纪元。

1916 年,梁启超任职段祺瑞内阁的财政总长。1917 年,张勋与康有为拥护溥仪为皇帝,恢复大清国,举国震惊。梁启超更是写信给其师康有为,反对复辟帝制。虽然梁启超之前一直支持康有为的君主立宪,但是梁启超深知当时的时势环境绝对不适合复辟帝制。这就表明了梁启超"吾爱吾师,吾更爱真理"以及"不惜以今日之我难昨日之我"的思想特质,也是这一特质铸就了梁启超的辉煌,梁启超的政治主张并不是一味地多变,善变,他只是顺应着社会时代的发展而发展。

因看不惯军阀的黑暗统治,梁启超于1918年辞职,离开政界,回归于学术和教育事业。同年,他开启了欧洲之行,看到了一个战后贫困、混乱的欧洲。梁启超在《欧游心影录》中重新审视了中国传统文化,他并不像当时的知识分子一样,否定中国文化,全盘西化。他认为,中国传统文化应与西方文化相结合,再造更灿烂的中华文明。而这些,他也运用到对子女的教育上,梁启超不仅仅要求他的子女学习中国传统文化知识,也要求他们学习西方的科学知识。

欧游归国后,自1920年到1929年逝世,梁启超的主要活动已从政治转向了学术、教育领地,身份从一个政客转变为学者、教授。梁启超组织共学社和讲学社,受聘南开大学,开始到全国各地进行巡回讲演,主持清华大学国学研究院,与王国维、赵元任、陈寅恪并称为四大导师,并担任北京图书馆、京师图书馆馆长。虽然梁启超厌恶官场的腐败黑暗,但是他并没有忘情于政治,主编《改造》杂志发表政见,鼓吹国民运动,甚至希望组建区别于国民党和共产党的第三党,等等。这与形成"学而优不仕",但"学问与政治始终相结合"的独特梁氏教育相关。

梁启超一生著述高达1400万字,他还一直特别重视子女教育,忙中挤空给孩子们讲书,批改日记、作文。为让孩子得到优质的教育,不计成本地送思成、思永、思忠、思庄外出留学,每次家书都少不了越洋寄大笔钱做学费和生活费,鼓励思成和徽因毕业去做欧洲游而不是做工,贴心地为他们解决费用问题。

梁启超是严父,要求和期待是极高的,但他丝毫没有做父亲的架子,而是一个与小孩子交心做朋友的大孩子。每封家书的称呼都让人看得肉麻,情感炽烈地呼唤孩子们为"大宝贝""小宝贝""Baby思顺""老白鼻"等,毫不遮掩对孩子们的亲热,告诉思顺自己在一张纸上写满了"我思念思顺",对孩子们直言"你们走后我很寂寞""对着月想你们""实在想得很"。

梁启超在家书中对日常生活琐事、国家大事评论和文学艺术创作中不间断地输出观点、做出表率以影响孩子们的为人处世。在家书中不仅关心孩子们的学业、事业和终身大事,还关心孩子们的兴趣、欢乐和苦闷,分享"乡音无改把猫摔"的闹笑话日常,更像面对好友一样对着孩子倾诉自己的脆弱和烦恼,"汝悉我今夕之苦闷耶",在妻子病逝后对孩子说出自己内心的隐秘"总觉得你妈妈这个怪病,是我们那一回架打出来的,我实在哀痛至极,悔恨至极"。

"我自己常常感觉我要拿自己做青年的人格模范,最少也要不愧做你们姊妹兄弟的模范,我又很相信我的孩子们,个个都会受我这种遗传和教训,不会因为环境的困苦或舒服而堕落的",梁启超一生确如自己所说。而他的《梁启超家书》也给后人留下了宝贵的家庭教育思想财富。

三、主要内容及思想主旨

梁启超被称为"百科全书式"的巨人,他的思想涉及各个方面,比如,政治、文学、经济、历史、哲学、宗教等。他的家庭教育伦理思想只是他众领域思想的一个剪影。虽然只是他众领域思想的一个剪影,但是这家教思想经过时光的洗涤,依旧熠熠生辉。放到当今时代,仍然具有积极意义。

《梁启超家书》主要收录了从 1912 年到 1928 年梁启超给子女的家书,家书内容始终贯穿着对祖国无限的热爱,要求孩子们弘扬民族精神,时刻记着要回报社会之恩,"总要在社会上常常尽力,才不愧为我之爱儿。人生在世,常要思报社会之恩"。而在梁启超最重视的德行教育方面,他要求孩子们发挥寒士家风,时常耳提面命:"生活太舒服,容易消磨志气。"遵循儒家孝悌为本的思想,梁启超以身作则,对自己的祖父、父亲十分孝顺,也要求自己的子女常常写信给他们的祖父,以示安禀。而且在父亲去世后,对细婆(梁启超的继母)也是悉心照料,孝顺有加。在学问研习方面,梁启超并不要求孩子们一味地死读书,求取功名利禄。他教育孩子们在学习知识方面要求真、求博、求通;做学问必须"猛火熬"和"慢火炖"两种方法循环使用;告诫儿女,求学问并不是求文凭,而是真真正正能学到知识。九个儿女各有所成,虽与他们各自的努力有关,但也与梁启超别具一格的教育方式息息相关。小儿子梁思礼曾这样评价其梁启超:"父亲伟大的人格,博大坦诚的心胸,趣味主义和乐观精神,对新事物的敏感性和严谨的治学态度都是我们取之不尽、用之不竭的精神源泉。他一生写给孩子们的信有几百封,这是我们兄弟姐妹的一笔巨大财富,也是社会的一笔财富。"从家书中,我们可以感受到梁启超先生的家庭教育思想。

(一)培养子女的爱国情怀

梁启超在对子女的教育上,爱国之心始终贯穿其中。即使子女出国留学在外,梁启超依旧没有放下对他们的爱国教育。他在为孩子们选择专业,将来做的工作时,都与当时的国家形势相联系,希望他们学有所成,回来报效祖国。梁启超为孩子们选择了当时的冷门专业,但却是国家所缺失的专业。思成选择建筑行业,梁启超希望他在美国学业完成后,再去欧洲学习一年。回来之后,去环境艰苦的东北大学教学。对于思永选择考古专业,他的女儿梁柏有提起过,思永选择考古专业,完全是受梁启超的影响。因为当时,很多的"外来客"来中国挖掘宝藏,得手后再偷运出国牟取暴利。梁启超不愿看着自家宝贝流落异乡,所以希望思永选择考古专业。而梁启超当时还想让思庄选择生物专业,他在给思庄的信中说道:"我很想你以生物学为主科,⋯⋯学回来后本国的生物随处可以采集试验,容易有新发明。截到今日止,中国女子还没有入学这门(男子也很少),你来做一个'先登者'不好吗?"由于思庄的兴趣并不在生物学上,最后并没有选择生物专业,而是选择了图书管理专业,并在这一行业取得了令人瞩目的成就。

梁启超曾强调,对于一家而有一家之责任,对于一国而有一国之责任,对于世界而有世界之责任。"人生最大的目标,是要向人类全体有所贡献""个人不是把自己的国家弄到富强便了,却是要叫自己国家有功于人类全体"等等。梁启超的民族精神,不仅仅是表达对自己国家热爱的狭隘之情,他还爱其他国家,爱整个世界。梁启超教育子女,要爱自己的父母、家庭、国家,那是因为一切事物皆是受"身外者之赐"。所以要常常思报社会之恩。

1919 年,梁启超给思顺写信说道:"总要在社会上常常尽力,才不愧为我之爱儿。人生在世,常要思报社会之恩。因自己地位,常常做的一分是一分,便人人都有事可做了。"他教导子女"人生天地间,各有责任",所以我们"总是做我们责任内的事,成效如何,自己能否看见,都不必管"。尽自己最大的努力去疗治中国的积患,就好过那些"最可恶、可憎、可鄙"的旁观者的有用的人。

在梁启超的教育下,他的儿女们各个怀着感恩之心做人,以公益之心立世,都成了很有社会责任感的公民。他们将自己的所学都极尽所能地运用到国家所需要的行业上,回报社会之恩。"献身甘作万矢的,著论求为百世师。"这首荡气回肠的诗句一直陪伴着梁启超和他的子女们,他们将一切都奉献给了祖国。

(二)培养子女的坚毅品质

梁启超时常教育子女,人生并非一帆风顺,每个人都会有身处忧患的时候,那么培养直面忧患的乐观态度就成了人生取胜的关键。除此之外,在舒适的环境下不要迷失自己也是梁启超教育子女的一个方面。他认为"一个人若是在舒服的环境中会消磨志气,那么在困苦懊丧的环境中也一定会消磨志气","有志气的孩子,总应该往吃苦的路上走"。

他在书信中,常以自身经历,不惧挫折、常思进取、不厌不倦的精神教育自己的儿女。1915 年,梁启超处于战乱之中,却两次致信给思顺说:"处忧患最是人生幸事,能使人精神振奋,志气强力。两年来所境较安适,而不知不识之间德业已日退,在我犹然,况于汝辈。今复还我忧患生涯,而心境之愉快,视前此乃不啻不壤,此亦天之所以,玉成汝辈也。"1916 年 3 月 20 日,梁启超前往广西梧州,当地所住环境非常艰苦,脏秽的被褥,数以百计的湿蚤,到凌晨四点都不能睡着。"今方渴极,乃不得涓滴水,一灯如豆,油且尽矣",但是他还是反思自己,"因念频年佚乐太过,致此形骸,习于便安,不堪外境之剧变,此吾学养不足之证明也。人生惟常常受苦乃不觉苦,不致为苦所窘耳。更念吾友受吾指挥效命于疆场者,其苦不知加我几十倍,我在此已太安适耳"。梁启超还把自己所写的《从军日记》视为对其子女"最有力之精神教育",因此把它寄给长女思顺,并让思顺"以示诸弟"。在信中,梁启超谆谆告诫诸子女和女婿希哲,人生挫折乃是常见之事,应该坦然面对,勇敢克服。在梁启超的晚年,由于政局动荡、官场黑暗,也为了让孩子们"常长育于寒士之家庭,即受汝等以自立之道",他决定退出政界。在他卓然自立的精神品质影响、熏陶之下,他的孩子们都养成了坚韧不拔、不愿屈服的精神,靠自己的艰苦奋斗、自强自立,书写了属于他们自己的人生绚丽篇章。

(三)培养子女的寒士家风

宋代司马光曾说:"众人皆以奢靡为荣,吾心独以俭素为美。"南宋诗人陆游也曾说道:"天下之事,成于困约,败于奢靡。"历代的家训,都提倡勤俭的家风,梁启超吸取了古代家训、家范的内容,也受晚清名臣曾国藩的影响,提倡"寒士家风"。梁启超所指的"寒士家风",不仅仅是指生活上的,更重要的是要像"寒士"那样勤俭而又好学上进。正如清朝的王师晋说的:"俭之一守诸美毕备,非独钱已也。"

民国时期,梁启超忙于从政、著书、讲学等,收入非常可观。在 1912 年他给长女思顺的信中说道:"吾若稍自贬损,月入万金不难。"这在当时是非常可观的一笔收入,但是梁启超并没有让自己的孩子过上奢靡的生活,他把这笔钱存下来给自己的孩子们留学海外所用，物质生活只是满足于日常开销而已。梁启超认为人类精神生活不能离开物质生活而独自存在，但又认为，人类对物质生活的追求，应该以不妨碍精神生活为限度。因此，他不仅为孩子们成才创造机会、铺平道路，而且也使他们经受人格的磨炼。这样的教育对他的孩子们在以后的生活中遇到坎坷时依旧能不气馁起着重要的影响。

"磨炼人格"是梁启超对儒家修身学说的继承和发展，从而在人格教育中凸显德行修养。人格的磨炼，是梁启超家教思想的重心，在物质生活与精神生活方面，梁启超更加偏向于精神作用。"生当乱世，要吃得苦，才能站得住（其实何止乱世为然），一个人在物质上的享用，只要能维持生命便够了。至于快乐与否，全不是物质完全可以支配。能在困苦中求出快乐，才真是会打算盘哩。"虽然在民国初年，梁启超的物质收入非常可观，但是优越的生活并没有让他得意忘形。他时常告诫孩子们要守住寒士家风，告诫他们"人生惟常常受苦乃不觉苦，不致为苦所窘耳"。思顺在信中向梁启超抱怨生活艰苦，梁启超多次给思顺写信说道："几个孙子叫他们尝尝寒素风味，实属有益。""你和希哲都是寒士家风出身，总不要坏家门本色，才能给孩子们以磨练人格的机会。"1923年，梁思成去参加北京学生的"国耻日"纪念活动，不幸因交通事故而受伤，只好推迟一年出国留学，他为此郁郁寡欢。梁启超劝勉道："汝平生处境太顺，小挫折正磨练德性之好机会。"梁思成学成归国后，东北大学与清华大学都同时向梁思成发出邀请，梁启超认为"清华园是'温柔乡'"而"颇不愿"梁思成"消磨于彼中"，并且说"使汝等常长育于寒士之家庭，即授汝等以自立之道也"。由此不难看出，梁启超不愿子女忘记寒士家风，而担心子弟失去勤苦耐劳的品质。

（四）教导子女要以孝为本

孟子说："亲亲而仁民，仁民而爱物。""亲亲"就是指要以孝为本，要爱自己的亲人。梁思成重视"治家"学说，他为孩子们营造了一个孝敬长辈、夫妻恩爱、兄友弟恭的温馨的家庭氛围。梁启超在教育子女方面，非常重视陶冶亲情。他在家书中时常提醒孩子们要尊敬长辈、孝敬长辈。

民国初年，梁启超的父亲梁宝瑛回到广东家乡居住。而梁启超则就职于北京政府，他希望父亲能在自己身边以朝夕侍奉之。在1912年，梁启超写信给长女思顺说："祖父南归一行，自非得已。然乡居如何可久，且亦令吾常悬悬。望仍以吾前书之意,力请明春北来为要……又小说两部呈祖父消闲。"为此,他还要求思顺与思成,每十天寄一封信给他们的祖父。1916年,梁宝瑛逝世后,梁启超致书孩子们:"新遭祖父之灾,来禀无哀告语,殊非知礼。汝年幼姑勿责也。"

梁启超15岁时,其母亲就因难产而逝世。而在外求学的梁启超未能给母亲送葬,而成为终生憾事。在父亲去世后,梁启超依旧善待其继母,并劝说她来天津同住。1926年,梁启超的四妹去世,梁启超非常悲痛,但同时他更加担心继母。在给孩子们的信中,梁启超说:"四姑的事,我不但伤悼四姑,因为细婆太难受了,令我伤心。现在祖父祖母都已弃养,我对于先人的一点孝心,只好寄在细婆身上,千辛万苦,请了出来,就令他老人家遇着绝对不能宽解的事(怕的是生病),怎么好呢? 这几天全家人合力劝慰他,哀痛也减了些。"

1925年,梁启超的妻子李蕙仙病逝。梁启超异常悲痛,他将妻子生病逝世的部分缘由归结为自己,认为正是某次冲突让妻子抑郁在心:"顺儿啊,我总觉得你妈妈这个怪病,是我们打那一回架打出来的。我实在哀痛至极,悔恨至极,我怕伤你们的心,始终不忍说,现在忍不住了,说出来也像把自己罪过减轻一点。"后来,他为妻子写了一篇祭文《祭梁夫人文》:"……我德有阙,君实匡之;我生多难,君扶将之;我有疑事,君榷君商;我有赏心,君写君藏;我有幽忧,君噢使康;我劳于外,君煦使忘;我唱君和,我揄君扬;今我失君,只影彷徨。"

梁启超将这篇包含真挚感情的祭文寄给了远在海外的儿女们,他希望借这篇祭文教育自己的子女,要懂得承担家庭的责任,感悟以孝为本的亲情,明白学会感恩的必要。

梁启超与他的二弟,一生情笃不渝。戊戌变法失败后,梁启超远走日本,他的二弟梁启勋远渡重洋,在美国哥伦比亚大学读经济学。梁启超结束流亡,回到自己的祖国时,梁启勋时常伴在左右,帮助梁启超处理公私事务。梁启超住院后,生活上更离不开梁启勋了。在梁启超的妻子李蕙仙逝世后,她的墓园工程,都是梁启勋帮着操办的。梁启超多次写信给海外的儿女,让他们对这位二叔一定要表示感谢之意。"你二叔这个月以来天天在山上监工(因为石工非监不可),独自一人住在香云宾馆,勤劳极了。你们应该上二叔一书致谢。"梁启超认为这些事,本该是孩子们做的,"本来是成、永们该做的,现在都在远,忠忠又为校课所追,不能效一点劳,倘若没有这位慈爱的叔叔,真不知如何办得下去。我打算在下葬后,叫忠忠们下二叔磕几头叩谢。你们虽在远,也要各写一封信,恳切陈谢(庄庄也该写),谅来成、永写信给二叔更少,这种弟子之礼,是要常常在意的,才算我们家的好孩子"。

(五)教导子女踏实求学

梁启超的九个儿女各个博通古今,化合中西。而这些都离不开梁启超对他们学问研习方面的教导。他并不像当今的教育者那样,一味要求孩子们注重学习的成果,而是注重学习的过程。要求孩子们在求知过程中要求真、求博、求通;处理知识点要"猛火熬"和"慢火炖";告诫孩子们求学问并不是求文凭,关键是自己学到了多少知识。

他要求自己的儿女,在学问研习中一定要做到"求真""求博""求通"。梁启超认为:"学问之道,力求博大而又精深,专精不易,博通更难。专精不离开某种程度的博学,没有广博的知识为基础,专精很难深入下去。"他强调"求真""求博""求通"应该是相互联系、紧密结合的。思成致书给梁启超说自己每日重复着画图这种枯燥呆板的工作,觉得这样的学习并不能实现他心中的理想,害怕自己将来成为一个只知道画图的画匠。梁启超给孩子们的信中特地回答了思成这一疑惑:"孟子说:'能与人规矩,不能使人巧。'凡学校所教与所学总不外规矩方面的事了,若巧则要离了学校方能发见。规矩不过求巧的一种工具,然而终不能以此为教,以此为学者,正以能巧之人,习熟规矩后,乃愈益其巧耳。……"梁启超告诫思成,熟能生巧,只有把学校的知识尽量学足,将来到欧洲回中国,将未学的"规矩"都补学足,日后才能将自己的所学运用到实践中去,从而取得成就,为国家贡献一分自己的能力。梁启超的这些话语其实只是要告诉他的儿女们,学知识,贵在专精,要将自己的专业学科学精、学透。思成学的是建筑专业,思永学的是考古专业,梁启超认为这两个专业有互通之处,所以希望俩兄弟在各自的专业领域互相学习观摩,充实各自的专业学识。"思成和思永同走一条路,将来互得联络观摩之益,真是最好没有了。"

虽然梁启超希望思成在自己的专业领域学精一点,但是他同样注重"博通","一个人想要交友取益,或读书取益,也要方面稍多,才有接谈交换、或开卷引进的机会",他告诫思成,"思成所学太专门了,我愿意你趁毕业后一两年,分出点光阴多学些常识,尤其是文学或人文科学中之某部门,稍为多用点工夫,我怕你所学太专门之故,把生活也养成近于单调,太单调的生活,容易厌倦,厌倦即为苦恼,乃至堕落之根源"。谈及思庄的学业问题,梁启超信中提道:"专门学科之外,还要选一两样关于自己娱乐的学问,如音乐、文学、美术等。据你三哥说,你近来看文学书不少,甚好,甚好。你本来有些音乐天才,能够用点功,叫它发荣滋长。"

早在 1926 年时,梁启超致书给孩子们,信中提道:"庄庄暑假后进皇宫大学最好,全家都变成美国风实在有点讨厌,所以庄庄能在美国以外的大学一两年是最好不过的。"梁启超希望他的孩子们能受到不同风格式的教育,以便他们之间能相互学习,相互切磋。

由此可知,在治学方法上,梁启超要求孩子们要"求真""求博""求通",提出自己的意见和想法,但是他也尊重孩子们的兴趣选择,绝不干涉他们的选择。除此之外,梁启超极力主张趣味主义。在他看来,有了兴趣,生活才有动力,趣味丧失,生活便没有了意义。"凡人必常生活于趣味之中,生活才有价值。"因此,他的这种治学方法使他的儿女们不仅具有深厚的专业知识基础,同时也具有广博的文化功底,个个都是自己专业知识领域的精英。

梁启超反对古代的死记硬背、不求甚解的读书方法。他认为,要主张依循孩子们的天性,采用循序渐进的学习方法。为此,他告诫孩子们,千万不能急于求成。1927 年 8 月 29 日,梁启超写信给梁思成:"凡做学问总要'猛火熬'和'慢火炖'两种工作,循环交互着用去。在慢火炖的时候才能令所熬的起消化作用融洽而实有诸己。思成,你已经熬过三年了,这一年就该用炖的工夫。不独你身子有益,即为你的学业计,亦非如此不能得益。"1912 年12 月,他多次致书给长女思顺,叮嘱她求学不必太急于求成,"汝求学总不必太急,每来复十四小时总嫌太多,多留两三个月,绝不关紧要"。

梁启超主张劳逸结合,不能过分地操劳于工作学习。所以他要求"来复日必须休息,且需多游戏运动"。对于子女"每来复十四小时",他认为"大不可"。他认为"做学问,有点休息,从容点,所得才会深刻点;所以你不要只埋头埋脑做去"。从中我们可以领悟到梁启超治学之道的原则"优游涵饮,使自得之",跟孟子的"深造自得"亦有异曲同工之意。

清末废科举后,梁启超非常担心,人们对学习的兴趣大减,一些人出国留学只是为了混个文凭,并不在乎自己学到了多少真才实学。对此世风,梁启超感到非常无力,所以他告诫自己的儿女们,在学问研习方面,一定要做到务实,反对在学问上贪图虚名,急于求成。思庄刚刚入学加拿大中学学习,由于英语基础薄弱,一次考试只考了全班第 16 名,心里感到非常难过。

梁启超知道这个情况后，立即致书给思庄："成绩如此，我很满足了，因为你原是提高一年和那按级递升的洋孩子们竞争，能在 37 人中考到 16 名，真亏了你。"不久，由于思庄的勤奋好学，成绩一跃为班上前几名，很多加拿大的孩子都要向她请教功课，她终于如梁启超所言那样，超过了那些洋孩子们。梁启超告诫思庄："'求学问不是求文凭'，总要把墙基筑得越厚越好，你若看见别的同学都入大学，便自己着急，那便是'孩子气'了。"由于梁启超的这些教诲，1930 年，思庄获得了加拿大麦基尔大学文学学士学位，次年到美国专攻图书馆学，获得了美国哥伦比亚大学图书馆学学士学位，成为我国著名的图书馆学的专家，为我国图书馆管理事业做出了巨大贡献。

梁启超的这种治学教育，与当时的世风截然不同，他告诫孩子们，学问的根本不在于追求虚名，而是求真求实。虚名可能能让你风光一时，但是真才实学才能让你永恒得到；虚名可以通过金钱权力得到，但是学问本身必须经历艰苦的磨炼、勤奋的专研才能得到。梁启超鼓励孩子们，"学业切宜勿荒"，这并非是为了应付考试，取得文凭，谋取职位，而是真正地获得真才实学。所以梁启超的儿女们并不像某些世家子弟那样，依靠家族的关系混得一官半职，他们是凭借自己的真才实学，在各自的领域取得骄人的成就。

四、精彩片段选读

片段一

致思成书

汝母归后说情形，吾意以迟一年出洋为要，志摩亦如此说，昨得君劢书，亦力以为言。盖身体未完全复元，旅行恐出毛病，为一时欲速之念所中，而贻终身之戚，甚不可也。

人生之旅历途甚长，所争决不在一年半月，万不可因此着急失望，招精神上之萎薾。汝生平处境太顺，小挫折正磨练德性之好机会，况在国内多预备一年，即以学业论，亦本未尝有损失耶。吾星期日或当入京一行，届时来视汝。

民国十二年七月二十六日

片段二

<h2 style="text-align:center">致顺、成、永、庄书〔1〕</h2>

爱儿思顺、思成、思永、思庄：

葬礼已于今日(十月三日,即旧历八月十六日)上午七点半钟至十二点钟止,在哀痛庄严中完成了。

葬前在广惠寺做佛事三日。昨晨八点钟行周年祭礼,九点钟行移灵告祭礼,九点二十分发引,从两位舅父及姑丈起,亲友五六十人陪我同送到西便门(步行),时已十一点十分(沿途有警察照料),我们先返,忠忠、达达扶枢赴墓次。二叔先在山上预备迎迓(二叔已半月未下山了)。我回清华稍憩,三点半钟带同王姨、宁、礼等赴墓次。直至日落时忠等方奉枢抵山。我们在甘露旅馆一宿,思忠守灵,小六、煜生陪他一夜。有警察四人值夜巡逻,还有工人十人自告奋勇随同陪守。

今晨七点三十五分移灵入圹。从此之后,你妈妈真音容永绝了。全家哀号,悲恋不能自胜,尤其是王姨,去年产后,共劝他节哀,今天尽情一哭,也稍抒积痛。三姑也得尽情了。最可怜思成、思永,到底不能够凭棺一恸。人事所限,无可如何,你们只好守着遗像,永远哀思罢了。我的深痛极恸,今在祭文上发泄,你们读了便知我这几日间如何情绪。下午三点钟我回到清华。现在虽余哀未忘,思宁、思礼们已嬉笑杂作了。唐人诗云:纸灰飞作白蝴蝶,血泪染成红杜鹃。日落狐狸眠冢上,夜归儿女笑灯前。真能写出我此时实感。

昨日天气阴霾,正很担心今日下雨,凌晨起来,红日杲杲,始升葬时,天无片云,真算大幸。

此次葬礼并未多通告亲友,然而会葬者竟多至百五六十人。各人皆黎明从城里乘汽车远来,汽车把卧佛寺前大路都挤满了。祭席共收四十余桌,送到山上的且有六桌之多,盛情真可感。

你们二叔的勤劳,真是再没有别人能学到了。他在山上住了将近两个

---

〔1〕　梁启超:《梁启超家书》,陕西师范大学出版社有限公司,2011年版,第108～111页。

月，中间仅入城三次，都是或一宿而返，或当日即返，内中还开过六日夜工，他便半夜才回寓。他连椅子也不带一张去，终日就在墓次东走走西走走。因为有多方面工程他一处都不能放松。他最注意的是圹内工程，真是一砖一石，都经过目，用过心了。我窥他的意思，不但为妈妈，因为这也是我的千年安宅，他怕你们少不更事，弄得不好，所以他趁他精力尚壮，对于他的哥哥尽这一番心。但是你们对于这样的叔叔，不知如何孝敬，才算报答哩。今天葬礼完后，我叫忠忠、达达向二叔深深行一个礼，谢谢二叔替你们姐弟担任这一件大事。你们还要每人各写一封信叩谢才好。

我昨日到清华憩息时，刚接到你们八月三十日来信。信上起工程的那几句话，哪里用着你们耽心，二叔早已研究清楚了。他说先用塞门特不好，要用塞门特和中国石灰和和做成一种新灰，再用石卵或石末或细砂来调，某处宜用石卵，某处宜用细砂，我也说不清楚，但你二叔讲起来如数家珍。砖缝上一点泥没有用过，都是用他这种新灰，圹内圹虽用砖，但砖墙内尚夹有石片砌成的圹，石坛都用新灰灌满，圹内共用新灰原料，专指塞门特及石灰，所调之砂石等在外，一万二千余斤。二叔说算是全圹熔炼成一整块新石了。开穴入地一丈三尺，圹高仅七尺，圹之上培以新灰炼石三尺，再培以三尺普通泥土，方与地平齐。二叔说圹外工程随你们弟兄自出心裁，但他敢保任你们要起一座大塔，也承得住了。据我看果然是如此。

圹内双冢，你妈妈居右，我居左。双冢中间隔以一墙，墙厚二尺余，即由所谓新灰炼石者制成。墙上通一窗，丁方尺许。今日下葬后，便用浮砖将窗堵塞。二叔说到将来我也到了，便将那窗的砖打开，只用红绸蒙在窗上。合葬办法原有几种：（一）是同一冢，内置两石床，这是同时并葬乃合用，既分先后，则第二次，葬时恐伤旧冢，此法当然不适用；（二）是同一坟园分造两冢，但此已乖同穴之义，我不愿意；（三）便是现今所用两冢同一圹，中隔以一墙，第二次葬时旧冢一切不劳惊动，这是再好不过了。还有一件是你二叔自出意匠：他在双冢前另辟一小院子，上盖以石板，两旁用新灰炼石，墙前面则此次用砖堵塞，如此则今次封圹之后，泥土不能侵入左冢，将来第二次葬时将砖打开，葬后再用新灰炼石造一堵，便千年不启。你二叔今日已将各种办法，都详细训示思忠，因为他说第二次葬时，不知他是否还在，即在也怕老迈不能经营了。所以要你们知道，而且遵守他的计划。他过天还要画一圹内的图，将尺寸说明，预备你们将来开圹行第二次葬礼时用。你们须留心记着，不可辜负二叔两个月来心血。

工程坚美而价廉，亲友参观者无不赞叹。盖因二叔事事考究，样样在行，工人不能欺他，他又待工人有恩礼，个个都感激他，乐意出力。他说从前听见罗素说：中国穿短衣服的农人、工人，个个都有极美的人生观。他前次不懂这句话怎么解，现在懂得了。他说，住在都市的人都是天性已漓。他这两个月和工人打伙，打得滚热，才懂得中国的真国民性。我想二叔这话很含至理，但非其人，也遇着看不出罢了。

二叔说他这两个月用他的科学智识和工人的经验合并起来，新发明的东西不少，建筑专家或者还有些地方要请教他哩。思成你写信给二叔，不妨提提这些话，令他高兴。二叔当你妈妈病时，对于你很有点恼气，现在不知气消完了没有。你要趁这机会，大大的亲热一下，令他知道你天性未漓，心里也痛快。你无论功课如何忙，总要写封较长而极恳切的信给二叔才好。

我的祭文也算我一生好文章之一了。情感之文极难工，非到情感剧烈到沸点时，不能表现他(文章)的生命，但到沸点时又往往不能作文。即如去年初遭丧时，我便一个字也写不出来。这篇祭文，我作了一天，慢慢吟哦改削，又经两天才完成。虽然还有改削的余地，但大体已很好了。其中有几段，音节也极美，你们姊弟和徽音都不妨热诵，可以增长性情。

昨天得到你们五个人的杂碎信，令我于悲哀之中得无限欢慰。但这封信完全讲的葬事，别的话下次再说罢。我也劳碌了三天，该早点休息了。

民国十四年十月三日

片段三

致思成夫妇书[1]

我将近两个月没有写"孩子们"的信了，今最可以告慰你们的，是我的体子静养极有进步，半月前入协和灌血并检查，灌血后红血球竟增至四百二十万，和平常健康人一样了。你们远游中得此消息，一定高兴百倍。思成和你们姊姊报告结婚情形的信，都收到了，一家的家嗣，成此大礼，老人欣悦情怀可想而知。尤其令我喜欢者，我以素来偏爱女孩之人，今又添了一位法律上的女儿，其可爱与我原有的女儿们相等，真是我全生涯中极愉快的一件事。

[1]　梁启超：《梁启超家书》，第267～270页。

你们结婚后，我有两件新希望：头一件你们俩体子都不甚好，希望因生理变化作用，在将来健康上开一新纪元；第二件你们俩从前都有小孩子脾气，爱吵嘴，现在完全成人了，希望全变成大人样子，处处互相体贴，造成终身和睦安乐的基础。这两种希望，我想总能达到的。近来成绩如何，我盼望在没有和你们见面之前，先得着满意的报告。你们游历路程计划如何？预定约某月可以到家？归途从海道抑从陆路？想已有报告在途。若还未报告，则得此信时，务必立刻回信详叙，若是西伯利亚路，尤其要早些通知我，当托人在满洲里招呼你们入国境。

你们回来的职业，正在向各方面筹划进行，虽然未知你们自己打何主意。一是东北大学教授，东北为势最顺，但你们专业有许多不方便处，若你能得清华，徽音能得燕京，那是最好不过了。一是清华学校教授，成否皆未可知，思永当别有详函报告。另外还有一件"非职业的职业"——上海有一位大藏画家庞莱臣，其家有唐（六朝）画十余轴，宋元画近千轴，明清名作不计其数，这位老先生六十多岁了，我想托人介绍你拜他门（已托叶蓁初），当他几个月的义务书记，若办得到，倒是你学问前途一个大机会。你的意思如何？亦盼望到家以前先用信表示。你们既已成学，组织新家庭，立刻须找职业，求自立，自是正办，但以现在时局之混乱，职业能否一定找着，也很是问题。我的意思，一面尽人事去找，找得着当然最好，找不着也不妨，暂时随缘安分，徐待机会。若专为生计独立之一目的，勉强去就那不合适或不乐意的职业，以致或贬损人格，或引起精神上苦痛，倒不值得。一股毕业青年中大多数立刻要靠自己的劳作去养老亲，或抚育弟妹，不管什么职业得就便就，那是无法的事。你们算是天幸，不在这种境遇之下，纵今一时得不着职业，便在家里跟着我再当一两年学生（在别人或正是求之不得的），也没什么要紧。所差者，以徽音现在的境遇，该迎养他的娘娘才是正办，若你们未得职业上独立，这一点很感困难。但现在觅业之难，恐非你们意想所及料，所以我一面随时替你们打算，一面愿意你们先有这种觉悟，纵令回国一时未能得相当职业，也不必失望沮丧。失望沮丧，是我们生命上最可怖之敌，我们须终生不许他侵入。

《中国宫室史》诚然是一件大事业，但据我看，一时很难成功，因为古建筑十九被破坏，其所有现存的，因兵乱影响，无从到内地实地调查，除了靠书本上资料外，只有北京一地可以着手。书本上资料我有些可以供给你，尤其是从文字学上研究中国初民建筑，我有些少颇有趣的意见，可惜未能成片段,你将来或者用我所举的例继续研究得有更好的成绩。幸而北京资料不少,用科学的眼光整理出来,也很够你费一两年工夫。所以我盼望你注意你的副产工作——即《中国美术史》。这项工作,我很可以指导你一部分,还可以设法令你看见许多历代名家作品。我所能指导你的,是将各派别提出个纲领,及将各大作家之性行及其时代背景详细告诉你,名家作品家里头虽然藏得很少(也有些佳品为别家所无),但现在故宫开放以及各私家所藏,我总可以设法令你得特别摩挲研究的机会:这便是你比别人便宜的地方。所以我盼望你在旅行中便做这项工作的预备。所谓预备者,其一是多读欧人美术史的名著,以备采用他们的体例。关于这类书认为必要时,不妨多买几部。其二是在欧洲各博物馆、各画苑中见有所藏中国作品,特别注意记录。

回来时立刻得有职业固好,不然便用一两年工夫,在著述上造出将来自己的学术地位,也是大佳事。

你来信终是太少了,老人爱怜儿女,在养病中以得你们的信为最大乐事,你在旅行中尤盼将所历者随时告我(明信片也好),以当卧游,又极盼新得的女儿常有信给我。

民国十七年四月二十六日

五、评价

有人以此对联评价梁启超:"一门三院士的教子良方,九子皆才俊的教育传奇。"的确,梁启超的一生,是传奇的一生。尤其在对儿女的教育上,梁启超的子女都在各自的领域有自己的成就,"一门三院士,九子皆才俊",这与他的教育是息息相关的。

梁启超提倡因材施教。他不是要孩子们都做李杜,不做姚宋,而是要孩子们"各人自审其性之所近如何,人人发挥其个性之特长,以靖献于社会"。梁启超认真分析每一个孩子的特点,根据每一个孩子的个性,教育培养他们。除此之外,梁启超极力主张趣味主义,主张劳逸结合。

在我国教育部颁发的《3—6岁儿童学习与发展指南》中,也明确指出要"尊重幼儿发展的个体差异""理解幼儿的学习方式和特点"。对照上述梁启超先生的家教思想观点,不难看出,不论是教育子女的方法还是教育子女的内容,梁启超的教育理念都与现代儿童教育的发展方向相吻合。

第十七章　朱庆澜《家庭教育》

一、作者简介及代表作

朱庆澜(1874—1941),字子樵,亦作子桥,浙江绍兴人。他曾积极募捐支持东北义勇军抗日,是中国近代著名爱国将领,辛亥革命以后,他历任四川副都督、黑龙江代理都督和广东省省长等职务。1926年以后,他则长期从事慈善救济与抗日救亡事业,直至1941年病逝于西安。

朱庆澜品行高洁,虽经手款项数以千万,但公私分明,深受人民尊重。终日奔波于拯救灾民、兴办教育、保护文物,最终积劳成疾,病逝西安。送葬时人们齐唱《朱子桥将军之歌》:"朱公的精神,后人的榜样。朱公的精神,如日月之光!"冯玉祥发表《哭朱将军》:"朱子桥,老将军,我民国,大伟人,一生最清廉,行兼智仁勇。只知有国,不知有身,公而忘私,识远器深,宽厚为怀,勤劳诚恳。四川、广东、东三省,所到之处留美名。……大仁大义,一片慈心,全国人民记在心中。"

在任广东省省长时,朱庆澜写下了《家庭教育》一书,并募资筹款,于1917年印刷出版,分发给广东省的家家户户。作为一个省的最高行政长官,著书立说,亲自指导全省人民的家庭教育工作,这在中国历史上,甚至在国外,也实属罕见。

二、作品的时代背景

在肩负一省行政重任之余,朱庆澜亲自撰写关于家庭教育的著作,完全是出于他强烈的爱国情怀。鸦片战争以后,帝国主义列强瓜分中国,中国人民处在水深火热之中。朱庆澜目睹这一切,认为中国当时之所以"变成这样全无出色的地位",主要是由于中国儿童自小"未曾受过好教育"。

因此,他认为:"要把国变强,非把中国的小孩好好教育起来,中国永无翻身的日子。"他把指导全省千家万户改善家庭教育,当成自己义不容辞的责任。他说:"我做广东省的省长,就是广东一家的家长,家家的小孩,做省长的都应该帮着教育。只是地方太大,功夫来不及。因此,编写了一本家庭教育的白话,由我捐廉印刷出来,分与大众。大众看了这本书,就同对着省长说家常话一样,人人能照着这本书教育子弟,能替国家养成好人民,是国家的大福气了。"

当时的中国之所以遭受外国的侵略和欺凌,主要是由于清朝政府政治的腐败。教育落后当然是一个原因,但绝不是根本原因。由于阶级的局限性,朱庆澜不可能认识到这一点,他的思想未能超过"教育救国论"的范畴。然而,作为一个封建军阀出身的军人,在帝国主义列强瓜分中国、军阀连年混战的历史时期,能从爱国、强国的思想出发,提出加强和改善家庭教育的问题,是难能可贵的,有着重大的进步意义。

该书涉及家庭教育的意义、作用、教育原则、教育方法、教育内容等基本理论和实际问题,密切结合我国当时家庭教育的实际状况,进行了全面、系统、深入浅出的论述,具有浓厚的民族特色,是我国教育史上很有特色的家庭教育著作。

三、主要内容及思想主旨

《家庭教育》是在各家各户,分别由各家的家长实施的。在家庭里教给孩子什么,进行哪些方面的教育和训练,朱庆澜主要从九个方面进行了阐述,有如下三个特点。

一是注重中华民族的传统美德教育。他在提法上是用"仁、义、礼、智、信"古代儒家推崇的"五常"来表述的,但其内容并不完全是儒家的道德观念。而且,注重家庭品德的教育,也反映了家庭教育所担负的一个重要职能。

二是提出的教育内容,在当时来讲,很有针对性,例如,"制苟且""公德"的教育,反映了社会发展的需要。

三是整个内容体系贯穿着爱国的思想。

这些教育内容,虽然是在民国初年提出的,距现在已过百年,但有些内容对今天的家庭教育也不无裨益。

(一)教导子女要有仁爱之心

朱庆澜主张对孩子首先要进行"仁"的教育。他解释说:"仁就是良心,爱人爱物件的心。"他认为还要教育子女尊重长辈,懂得长幼有序,使孩子懂得对别人有礼貌。

同时他要求家长教育孩子不要随意毁坏物件、动物,不要欺辱奴仆、婆妈、盲人、聋子、乞丐,不要仗势欺人。他解释说:"爱自己的心叫做私心,爱大众的心叫做公德。"他认为无"公德心"有极大的害处:"中国人人只知道有己,不知道有人,所以无从一个团体;人人只知道爱家,不知爱国,所以把堂堂一个大国,制造成一个弱国。"因此,他主张从小对孩子进行公德心的培养,"勿论事大事小,都要干涉",不要以为是小事就放任自流。

朱庆澜虽然主张教孩子不要仗势欺人,人与人之间要相互亲爱,这是正确的,但是他并未对人们进行阶级分析。不彻底消灭阶级,这种人与人之间的关系不可能真正建立起来。而且,在论述这个教育内容的必要性时,朱庆澜没有超出"己所不欲,勿施于人"的思想范畴。

(二)教导子女做事要诚实守信、有始有终

朱庆澜主张要对子女进行"信"的教育,首先父母不要欺骗孩子,如果一次失了信,下次就是再讲真正的道理,他们也不会相信。他还引用古代孟母教子信实的故事,说明进行"信"的教育、家长以身作则的重要性。其次,他主张家长要鼓励孩子说实话,说假话要批评,说真话要夸奖,要是非分明、态度明朗。

另外,朱庆澜主张要提起中国人的精神,做事要坚持到底,持之以恒。他认为:"中国所以未能强盛的缘故,由于做事有头无尾。"因此,他主张对孩子进行"制苟且"的教育。"苟且"本来的含义是只顾眼前,得过且过,做事有头无尾,所以,朱庆澜提倡要制止、克服子女做事有头无尾、不能善始善终的毛病。他说:"自小把一般小孩(苟且)的脾气搬转过来,大来都养成一般不苟且的国民,国家或者做成几样有头有尾、有里有面的事,外人或者把我国当成一个国;人走出去个个合规矩,爱干净,别人或者把我们当成一个人了。"

(三)教导子女需勤俭节约

勤俭是中华民族的传统美德。朱庆澜认为:"不勤不但害小孩的志气,而且害渠(他)的身体;不俭不但教小孩眼前枉使几个钱,并且教渠将来受不尽的苦。"

他主张从小让孩子多动手做事,多吃些苦,能吃饱穿暖即可,不可奢侈。他谆谆告诫父母们:"不要学那绝无见识的父母,把儿子当成祖宗,任他享

福,却自己爱做牛马,替他受罪。不但苦了自己,并且害了儿子。勤同俭是很难受的事,懒同奢华是很好受的事,小时勤惯了,大来还难免学懒,小时俭惯了,大来还难免学奢华。"所以,他主张从小教孩子勤和俭。

(四)强调子女要有爱国当兵的情怀

"军国民教育"是近代一些进步的思想家、教育家,为富国强兵提出的进步的教育主张。朱庆澜主张从小教孩子树立"爱国当兵"的思想,长大了或是去当兵,或是以百姓的身份帮军队做一些军队做不了的事。他说:"军是兵,一国的人个个都能当兵,就算得军国;能在军国里当个百姓,就叫军国民。"

他认为,把孩子培养成未来的"军国民",一方面要进行思想教育:一让孩子知道国就是家,家就是国的道理。知道国亡,家也要跟着亡,他们就会爱国了。二是要孩子知道兵就是民,民就是兵的道理。知道民是兵的"后备力量",大了就会去当兵,当不了兵也会帮兵出力做事。另一方面,他主张对孩子进行必要的训练:一是锻炼身体,要能吃苦,不要娇生惯养;二是要训练孩子服从规矩,做到令行禁止。

四、家庭教育的原则

(一)父母要给子女"做个样子"

朱庆澜认为,"家庭教育的根本道理"是父母的以身作则。他说:"无论什么教育,教育人(即教育者)都要将自己身子做个样子与学生看。不能只凭一个口,随便说个道理,学生就会信的。"他通过学校教育和家庭教育的对比,指出家长的以身作则尤为重要。他说:"不过学堂的先生,不是终日同学生在一处的。比如教学生不要吃烟,督着学生的时候,先生自然不吃。背开学生的时候,论理自然也不该吃。只是学生不在面前,先生偶尔吃两口烟,学生还不晓得,还不要紧。"在家庭里,情况就不同了:"一天到晚(父母)同儿女在一处,一举一动,儿女都把你监管着的。比如,教儿女不要吃烟,父母断断不可吃烟。如果父母吃了烟,不但叫儿女疑心,烟是吃得的,父母叫我不要吃,是骗我的。从此就不信父母的话,并且觉得烟(既)是吃不得的,父母何以要吃? 一面又生出一个看不起父母的心。有了这个心,一天一天就会做出不服父母、不孝父母的事。"因此,朱庆澜告诫说:"做父母的,要禁止儿女不要做那样事,总要自己不去做;要教儿女做那样事,总要自己先去做。"

就是说，父母要处处、时时、事事以身作则，"样样都要自己先做样子"。他认为，这是家庭教育的"根本法"，非常重要，决定家庭教育工作的成败。他特别强调指出："根本法子一错，什么（别的）教法都是无效的。"朱庆澜的这种说法是很深刻的。

（二）教育定要跟着小孩的程度

现代心理学告诉我们，不同年龄阶段的儿童，其心理特点不同，知识水平和接受能力不同。要教育好儿童，必须使教育工作符合儿童的年龄特征。朱庆澜提出的"教育定要跟着小孩的程度"，就是这个意思。

他形象地比喻说："教人的（即教育者），不跟着教的人（即受教育者）的程度走，好似主人请个吃素的客，却是预备了一桌燕菜烧烤，主人只管费了事，客却没有地方下箸。"这个比喻十分贴切。教育孩子，脱离实际，徒劳无益。

朱庆澜针对当时中国家庭教育的实际情况，指出其存在的两种偏向："一种（是）不望小孩好，长到七八岁，也不教他认字，也不送进学堂。这种父母害小孩子不用说了。"教育工作落后于儿童的心理发展水平，该教的却迟迟不教，自然会阻碍儿童心理发展，是不利于儿童成长的。还有一种更为普遍的偏向是："太望小孩好，三四岁刚能说话，就教他认字。今天认得五个，明天又想加到十个，小孩子一认不得，就一顿打骂。在这种父母心里恨不得小孩一阵就变成个孔圣人！"这后一种偏向是教育工作超越了儿童的心理发展水平和实际能力，更是事与愿违，有害无益。朱庆澜着重分析了这后一种偏向的危害。他说："哪知道小孩的脑筋，是跟着年纪来的。年纪太小，脑筋没长到，笨孩子你就是打死他，也是无益。聪明的孩子，也有三四岁就能认字的，却禁不住（承受不了）今天加几个（字），明天加几个（字），加得他担不住，再一顿打骂，就是孩子有点聪明，也被父母打塞（蒙）了。"他指出："许多小孩，小时候极聪明，大了却一天笨过一天，都是父母同老师把他的聪明提前用得太早、用得太尽的缘故。"这个分析是很有道理的。

为进一步说明教育工作超越儿童年龄特征和心理水平的危害，朱庆澜又举例说："千里马能走千里，是说腿力长足了的时候。如果马驹子的时候，你就强（迫）着他，今天走二百（里），明天走三百（里），是个好马驹，小时候也可以勉强对付。却是腿力没有长足，提前用得太早，用得太尽，等到长大该走一千里的时候，却连一百里也走不得了。这不是马的错，却是骑马的造孽。"

"教育定要跟着小孩的程度",从教育学理论看,实际上就是遵循循序渐进、量力而行的原则。对此,朱庆澜具体地阐述了这个原则的要求。他说:"孩子话尚说得不清楚,不可太忙教他认字。他有认十个字的力量(能力),只教他认五个,不仅不要用尽他的力量,并且替他留点余地,叫他心里舒服。教一回不懂得,耐着心再教。不但打骂不得,并且要用好话安慰他,叫他勿着急,或是歇一回,他脑力回过来,再教再认。"

(三)注意"家庭气象的教育"

所谓"家庭气象的教育",就是指家庭环境、风气的影响。他说:"气象就是样子,家里是个什么样子,小孩一定变成什么样子。家庭气象,好比立个木头,小孩好比木头的影子。木是直的,影定直;木是弯的,影一定弯曲,一点不会差的。"

他认为家庭成员自身的行为,家庭风气,比说教的影响、作用还要大,还要深刻。他说:"父母哪怕天天教小孩和气,如果家里(风气)是个乖张(不讲情理)的样子,小孩一定变成乖张的脾气;哪怕天天教小孩勤谨,如果家里(风气)是个懒惰的样子,小孩一定变成懒惰的脾气。"

针对当时中国多数家庭是大家庭,成员序列多,构成复杂这一实际,朱庆澜指出:要形成良好的"家庭气象","不但做父母的平日要小心检查,不可做成坏样子给小孩学。凡是做伯伯、叔叔、伯娘、婶娘的,也要帮着做成一个好样子才得。如果父母极和气极勤谨,伯伯、叔叔、伯娘、婶娘却是极乖张,极懒惰,小孩的脾气学坏事极容易,学好事极难,不知不觉也会离开父母的好样子,去学那伯伯、叔叔的坏样子了"。

因此,朱庆澜认为要搞好儿童的家庭教育,必须首先把整个家庭治理好。他说:"家庭教育的担子,不但在做父母的身上。做父母的想教成个小孩子,先要把一家子的弟兄姊姒人人都劝好教好,完完全全做成个好家庭的样子,小孩才会好的。说到此处,就要知道治家是第一层功夫,教儿子还是第二层功夫呢。"

(四)父母要共同教育子女

朱庆澜提出:"父母要分担教育,不要叫小孩分个亲疏轻重。"这是要求父母共同承担教育子女的责任。

他之所以提出这样一个教育原则,是有针对性的。他说:"人家里的小孩,多半亲热母亲,疏远父亲,看重父亲,看轻母亲。"为什么会出现这种情况呢? 他认为:"都是做父亲的,单管教儿子,所以叫儿子看重父亲,一面却生个怕父亲的意思,不知不觉同父亲疏远起来。做母亲的,单管养儿子,所以叫儿子亲热母亲,一面却生个撒娇的意思,不知不觉看轻了母亲。"

朱庆澜特别指出家庭教育中常常出现的两种错误做法及其后果。

一是母亲只养不教,父亲只教不养。他说:"做母亲的,不知道我也该教管儿子,遇见小孩胡闹,不去禁止他,却是吓他说父亲来了,硬把管儿子的事归给父亲。小孩子不懂得,以为母亲不能管我,一面看父亲同老鼠见猫子一样,一面看母亲不过同个奶娘一样。做父亲的,又不知我也该养儿子,一天同儿子离远,除了碰见儿子不好,骂一顿打一顿之外,全不用心去爱他。因此小孩觉得爱我的只有母亲,自然同父亲疏远起来。"

二是母亲和父亲互相拆台。他说:"还有一种不懂事的母亲。不知道儿子已经同父亲疏远了,偏要说父亲怎么厉害,怎么要打你骂你,又帮助儿子隐瞒父亲,想叫儿子亲热自己,哪知道儿子越疏远父亲,越看轻母亲了。那不懂事的父亲,不知道儿子已经看轻母亲,偏要当着儿子骂他母亲,想叫儿子看重自己,哪知道儿子越看不起母亲,越同父亲疏远了。父母这样教法,活活把个好孩子,教成一个极胆大既不孝父又不孝母的人。"

(五)划清界限拿握分寸

做父母的,都希望把孩子培养成既活泼又有规矩的人。但真正能做到不是一件容易的事。朱庆澜认为,许多父母都分不清活泼同放肆,规矩同呆板的界限:"活泼好像就是放肆,规矩好像就是呆板。"一教孩子活泼,"就无论何事都听他自由";一教他守规矩,"就无论何事都不准他自由"。这是家庭教育中常常出现的两种偏向。

其实,活泼同放肆,规矩同呆板,二者大有区别。朱庆澜说:"有规矩的自由叫做活泼,没有规矩的自由叫做放肆;不放肆叫做规矩,不活泼叫做呆板。"他进一步解释说:"比如牧牛场,周围把铁栅拦起来,牛在栅里吃草喝水,东奔西跳,这叫做活泼,放牛的不好干涉他。如果跳出栅外,就是放肆,不干涉就不能了。不准牛出栅,这就是规矩。如果在栅里,也不准他吃草饮水,也不准他东奔西跳,定要把个动物里的牛,变成植物里的木头,如此就是呆板了。"他说:"教小孩的意思也同牧牛差不多。"

具体到家庭教育实践,他又举例进一步阐述划分界限的问题。就拿"说话"这件事来说,"小孩爱如何说,听他如何说,这叫做活泼。因为听他随便说,就连粗话横话下流混账话都不干涉他,如此就是放肆了。不准他说粗话横话下流混账话,叫做规矩。因为不准他说粗话横话下流混账话,就无论何种话都不准他说,好似要贴张封条在他嘴上,如此就是呆板了"。

朱庆澜的家庭教育思想,从总体上看,是进步的,代表了半殖民地半封建中国的新的教育思想。而且,在一定程度上反映了家庭教育的特点,基本上是符合家庭教育的客观规律,对于我们今天从事家庭教育实践和理论研究都有现实意义。

五、精彩片段选读

片段一

无论什么教育,教育人(即教育者)都要将自己身子做个样子与学生看。不能只凭一个口,随便说个道理,学生就会信的。不过学堂的先生,不是终日同学生在一处的。比如教学生不要吃烟,督着学生的时候,先生自然不吃。背开学生的时候,论理自然也不该吃,只是学生不在面前,先生偶尔吃两口烟,学生还不晓得,还不要紧。

一天到晚,(父母)同儿女在一处,一举一动,儿女都把你监管着的。比如,教儿女不要吃烟,父母断断不可吃烟。如果父母吃了烟,不但叫儿女疑心。烟是吃得的,父母叫我不要吃,是骗我的,从此就不信父母的话,并且觉得烟是吃不得的,父母何以要吃? 一面又生出一个看不起父母的心。有了这个心,一天一天就会做出不服父母,不孝父母的事。

做父母的,要禁止儿女不要做那样事,总要自己不去做;要教儿女做那样事,总要自己先去做。样样都要自己先做样子。根本法子一错,什么教法都是无效的。

片段二

教育定要跟着小孩的程度教人的,不跟着教的人的程度走,好似主人请个吃素的客,却是预备了一桌燕菜烧烤,主人只管费了事,客却没有地方下箸。

一种(是)不望小孩好,长到七八岁,也不教他认字,也不送进学堂。这种父母害小孩子不用说了。另一种太望小孩好，三四岁刚能说话，就教他认字。今天认得五个，明天又想加到十个，小孩子一认不得，就一顿打骂。这种父母，心里恨不得小孩一下就变成个孔圣人！

哪知道小孩的脑筋，是跟着年纪来的。年纪太小，脑筋没长到，笨孩子你就是打死他，也是无益。聪明的孩子，也有三四岁就能认字的，却禁不住今天加几个，明天加几个，加得他担不住，再一顿打骂，就是孩子有点聪明，也被父母打塞了。许多小孩，小时候极聪明，大了却一天笨过一天，都是父母同老师把他的聪明提前用得太早、用得太尽的缘故。

千里马能走千里，是说腿力长足了的时候。如果马驹子的时候，你就强着他，今天走二百，明天走三百，是个好马驹，小时候也可以勉强对付。却是腿力没有长足，提前用得太早，用得太尽，等到长大该走一千里的时候，却连一百里也走不得了。这不是马的错，却是骑马的造孽！

懂得这个道理，笨孩子父母要可怜他，聪明孩子父母更要爱惜他。孩子话尚说得不清楚，不可太忙教他认字。他有认十个字的力量，只教他认五个，不仅不要用尽他的力量，并且替他留点余地，叫他心里舒服。教一回不懂得，耐着心再教。不但打骂不得，并且要用好话安慰他，叫他勿着急，或是歇一回，他脑力回过来，再教再认。这是说在家里，教他认字的法子。

…………

如果教儿子太着急，这个意思，一半是望儿子好，一半也有个要儿子替我挣个名誉的心。想到将来，已算是私心。如果因为想挣自己的名誉，就不顾儿子的死活，不管他年纪到了未有，聪明长够了未有，一味硬逼着往前进，或是把儿子聪明弄塞，或是把身体弄坏，那就是做父母的害了好孩子。

片段三

"气象"就是样子。家里是个什么样子，小孩一定变成什么样子。家庭气象，好比立个木头，小孩好比木头的影子。木是直的，影一定直；木是弯的，影一定弯曲，一点不会差的。父母哪怕天天教小孩和气，如果家里是个乖张的样子，小孩一定变成乖张的脾气；哪怕天天教小孩勤谨，如果家里是个懒惰的样子，小孩一定变成懒惰的脾气。不但做父母的平日要小心检查，不可做成坏样子给小孩学。凡是做伯伯、叔叔、伯娘、婶娘的，也要帮着做成一个好样子才得。如果父母极和气极勤谨，伯伯、叔叔、伯娘、婶娘却是极乖张,极懒惰,小孩的脾气,学坏事极容易,学好事极难,不知不觉也会离开父母的好样子,去学那伯伯、叔叔的坏样子了。

家庭教育的担子,不但在做父母的身上。做父母的想教成个小孩子,先要把一家子的弟兄姐娌人人都劝好教好,完完全全做成个好家庭的样子,小孩才会好的。说到此处,就要知道治家是第一层功夫,教儿子还是第二层功夫呢。

片段四

人家里的小孩,多半亲热母亲,疏远父亲,看重父亲,看轻母亲。

都是做父亲的,单管教儿子,所以叫儿子看重父亲,一面却生个怕父亲的意思,不知不觉同父亲疏远起来。做母亲的,单管养儿子,所以叫儿子亲热母亲,一面却生个撒娇的意思,不知不觉看轻了母亲。

做母亲的,不知道我也该教管儿子,遇见小孩胡闹,不去禁止他,却是吓他说父亲来了,硬把管儿子的事,归给父亲。小孩子不懂得,以为母亲不能管我,一面看父亲同老鼠见猫子一样,一面看母亲不过同个奶娘一样。做父亲的,又不知我也该养儿子,一天同儿子疏远,除了碰见儿子不好,骂一顿打一顿之外,全不用心去爱他。因此,小孩觉得爱我的只有母亲,自然同父亲疏远起来。

还有一种不懂事的母亲。不知道儿子已经同父亲疏远了,偏要说父亲怎么厉害,怎么要打你骂你,又帮助儿子隐瞒父亲,想叫儿子亲热自己,哪知道儿子越疏远父亲,越看轻母亲了。那不懂事的父亲,不知道儿子已经看轻母亲,偏要当着儿子,骂他母亲,想叫儿子看重自己,哪知道儿子越看不起母亲,越同父亲疏远了。父母这样教法,活活把个好孩子教成一个极胆大、既不孝父又不孝母的人。做父亲的,一面教儿子,一面也要养儿子;做母亲的,一面养儿子,一面也要教儿子。父亲要叫儿子尊重母亲,母亲要教儿子亲热父亲。父母同时去教,小孩知道做了坏事,无地可以躲藏,无人可以保护,自然不敢做坏事,父母同时去养,小孩知道父母都是我的大恩人,自然不会亲热这面,疏远那面,自然变成个孝顺儿子。

片段五

小孩在面前,父母对人说某家小孩太蠢。小孩听见这句话,就生出骄傲的心。对着人说某家父亲富贵,他儿子穿的衣服顶讲究,这句话小孩听见,又会生出羡慕虚荣体面的心。对着富贵人,父母格外恭敬,小孩看见,就会生出一种势力心。对着贫贱人,父母有意糟蹋,小孩看见,又会生出一种刻薄心。

做父母的,不但在家里一言一动要谨慎,就是同朋友说话做事,有小孩在面前,也要格外小心。万一今天说句话,怕小孩错会了意?回家一定要说明一番。有时带小孩出门,更要细细察看他同别家小孩的说话举动。回到家来,先把自己的小孩说话举动,哪样好,哪样不好,好好分别指出来,好的夸奖他,不好的劝诫他。再把别家小孩言动的好丑,一一与他分别指出来,好的教他要学,丑的教他要戒。养儿好比防水,四方八面,但有针大一个孔,水便进来,就要即刻把他塞住,万万不能疏忽的。

六、评价

中国的家庭教育著作历来都是学者、文人所著。可是我国近代史上第一部现代家庭教育的著作,却出自民国年间原广东省省长、出身行伍的朱庆澜。这部著作,是我国家庭教育思想发展上的一个重要里程碑。该书用大白话,深入浅出地讲述了家庭教育应该注意的方方面面,尤其应重视儿童社会领域的教育。

不论是要孩子学会关心、尊重他人,还是要热爱国家,或是遵守社会公德,都与现在《3—6 岁儿童学习与发展指南》中的要求不谋而合,对现在的家长依然有借鉴意义。

第十八章　陶行知《陶行知家书》

一、作者简介及代表作

陶行知(1891—1946)，原名文濬，后改为知行，又改行知。中国现代著名的教育家。

陶行知出生于安徽歙县西乡黄潭源村一个贫寒的教师之家，祖籍浙江绍兴。孩提时代在家乡启蒙，18 岁考入南京汇文书院学习，后并入金陵大学。1913 年，陶行知与汪纯宜结婚，举家迁至南京。1914 年，陶行知从金陵大学毕业，后赴美留学，先后进入伊利诺大学和哥伦比亚大学师范学院，获得伊利诺大学政治学硕士学位和哥伦比亚大学颁发的"都市学务总监资格凭"证书。

1917 年，陶行知毕业回国，先后担任了南京高等师范学校教育学专任教员、教务长及东南大学教授、教育科主任等职务。在南京高师就职期间，主张同"教学法"代替"教授法"，实现了教学领域里的重大改革。20 世纪 20 年代，陶行知参与创立并主持"中华教育改进社""中华平民教育促进会"等社团组织的工作。

1923 年，陶行知辞去了大学的教职，全力领导生活教育运动，历经了平民教育、乡村教育、普及教育、国难教育、抗战教育和民主教育六个阶段。陶行知与志士同仁先后创办了晓庄学校、山海工学团、育才学校、重庆社会大学等新型学校，并提出了著名的"生活教育"理论，并著有《中国教育改造》《教学做合一讨论集》《中国大众教育问题》等作品，深刻影响了中国教育现状。

陶行知与汪夫人结婚二十余载，共育有四子。1936 年，汪夫人病逝于上海。1940 年元旦前夕，陶行知与吴树琴女士在重庆再结连理。在吴夫人的大力协助下，他以更加高昂的热情投身于人民大众的教育事业和反帝反封建的民族解放事业，表现出一名共产主义战士的赤胆忠心和傲然正气。

因为长期忘我的工作和斗争，陶行知积劳成疾，忧愤至深，于 1946 年 7

月 25 日晚突患脑溢血在上海逝世,走完了他光辉战斗的一生,终年 55 岁。陶行知以"捧着一颗心来,不带半根草去"的赤子之忱终身践行着"教育救国"的理想,为中国的教育探寻新路,毛泽东高度赞誉他为"伟大的人民教育家。"

二、作品的时代背景

在陶行知投身于教育事业的几十年间,家书成为他与亲人们联系的主要手段,我们可以从言辞朴素、情感真挚的字里行间感知陶行知的家风。家风的形成是一个产生、发展和传承的过程,这与陶行知的家庭背景和社会形势都密不可分。

陶家先祖曾将自家草庐命名为"五柳堂",以此表达对陶渊明品节的仰慕。虽家道中落,但陶父对陶行知的教育没有丝毫的放松,使陶行知养成了刻苦自强的优秀品质。

陶行知留学归来,当时的中国教育,虽然经过了废科举、兴学校,在不少有志之士的努力下,学习美、英、法、德、日等国家的教育思想,有了一些进步,但是从全国来看,整体情况并不乐观,文盲遍地,占人口绝大多数的农民及其子女依旧被排斥在学校大门之外,教育现状满目疮痍。陶行知生活在社会底层,对底层民众的疾苦有着极为深刻的体悟。

陶行知认为"新学办了三十年,依旧换汤不换药,卖尽力气,不过把'老八股'变成'洋八股'罢了","中国教育已到绝境"。身处"三千年未遇之大变局"的时代,陶行知立志改革中国的传统教育,满腔热情地投入到教育改革活动中,一心一意为改革旧教育而努力奋斗。他在对近几十年的中国教育现状,对中外教育思想的反思之下,在同脱离中国人民生活要求的传统教育的尖锐斗争中,在中国共产党领导的工农教育运动的影响下,逐步形成了"生活教育"的思想。随着"生活教育"的思想逐渐明确,陶行知认为"中国乡村教育走错了路",并提出"建设适合乡村实际生活的活教育"的号召,并将其付诸行动。陶行知也在生活运动中,在人民革命的大学校里得到了锤炼,从一名民主主义爱国者转变成共产主义者。

在陶行知为人民奋斗的时候,他的家人给予理解和支持,这也是支撑他砥砺前行的不竭动力。他把对小家的爱化为对祖国的爱,让这颗爱的火种,通过言行、通过书信,在孩子心中深植、燃烧。这点点滴滴的教诲慢慢汇聚,形成了陶行知的家风,不仅为后世树立了楷模,也为家族儿郎立起自强不息、求做真人的典范。

细细阅读和领会家书中那些饱含深情又通俗易懂的文字,追溯信笺背后波澜壮阔的历史变迁,我们可以走进陶行知先生丰富细腻的情感世界,用先生的精神烛照自己,对教育家人将大有裨益,并以此激励一代又一代的教育者忧思、努力、不懈追求。

三、主要内容及思想主旨

陶行知为了中国人民的教育事业奔波于国内外各地,曾游说于二十八个国家和地区,与家人相处团聚的时间屈指可数。虽然陶行知与子女的相处时间并不多,但他通过书信的方式,对孩子的教育非常上心。他经常给孩子写信,也要求子女每星期给他写一封信。每一封饱含深情的书信都是学习家庭教育的好教材,也是研究陶行知家庭教育思想和实践的宝贵财富。

通过对书信的梳理和归纳,可以看出陶行知先生对子女的家庭教育主要集中在以下几个方面。

(一)教导子女需读书识字

当时的中国教育比较落后,很多群众没有条件可以得到基本的教育。而教育是促进国家发展的根本,所以陶行知十分重视教育的普及,而读书识字是其普及教育的重要内容之一。这种理念也体现在他对子女的教导之中。

陶行知在书信中时常关心孩子的读书情况。1937 年 12 月 7 日在给陶晓光的书信中表示:"关于你自己的事,我的指导是:根据自己的信念和才干向前作,不要轻听别人的话。自己的信念未建立以前,则最重要的工作是虚心的热忱的把自己的信念树立起来。我对你的观察是你对于科学有自然的兴趣,也有一些才干,在这方面继续努力,会有贡献。"陶行知的指导督促,加上陶晓光自身的努力,陶晓光的确在科学方面做出了杰出的贡献。

除了鼓励孩子们读书,陶行知还坚持说服自己的母亲和妻子读书,希望可以"人人识字、人人读书、人人明理",以期在家庭中形成一种"润物细无声,随风潜入夜"的学习氛围。所以陶行知在写给孩子的信中也提议"识字的教不识字的",从而使全家都读书明理。他还写信给母亲,"希望母亲抽空学习这部《千字课》,可由文濬教"。

陶行知倡导全民读书,更是身体力行地在自己家里成立读书处,鼓励互教互学,读书认字。这些都充分体现出他对子女读书识字的重视,以及对家庭阅读文化建设的重视。

(二)教导子女要"求真理""做真人"

陶行知办教育时有句至理名言:"千教万教教人求真,千学万学学做真人。"不论是教子女做事,还是做学问,都是为了教孩子更好地做人。陶行知认为,家庭教育的最终目标,就是教育子女坚持"做真人",所以陶行知一直把教育子女学会做人放在家庭教育的首位。

1937 年 11 月 29 日,陶行知给孩子的家书中提道:"现在做一个小孩子,要知道三件事:第一,做人的大道理要看得明白;第二,遇患难要帮助人;肚子饿让人先吃;没饭时,要想法子找出饭来大家吃;第三,勇敢,勇敢的话才算是美的话。"

陶行知非常关注孩子们世界观的形成,也一直帮助孩子们找到正确的奋斗方向:"参加在民族解放的大斗争中。……到最需要的地方,最有组织的地方,最有信仰民为贵的地方去做最有效的贡献。"他在写给孩子们的信中,总会提到自己学校目前处于什么样的状态,从而让孩子了解现在社会的发展状态,学会如何把握自己努力的方向并去做心甘情愿的事情。他在写给陶宏和陶晓光的信中说道:"你们要学会如此治事……有目的、有计划、有组织、有决心,运用发挥每一个分子、每一位朋友之力量……使每人觉得是自己的事而心甘情愿向前进行,用不着督促。"

1940 年,陶行知的儿子陶晓光在成都无线电厂工作。当时厂方问陶晓光要资格证明书,但是他并没有正规的学历,所以晓光选择写信,向育才学校副校长马侣贤求助,希望可以开一张晓庄学校的毕业证明书。陶行知知道后,立即让晓光把证明书寄回去,但是又紧接着发了快信,里面有他亲自写的一张真实证明,并在信中说:"我们必须坚持'宁做真白丁,不做假秀才'之主张进行。倘使这样真实的证明不合用,宁可自己出钱,不拿薪水,帮助国家工作,……总之,'追求真理做真人',不可丝毫妥协,你记住这七个字,终身受用无穷,望你必须努力朝着个方面修养,方是真学问。"

做人要追求真理,更要勇做"真人",陶行知一直用言行影响着自己的孩子。

(三)教导子女需讲文明、懂礼貌

陶行知认为讲文明礼貌是做人的重要内容,也一直在生活的点点滴滴、家书的字里行间,教育并影响着自己的子女。

孟禄夫人曾从美国回上海,给陶行知的两个孩子各带了一盒玩具。陶行知将礼物寄回去的时候,附了一封信:"大盒是送给桃红的,小盒是送给小桃的,大盒难玩些,小桃大些的时候,大桃可以借给他玩玩。你们每人都要写一封信谢谢孟禄夫人,收到了就写,要写你们的心里话……信要自己写,写在好纸上,要写干净。"

1925 年过新年的时候,陶行知没有办法回家,希望孩子在替他向长辈和朋友拜年的时候可以恭敬得体,写给儿子陶宏和陶晓光的信中专门交代说:"拜年的时候,脸和手要洗得干干净净;衣服、帽、鞋、袜都要穿戴得整整齐齐;话不在多,都要说得得体,说得好听,请阿姑教你们。"

让孩子们学会尊重和爱护自己的长辈,陶行知将这种教育贯穿在家庭生活的方方面面。

(四)教导子女不做"书呆子",注重"做中学"

陶行知关心孩子们的科学文化知识学习,但他反对一味地啃课本,教导子女要处理好读书和做事的关系,不要做一个"书呆子"。他在写给陶宏的信中说:"我很希望你和小桃多学做事。我的主张是:有书读的要做事。有事做的要读书。……我要你们做有知识、有实力、有责任心的国民,不要你们做书呆子。"

如何不做"书呆子"呢? 陶行知认为,孩子在多读书的基础上也要多实践。这里的"实践",主要是强调在"做中学",包括学习基本的生活知识和社会常识等。

陶行知注重从小培养孩子自己做事的习惯,培养他们热爱劳动的情怀。陶行知在书信中常交代子女:"桃红、小桃在家,自己的事要自己干,衣服要学洗,破了要学缝……"陶晓光在回忆录中也提到,小时候父亲经常要求他们自己动手做事,自己劳作,不当少爷、小姐。等自己年长一些,父亲常常教导他们做事要"自助助人""自理立人"。

除基本的生活知识外,陶行知强调知识要和实践相结合。当孩子的知识文化水平到中学之后,陶行知让孩子跟着专家当学徒,一边工作一边学习,在实践中学会创造。陶晓光对无线电颇感兴趣,陶行知鼓励他要"精益求精",还托人给陶晓光带去无线电零件供其研究。虽然陶晓光没有上过大学,但是为我国的无线电事业做出了重要贡献。1927 年,陶行知在给陶宏和陶晓光的信中提道:"现在一般学校,只是把小学生一个个的化成书呆子。你可要学做事,学做人,不要做书呆子。做事的时候,要做什么就读什么书。书只是工具,和锄头一样,都是为做事用的。"

陶行知鼓励孩子走出课堂,通过动手实践和创造,做一个真正有能力的社会人,很值得当今社会及家长借鉴。

(五)教导子女注重身心健康

陶行知非常重视子女的健康教育。洛克曾说过:"健康之精神寓于健康之身体。"身体是革命的本钱,没有好的身体,其他的一切都无从谈起。陶行知在书信中经常鼓励孩子多多锻炼,建议陶晓光多走路上班,因为"练习脚步于健康有益"。

1942年,陶行知写给陶宏的书信中表示:"为了要攀上真理的最高峰,为了要做最多数、最有效、最永久的服务,我向你提出如下的劝告:(一)健康第一。(二)从容工作、学习为原则;紧张突击为例外。(三)预防疲劳之休息。拿休息来预防疲劳,重于拿休息来治疗疲劳。我们肺弱,你必须特别小心,对于元气宜多储蓄,对于健康切勿透支。"陶行知一直教导子女健康永远都是最重要的。

除了强调身体健康,陶行知也一直身体力行,教育子女不论在何种情境中都要保持乐观的心态。他所处的那个年代比较乱,陶行知一家也承受了很多不幸,诸如晓庄学校遭封闭、陶行知被通缉、家人流离失所等。陶晓光在写给父亲的信中表达了自己的悲观和苦闷,陶行知回信道:"你的人生观太悲观,应当改正过来。世界上一切困难都要用冷静的计划去克服。忧愁伤心是双倍的牺牲,于事并无补。"陶行知在信中将道理娓娓道来,希望孩子能够以乐观的态度投入对社会的服务与贡献中。

陶宏说过:"在他的面前,你的痛苦算得了什么……你不能不振作,也不能不坚持,还有,也不能不乐观。"正如陶行知在书信中所述的那样:"人生遇着逆境只有一个秘诀:把忧愁忘掉。"

在陶行知的信中,没有一封是抱怨生活的。他讲的永远都是积极正面的内容,即使是自己遇到困难了,也怀抱着一定会克服困难的乐观心态。

四、精彩片段选读

片段一

晓光:

　　现在有一件事要和你讨论。你的字是写得太野了,使人认不得,而且写信的纸张不规则,这是必须改正的。同志中的字,洞若的最令人头痛,其次是自俺的,再其次就是你的。你们的信总有一部分令人看不懂。就是看得懂也是叫看信人十分难过,甚至头痛。这点小事,如不痛改,将来必有一天,要给人把信摔到纸篓里去。快点改吧! 也把这事告诉洞若。

　　祝你们康健!

一九三九年二月四日

片段二

蜜桃:

　　你的十一月四日的信收到了,我很高兴。从你的信中,我知道三桃已到屯溪。我今天也写了一封信给他,告诉他我已学会《大路歌》,并且教了许多人。现在做一个小孩子要知道三件事。第一,做人的大道理要看得明白。第二,遇患难要帮助人。肚子饿让人先吃。没饭吃时,要想法子找出饭来大家吃。第三,勇敢。勇敢的活才算是美的活。小桃均此。

　　祝你们努力前进!

一九三七年十一月廿九日

片段三

晓光:

　　最近听说马肖生寄了一张证明书给你。他擅自作主,没有经我看过,我不放心。故即于当晚电你将该件寄回,以便审核有无错误,深信你已经遵电照办。现恐你急需文件证明,特由我亲自写了一张,附于信内寄你。你可根据这样证明,找尚达弟力保。我们必须坚持"宁为真白丁,不作假秀才"之主张进行。倘使这样真实的证明不合用,宁可自己出钱,不拿薪水,帮助国家工作,同时从尚达弟及各位学术专家学习。万一竟因证明不合传统,而连这样的工作学习亦被取消,那末,你还是回到重庆。这里有金大电机工程,也许可去,或与陈景唐兄商量,迳考成都金大。总之,"追求真理做真人",不可丝毫妥协。万一金大也不能进,我愿筹集专款,帮助你建立实验室,决不向虚伪的社会学习与妥协。你记得这七个字,终身受用无穷,望你必需努力朝这方面修养,方是真学问。

育才有戏剧、绘画两组驻渝见习,进步甚快。

一九四一年一月二十五日

片段四

桃红、小桃:

你们两个人真正好,你们写给我的信都收到了。多谢得很。因为南京打仗,信在南京搁下了,到前天才收到。桃红问我为什么长胖了,我也不晓得清楚。大概是按良心做事,心里快乐,所以身体长胖。

孟禄夫人前天从美国到上海,送了两盒玩的东西给你们。大盒是送桃红的,小盒是送小桃的。大盒难玩些。小桃大些的时候,大桃可以借给他玩玩。你们每人都要写一封信谢谢孟禄夫人,收到了就写,要写你们心里的话。写好了寄来,我给你们翻成英语一齐寄到菲律宾去给他。菲律宾是什么地方呢?请阿姑教你们。不晓得的就可以写信问问孟禄夫人好不好?若是好,就问她。你们写给孟禄夫人的信,要自己写,写在好纸上,要写得干净。

新年我不在家里,请你们两个人代表我向太太拜年,向你们的母亲、阿姑恭贺。熊先生、熊太太、晏先生、晏太太都请你们两个人恭恭敬敬的代表我去拜年。不要忘记。拜年的时候,脸和手要洗得干干净净;衣服、帽、鞋、袜都要穿戴得整整齐齐;话不在多,却要说得得体,说得好听,请阿姑教你们。

一九二五年一月十八日

片段五

桃红:

接读你三月十一日的信和世界进化论一篇,晓得你进步得多,我非常欢喜。国文长进全靠多做多读,你照这样干去,以后的进步必定格外迅速。

试验乡村师范已经开学,学生虽然只有十六名,但是精神真好。他们自己扫地、抹桌、弄饭、洗碗、打补钉。他们还脱了鞋袜,穿着草鞋种田地。昨天和今天,他们还为乡下小学生种牛痘,医秃头疮。

我很希望你和小桃多学做事。我的主张是:有书读的要做事,有事做的要读书。先生不应该专教书;他的责任是教人做人。学生不应当专读书;他的责任是学习人生之道。我要你们做有知识、有实力、有责任心的国民;不要你们做书呆子。

一九二七年三月十七日

小桃:

你的三月九日的信,已经收到了。知道你已经考取四年甲,我很欢喜。恭喜,恭喜。现在一般学校只是把小学生一个个的化成书呆子。你可要学做事,学做人,不要做书呆子。做事的时候,要读什么书就读什么书。书只是工具,和锄头一样,都是为做事用的。

一九三七年三月十七日

片段六

晓光:

接到你二月二十一日的信,我很高兴。你的人生观太悲观,应当改正过来。世界上一切困难都要用冷静的计划去克服。忧愁伤心是双倍的牺牲,于事并无补。你们不是孤零零的孩子。在你们的周围有着几百、几千、无数的孩子,都是你们的朋友,你们的同伴,你们的服务的对象。从家庭的小世界里把自己拔出来,投入大的社会里去,你不久就会乐观高兴,觉得生活有意义。大学不必赶,依着学力的长进自然升入,否则考不上,你又要悲观起来。寄来三百元华币,收到时,专为家用,预算可敷用到何时,告诉我。请冬叔并告桃红、三桃、蜜桃,随时写信给我。我望你们来信也如你们望我来信。现在夜深了,我还要跑半小时才能送到总局赶上顾利支的船。愿你听我的话,将胸襟扩大,生活将要自在得多。

祝你和大家平安。

一九三七年三月二十三日

五、评价

陶行知先生认为："教育要回归儿童的生活,首先应尊重,即尊重儿童的本性、尊重儿童的生活,而儿童也只有在回归了生活的教育中生存,才能建构自己、超越自己,并获得新生或再生。"

我们可以将陶行知的"生活教育"理论运用于家庭教育之中,将教育融于孩子的实际生活之中,让孩子在与社会环境的互动中学习,要学会放手,让孩子动手去"做",进而获得经验。

学前儿童家庭教育具有生活意义。儿童教育只有发挥其内在的生活意义,才有可能唤醒儿童对生活的向往和乐趣,从而丰富儿童的内心世界,建构儿童的生活方式,最终帮助孩子实现人生价值。因此,家庭和社会都应为孩子提供足够的展现天性的空间,让孩子真正回归生活。

第十九章　陈鹤琴《家庭教育》

一、作者简介及代表作

陈鹤琴(1892—1982)，浙江上虞人。他是我国儿童心理学、儿童教育学的奠基人，被誉为"中国的福禄贝尔"和"中国幼教之父"，是五四运动后我国新教育事业的创始人之一，是中国近现代教育家，更是我国现代幼儿教育的奠基人。

陈鹤琴1911年考入清华学堂高等科。1914年8月，陈鹤琴清华毕业，与陶行知同行前往美国留学，先在霍布金斯大学学习，1917年夏毕业后，进哥伦比亚大学师范学院，专心研究教育学和心理学。

1919年夏，陈鹤琴接受南京高等师范学校(后改为东南大学)校长郭秉文的邀请回国任教。其间，他任儿童心理学和教育学教授。1923年春，陈鹤琴在自宅客厅里创办南京鼓楼幼稚园，亲任园长。1927年，他发起组织幼稚教育研究会，创办我国最早的幼稚教育研究刊物《幼稚教育》(1928年改为《儿童教育》)，任主编。1928年5月，陈鹤琴在蔡元培主持召开的第一次全国教育会议上，与陶行知共同提出《注重幼稚教育案》7条。

1940年，陈鹤琴赴江西筹建幼稚师范。同年10月1日，我国第一所公立幼稚师范学校，即江西省立实验幼稚师范学校，诞生于江西省泰和县文江村，由陈鹤琴任校长，全面试验"活教育"，以实现其办中国化幼稚教育，由中国人自己培养中国化幼教师资的宏愿。1943年，该校由省立改为国立，同时增设幼稚师范专修科，从而形成了一个较完整的幼稚师范教育体系，包括专科部、师范部、小学部、幼稚园、婴儿园等，另设国民教育实验区。1945年，陈鹤琴在上海创立市立幼稚师范学院。他慈祥和善，挚爱学生，被不同时代的学生们亲热地称为"妈妈""外婆"。

1946年，陈鹤琴积极投入民主运动，支持幼师、幼专学生参与示威游行等活动。中华人民共和国成立后，任中央大学师范学院院长。1953年任南京师范学院院长，1959年被迫离开教育岗位，1982年12月30日在南京病逝。

陈鹤琴在他长达70年的教育实践中,在儿童心理、家庭教育、幼儿教育、小学教育、师范教育、文字改革、扫盲教育和教育测验等方面,都进行了卓有成效的、开拓性的实践和研究。主要作品有《智力测验法》《玩具与教育》《儿童心理之研究》《家庭教育怎样教小孩》《家庭教育》等著作。

他天性活泼开朗,热爱儿童,终身实践着自己"一切为了儿童"的思想;他是一位男性老师,却被学生们称为"妈妈";他是一位留学美国的教育学硕士,却在南京创办了一所幼稚园;他是一位父亲,从孩子一出生就进行了连续808天的跟踪观察;他是一位教育家,建立并完善了中国化、科学化的现代儿童教育理论体系,构建了完整的中国儿童教育结构体系。

陈鹤琴"变成小孩教小孩",一生致力于教育实践和理论研究工作,其中儿童家庭教育是他教育理论研究的一个重要领域,其家庭教育思想是对我国教育理论发展的一个重要贡献。他在1925年出版了《家庭教育》,这是中国罕见的一本家庭教育畅销书,对我国家庭教育,特别是学龄前儿童的家庭教育,产生了巨大的影响。

二、作品的时代背景

陈鹤琴所著的《家庭教育》是他在对儿子陈一鸣进行长期大量观察的基础之上,经过深入的思考和研究写就的一部专门论述家庭教育的著作。该书是作者在探索儿童教育中国化、本土化的过程中,对家庭教育进行亲自试验、研究和总结的结晶。

作为著名的儿童教育家,陈鹤琴力求通过这些书籍普及、提高父母的家庭教育、素质能力。《家庭教育》一书融会了生理学、心理学、教育学的基础知识,通过生动具体的事例,加上深入浅出、通俗易懂的道理,告诉家长和老师如何做父母、怎样教小孩。书中对于父母的责任和应具备的素质、培养孩子的要求和目标、教育孩子的原则和方法等基本问题,都做了非常翔实的说明和指导。《家庭教育》自1925年出版后,在当时及后来引起了强烈的反响,成为家庭教育和幼儿教育领域内的畅销图书,也给广大的父母如何教育孩子指明了方向。

陈鹤琴认为:"儿童是振兴中华的希望。儿童教育是整个教育的基础,关系到我们伟大祖国的命运。"同时,他认为"儿童教育是一门科学。只有了解儿童,才能教好儿童。实践出真知,要从实践中摸索教育儿童的规律"。

用陈鹤琴自己的话来讲，"《家庭教育》是我早年在东南大学执教期间，研究儿童心理及从事家庭教育实践经验所得"。可以看出，《家庭教育》一书是陈鹤琴先生在自己长期的家庭教育实践当中，以自己的儿子陈一鸣为观察和研究对象，结合自己的育儿经验和经历所写的一部著作，它是陈鹤琴教育实践活动的产物，也是其探索中国化教育道路的结晶。

三、主要内容及思想主旨

《家庭教育》一书用语通俗易懂，所举事例丰富、真实，所提教育原则可操作性强，称得上是一本家庭教育实用手册。陶行知因而说："在这书里面孩子从醒到睡，从笑到哭，从吃到撒，从健康到生病，从待人到接物的种种问题，都得到了充分的讨论。"

本书序言正文共13章，另含5篇序言及7篇附录。第一章论述"儿童的心理"，强调家庭教育需遵循儿童身心发展规律。第二章讲述儿童学习的特点及原则。第三章至第十二章提出了教导孩子的101条原则。第十三章着重说明父母应该为儿童营造良好的家庭环境。最后收录了陈鹤琴后期的一些论文，如《儿童教育的根本问题》《怎样做父母》《怎样做小孩》等。其主要内容如下。

（一）家庭教育的意义

家庭教育是人类全部教育活动的重要组成部分，它同学校教育、社会教育共同构成了一个国家教育的有机整体，在人的成长过程中起着特殊的、极为重要的作用。"幼稚期（自生至七岁）是人生最重要的一个时期，什么习惯、言语、技能、思想、态度、情绪都要在此时期打了一个基础，若基础打得不稳固，那健全的人格就不容易建造了。"

家庭是社会的细胞，承担着为社会造就人才的任务。陈鹤琴早在几十年前，就把家庭教育的意义与祖国的命运联系起来。他说："儿童是振兴中华的希望，儿童教育是整个教育的基础，关系到我们伟大祖国的命运。"他提出做父母的应当教训小孩子爱人，从最初的家庭教育环境开始，培养儿童的同情心和爱人教育。

（二）关于儿童心理的特点

在《家庭教育》中，陈鹤琴首先略述儿童之心理与学习性质及原则，并以此为家庭教育之基础。他认为幼儿具有以下几个主要特点。

1. 好动。对于儿童的这种好动心,家长及教师要正确对待,应当给他们充分的机会,适当的刺激,使儿童多与万物接触,儿童就是通过"玩这样弄那样,就渐渐地从无知无能的地步,到有知有能的地步"。

2. 好模仿。陈鹤琴指出:"这个模仿心,青年老年亦有的,不过一儿童格外充分一些。儿童学习言语、风俗、技能等等,大大依赖这个模仿心。"为此他对模仿动作的分类与发展进行研究,他的结论如下。

(1)模仿的动作与所模仿的动作不是一样的:比如儿童模仿成人说话时的发音,学写字时握笔的位置和姿势,都不可能和成人一样。因此,当儿童模仿时,教育者应格外当心,若有错误要及时纠正,以免养成错误的习惯。

(2)模仿只在初做的时候,后来继续所做的动作,是感觉这个动作的快乐而做的,并不再是模仿了。因此,我们应当利用这种心理。凡能发生快感的事,就做给他看,让他们模仿;反之,则不让其模仿。

(3)儿童的模仿能力是有差异的,并有一个发展过程。所以不要勉强儿童模仿他所不能模仿的东西。

(4)儿童模仿是无选择的。所以成人要注意以身作则,并创设良好的环境,同时要教他鉴别是非善恶。

3. 好奇。陈鹤琴指出,"儿童凡对于一切新的东西就生出好奇心。一好奇,就要与新的东西相接近。一接近,那就晓得这个东西的性质了。假使儿童与新的境地相接触愈多,他的知识愈广"。这种好奇心在教育上极有价值,他说,"好奇心是儿童学问之门径",是父母和教师"施教的钥匙"。怎样引起儿童的好奇心呢?陈鹤琴认为新异的刺激能激起儿童的好奇心。

总之,好问、好奇对儿童来说是启迪知识的关键,"儿童生而无知,后来长大起来,逐渐与环境相接触,他的好动能力和模仿能力逐渐滋长,而好问心也渐渐起来"。正是通过提出问题,正确地解答问题,儿童才能获得新知识。成人对儿童的问题不应置之不答或假作聪明、牵强附会,而搅乱了儿童的思想。

4. 好游戏。陈鹤琴认为"儿童好游戏乃是天然的。近世教育利用这种活泼本能,以发展儿童之个性与造就社会之良好分子"。他对游戏作了深刻的研究,形成了他自己的游戏理论。游戏的种类,陈鹤琴认为游戏有简单的、有复杂的。简单的游戏如四五个月的孩子摇铃做戏或敲棒作声。复杂游戏如各种球戏、比赛,这种游戏与简单游戏最大的区别是必定要有智慧,靠记忆力和想象力而不是靠反射动作。游戏的发展,陈鹤琴认为"人生一期有一期之游戏"。他介绍了华特尔的研究结果。

幼稚期(出生至 3 岁):此期儿童所爱的游戏属于感觉和动作方面的。儿童不但爱触觉游戏,也爱听觉游戏。所以,应当给以各种发响的玩物,使其单独玩并发展其听觉。

儿童初期(4 至 7 岁):此期不再停留在独自游戏状态,而是要找伙伴同游了,这时出现"模仿游戏""化装游戏",常常三五成群玩娶亲、开火车等游戏。

同时陈鹤琴将游戏的教育价值概括如下:第一,发展身体;第二,培养高尚道德;第三,使脑筋锐敏;第四,为休息之灵丹。

5.喜欢成功。陈鹤琴认为成人应当利用这种心理去鼓励幼儿做各种事情。他告诫人们:让儿童做的事情不要太难,"若太难,就不能有所成就;若没有成就,小孩子或者要灰心而下次不肯再做了"。"一有成就,就很高兴,就有自信力;自信力愈大,事情就愈容易成功。"他认为自信力与成就可以互相作用。

6.喜欢合群。陈鹤琴认为"凡人都喜欢群居的,幼小婴儿离群独居,就要哭喊。2 岁时就要与同伴游玩,到了 5、6 岁,这个乐群心更加强了"。他以自己的观察揭示了儿童乐群心的发展。陈鹤琴告诫人们,要利用这种好群的心理教育孩子;要给他得着良好的小朋友;应给他驯良的小动物,如猫、狗、兔等做他的玩伴;应给他小娃之类的玩具以聊解他的寂寞。

7.喜欢野外生活。陈鹤琴认为"小孩子都喜欢野外生活,到门外去就欢喜,终日在家里就不十分高兴"。他指出:不能到外边去看着玩玩是许多小孩子哭闹的一大原因。他告诫做父母或做教师的,不要总不放心让孩子到外面去,一怕身体疲劳,二怕弄脏衣服,三怕感冒风寒;做教师的则不要怕麻烦而不愿多事,以使学生失去与自然界相接触的良好机会。

8.喜欢称赞。陈鹤琴认为"两三岁的小孩子就喜欢听好话的,喜欢旁人称赞他的"。如当他们穿新衣穿新鞋时,就要给他人看。"到了四五岁的时候,这种喜欢嘉许的心理还要来得浓厚。"成人应用言语、动作、表情来鼓励他。他认为"这种赞许心,我们做父母的教育小孩子时应当利用的,然而不可用得太滥",以免适得其反。

(三)关于儿童学习的性质与原则

1.学习的性质。陈鹤琴认为儿童生来有 3 种基本能力,即感觉、联念和动作。学习就是先感觉外界的刺激,后把所感觉的事物与所有的感觉联合起来,再发生相当的动作去反映外界的刺激。

2.家庭教育原则。陈鹤琴认为家庭教育应融化和渗透于日常生活之中,通过家长的言传身教、亲子间的交往和家庭生活的实践,随机地、个别地、面对面地进行。他是从家庭生活的需要和儿童在家庭中的主要学习内容来阐述家庭教育的各项原则的。

(1)卫生教育方面。陈鹤琴从一般家庭的现实条件出发,详尽地阐述了培养良好卫生习惯的内容,共计25条,涵盖了吃、喝、拉、睡以及相应的设备。

(2)情绪教育和群育方面。陈鹤琴分析了孩子为什么会怕、为什么会哭,家长要以身作则,用合理的方式责罚孩子,教育孩子学习待人接物。

(3)智育方面。陈鹤琴强调通过多种途径让儿童获得并积累早期经验,提倡让孩子做自己能做的事情,让孩子自己去试探世界。陈鹤琴主张,要为孩子创造良好的环境,包括游戏的、艺术的、阅读的环境,以开拓儿童的视野,增强其适应能力。

四、精彩片段选读

1.小孩子是好游戏的。小孩子可以说是生来好动的。两三个月大的婴儿就能在床上不停地敲手踢脚,独自玩耍。到了五六个月的时候,看见东西就要来抓,抓住了就要放进嘴里去。到了再大一点,他就要这里推推,那里拉拉,不停地运动了,一等到会爬会走,那他的动作更加复杂了。忽而立,忽而坐;忽而这样,忽而那样;忽而爬到那里,忽而走到这里。假使我们成人像他那样活动两个钟头,那一定疲乏不堪了。到了三四岁的时候,他的游戏动作比从前还要繁多,而他的游戏方法也与从前不同了。从前他只能把椅子推来推去,现在他要把椅子抬来抬去,当花轿了;从前他只能把棒头敲敲作声以取乐,现在他要拿着棒当枪放了。到了八九岁的时候,他的身体比从前更加强健得多了,精神也非常充足了,知识也渐渐丰富了,因此他的游戏动作也就与从前不同了。此时他喜欢玩各种竞争游戏了:什么放风筝,踢毽子;什么斗蟋蟀,拍皮球;什么打棒头,捉迷藏他都能够玩了。

总体来说,小孩子是生来好动的,以游戏为生命的。要知多运动,多强健;多游戏,多快乐;多经验,多学识,多思想。所以做父母的不得不注意小孩子的动作和游戏。第一,做父母的应准备良好的设备使小孩子得着充分的运动;第二,做父母的应寻找适宜的伴侣使小孩子得着优美的影响。有此二者,小孩子的身体就容易强健,心境就常常快乐,知识就容易增进,思想就容易启发。

2. 小孩子是好模仿的。小孩子未到 1 岁大的时候,就能模仿简单的声音和动作了。他一听见鸡啼羊叫,也要啼啼看叫叫看;一看见别人洗面刷牙,也要洗洗看刷刷看。到了两岁光景的时候,他能模仿复杂的动作了。倘若他看见他母亲扫地洗衣,他也扫扫洗洗看;倘若他看见他父亲吐痰吃烟,他也要吐吐吃吃看。

到了三四岁的时候。他的模仿能力发展得更大了。什么娶亲,什么出殡,他都要模仿了。

总而言之,小孩子是好模仿的,家中人之举动言语他大概要模仿的。若家中人之举动文雅,他的举动大概也会文雅的;若家中人之言语粗陋,他的言语大概也是粗陋的。所以做父母的不得不事事谨慎,务使己身堪有作则之价值。

3. 小孩子是好奇的。小孩生来是好动的,生来是好模仿的,也是生来好奇的。五六个月大的婴儿一听见声音就要转头去寻,一看见东西就要伸手去拿。到了四五岁,他的好奇动作格外多了。看见路上的汽车马车来了,他总要停住脚看;听见外面的锣声鼓声响了,他总要跑出去看看。有一个 4 岁的小孩子,一日同他的母亲去探望他的小朋友,看见他小朋友的家里有许多蜜蜂,他拿了一根棒头把蜂巢敲敲看,不料一敲蜜蜂出来刺他了。

五、评价

人民教育家陶行知先生对陈鹤琴大加推崇,他当时曾评价《家庭教育》"系近今中国出版教育专书中最有价值之著作",称"这本书出来以后,小孩子可以多发些笑声,父母也可以少受些烦恼了。这本书是儿童幸福的源泉,也是父母幸福的源泉",并"深信此书能解决父母许多疑难问题,就说它是中国做父母的必读之书也不为过"。他称著者"以科学的头脑、母亲的心肠做成此书",并"愿与天下父母共读之"。

教育家郑宗海评价此书:"阅过之后,但觉珠玑满幅,美不胜收,有数处神乎其技,已臻乎艺术的范畴。"幼儿教育专家陈淑安对此书的评价是:《家庭教育》是一本有系统、逻辑严密,文字畅通、易读、易懂、方法切实可行而又极适合中国家庭教育的一本好书。"

第二十章 傅雷《傅雷家书》

一、作者简介及代表作

傅雷（1908—1966），字怒安，号怒庵，江苏南汇（今属上海）人，中国著名的翻译家、作家、教育家、美术评论家，中国民主促进会（民进）的重要缔造者之一。

傅雷早年留学法国巴黎大学。他翻译了大量的法文作品，其中包括巴尔扎克、罗曼·罗兰、伏尔泰等名家的著作。20世纪60年代初，傅雷因在翻译巴尔扎克作品方面的卓越贡献，被法国巴尔扎克研究会吸收为会员。其有两子傅聪、傅敏，傅聪为世界范围内享有盛誉的钢琴家，傅敏为英语教师。他的全部译作，经家属编定，交由安徽人民出版社编成《傅雷译文集》，从1981年起分15卷出版，现已出齐。

二、作品的时代背景

《傅雷家书》是傅雷暨夫人在1954年到1966年5月间写给儿子傅聪、傅敏等人的家信（共185封），由次子傅敏编辑而成。《傅雷家书》最早出版于1981年，《傅雷家书》的出版是当时轰动性的文化事件，三十多年来一直畅销不衰。

这些家书开始于1954年傅聪离家留学波兰，终结至1966年傅雷夫妇相继去世。十二年通信数百封，贯穿着傅聪出国学习、演奏成名到结婚生子的成长经历，也映照着傅雷的翻译工作、朋友交往以及傅雷一家的命运起伏。傅雷夫妇非常细心，儿子的信都妥善收藏，重点内容则分类抄录成册。

《傅雷家书》洋洋数十万言，字字涌动着真挚情感，阅者无不为之感动。信中有对过去教子严苛的悔赎，也有对儿子进步的表扬和鼓励，更有对音乐和艺术的指导和探讨、对党和国家建设及运动的看法和意见，以及对儿子生活的嘘问和关心。傅雷希望儿子能够懂得"国家的荣辱"和"艺术的尊严"，进而能够用严肃的态度对待人生，成就一位"德艺兼备、人格卓越"的艺术家。傅雷的家书,展示出他"又热烈又恬静""又深刻又朴素""又温柔又高傲""又微妙又率直"的内心世界。由此,我们不仅理解了傅雷能够成为一代翻译名家的深层原因,更会从中领略到育人成才的人生真谛。

傅雷夫妇作为中国父母的典范,一生苦心孤诣,呕心沥血培养了两个孩子:傅聪——著名钢琴大师、傅敏——英语特级教师。《傅雷家书》是先做人后成"家"、超脱小我、独立思考、因材施教等教育思想的体现。家书中父母的谆谆教诲,孩子与父母的真诚交流,亲情溢于字里行间,给天下父母子女强烈的感染启迪。

"烽火连三月,家书抵万金。"书信作为万里相隔的亲人之间维系感情的方式,自古至今有着非同寻常的意义,而父子之间的通信能产生如此大的影响、得到如此多的认同,这就是《傅雷家书》的不同凡响之处。

三、主要内容及思想主旨

《傅雷家书》收录了作者给孩子的数百封信,展示出傅雷对于西洋音乐艺术、东西方人文与社会、人的成才与成长等不同领域的精湛见解,以及作者高贵而平实的人品。傅雷在家信中寄予了对孩子深深的爱,以及对他们成就美好人品和卓越才能的深切期待。在家书中,傅雷这样说道:"(我)长篇累牍的给你写信,不是空唠叨,不是莫名其妙的 gossip(说长道短),而是有好几种作用的。第一,我的确把你当作一个讨论艺术、讨论音乐的对手;第二,极想激出你一些青年人的感想,让我做父亲的得些新鲜养料,同时也可以间接传布给别的青年;第三,借通信训练你的——不但是文笔,而尤其是你的思想;第四,我想时时刻刻,随处给你做个警钟,做面'忠实的镜子',不论在做人方面,在生活细节方面,在艺术修养方面,在演奏姿态方面。"贯穿全部家书的情意可以看到傅雷是要儿子知道国家的荣辱,艺术的尊严,不论做人,还是做事,能够用严肃的态度对待一切,期望孩子做一个"德艺俱备、人格卓越的艺术家"。

《傅雷家书》凝聚着傅雷先生对祖国、对儿子深厚的爱。他苦心孤诣,用自己的现身说法教导儿子要待人谦虚、做事严谨、不骄不躁、礼仪得体等,爱子之心,溢于言表。

(一)教导孩子要以德为先

傅雷非常重视道德修养的培养。在他的教育理念中,做人应该是德才兼备且以德为先的,对于艺术家来说,优秀的道德素质是最根本的,只有具备了高尚的道德素质才能创作出高尚的艺术作品,在《傅雷家书》中他也在不断强调:"弄学问也好,弄艺术也好,顶紧的是先要把一个人尽量发挥好,没成为某某家之前,先要学会做人;否则某某家不论如何高明也不会对人类有多大贡献。"在傅雷的教育观念中,对人道德素质的培养重于对技术与知识的培养,这也是他可以在教育中对傅聪发展的各个阶段都产生重要影响的原因。

(二)教导孩子要做事认真

在家书中,我们可以看到傅雷对子女幼年时教育的严厉。正如他在对己、对人、对工作、对生活的各方面都要求认真、严肃、一丝不苟的精神一样,他对待幼小的孩子也十分严格。友人表示很少看到他同孩子嬉戏逗乐,也不见他对孩子的调皮淘气行为表示过欣赏。傅雷亲自编制教材,给孩子制定日课,一一以身作则,亲自督促,严格执行。孩子在父亲的面前,总是小心翼翼,不敢任性,只有当父亲出门的时候,才敢大声笑闹、恣情玩乐。他规定孩子应该怎样说话,怎样行动,做什么,吃什么,不能有所逾越。

在家书中,我们更可以感受到平时教育子女极其严厉的傅雷直抒胸臆,爱子情深:"你走后第二天,就想写信,怕你嫌烦,也就罢了。可是没一天不想着你。""你回来了,又走了;许多新的工作、新的忙碌、新的变化等着你,你是不会感到寂寞的;我们却是静下来,慢慢的恢复我们单调的生活,和才过去的欢会和忙乱对比之下,不免一片空虚。""儿子交了朋友,世界上有什么事可以和这种幸福相比的!尽管将来你我之间聚少别多,但我精神上至少是温暖的,不孤独的。"

(三)教导孩子要追求艺术

在信件中,傅家人探讨音乐艺术、文学创作的深刻与高度。傅雷为傅聪纾解艺术道路上的心绪问题:"你说常在矛盾与快乐之中,但我相信艺术家没有矛盾不会进步,不会演变,不会深入。"也兴奋地交流刚看的戏剧电影:"常香玉的天生嗓子太美了,上下高低的 range 很广,而且会演戏,剧本也编得好。"

(四)教导孩子要独立自主

傅雷在教育实践中就非常注意他们独立自主的能力的培养。在家庭教育中,对孩子独立自主的能力的培养不容忽视,孩子以后进入社会,家长无法事事为其操心。在傅雷看来,"只有独立思考,才有艺术个性、才有艺术灵魂"。他在教育傅聪时也是要将傅聪培养成独立思考和注重逻辑的人,傅聪在这方面也如他父亲的期望一样。虽然在国内的时候,学习音乐的过程中有时缺少指导老师,但是他没有放弃学习音乐,凭着自己的独立意志完成音乐学习。这与傅雷所坚持的教育理念是分不开的,傅雷在教育孩子的时候要求他们对待生活和人生,都不要随波逐流,应该有自己的想法、自己的建议,更要在学习和事业方面养成独立思考和自主独立的个性。对于艺术家来说,独立思考是音乐创作的根本。没有独立思考,就难以形成属于自己的音乐特色,就不能称为音乐家。因此,在家庭教育方面,家长应该注重培养孩子独立自主的性格,锻炼孩子独立思考问题的能力,将更多的选择机会留给孩子。这样,孩子将来走向社会面临更多选择的时候,不会因为缺乏独立自主能力失去更多的机会。

四、精彩片段选读

片段一

背景信息:一九五四年傅聪赴波兰参加第五届萧邦国际钢琴比赛并在波兰留学,一九五四年一月十七日全家在上海火车站送傅聪去北京准备出国。

车一开动,大家都变了泪人儿,呆呆的直立在月台上,等到冗长的列车全部出了站方始回身。出站时沈伯伯再三劝慰我。但回家的三轮车上,个个人都止不住流泪。敏一直抽抽噎噎。昨天一夜我们都没睡好,时时刻刻惊醒。今天睡午觉,刚刚矇眬阖眼,又是心惊肉跳的醒了。昨夜月台上的滋味,多少年来没尝到了,胸口抽痛,胃里难过,只有从前失恋的时候有过这经验。今儿一天好像大病之后,一点劲都没得。妈妈随时随地都想哭——眼睛已经肿得不像样了,干得发痛了,还是忍不住要哭。只说了句"一天到晚堆着笑脸",她又呜咽不成声了。

一九五四年一月十八日

真的,孩子,你这一次真是"一天到晚堆着笑脸"!教人怎么舍得!老想到五三年正月的事,我良心上的责备简直消释不了。孩子,我虐待了你,我永远对不起你,我永远补赎不了这种罪过!这些念头整整一天没离开过我的头脑,只是不敢向妈妈说。人生做错了一件事,良心就永久不得安宁! 真的,巴尔扎克说得好:有些罪过只能补赎,不能洗刷!

一九五四年一月十九日

昨夜一上床,又把你的童年温了一遍。可怜的孩子,怎么你的童年会跟我的那么相似呢?我也知道你从小受的挫折对于你今日的成就并非没有帮助;但我做爸爸的总是犯了很多很重大的错误。自问一生对朋友对社会没有做什么对不起的事,就是在家里,对你和你妈妈作了不少有亏良心的事。——这些都是近一年中常常想到的,不过这几天特别在脑海中盘旋不去,象噩梦一般。可怜过了四十五岁,父性才真正觉醒!

今儿一天精神仍未恢复。人生的关是过不完的,等到过得差不多的时候,又要离开世界了。分析这两天来精神的波动,大半是因为:我从来没爱你象现在这样爱得深切,而正在这爱的最深切的关头,偏偏来了离别! 这一关对我,对你妈妈都是从未有过的考验。别忘了妈妈之于你不仅仅是一般的母爱,而尤其因为她为了你花的心血最多,为你受的委屈——当然是我的过失——最多而且最深最痛苦。园丁以血泪灌溉出来的花果迟早得送到人间去让别人享受,可是在离别的关头怎么免得了割舍不得的情绪呢?

跟着你痛苦的童年一齐过去的,是我不懂做爸爸的艺术的壮年。幸亏你得天独厚,任凭如何打击都摧毁不了你,因而减少了我一部分罪过。可是结果是一回事,当年的事实又是一回事:尽管我埋葬了自己的过去,却始终埋葬不了自己的错误。孩子,孩子! 孩子! 我要怎样的拥抱你才能表示我的悔恨与热爱呢![1]

片段二

一九五四年四月七日

记得我从十三岁到十五岁,念过三年法文;老师教的方法既有问题,我也念得很不用功,成绩很糟(十分之九已忘了)。从十六岁到二十岁在大同改念英文,也没念好,只是比法文成绩好一些。二十岁出国时,对法文的知识只会比你的现在的俄文程度差。到了法国,半年之间,请私人教师与房东太太双管齐下补习法文,教师管读本与文法,房东太太管会话与发音,整天

---

〔1〕 傅雷:《傅雷家书》,生活·读书·新知三联书店,1983年版,第1~2页。

的改正，不用上课方式，而是随时在谈话中纠正。半年以后，我在法国的知识分子家庭中过生活，已经一切无问题。十个月以后开始能听几门不太难的功课。可见国外学语文，以随时随地应用的关系，比国内的进度不啻一与五六倍之比。这一点你在莫斯科遇到李德伦时也听他谈过。我特意跟你提，为的是要你别把俄文学习弄成"突击式"。一个半月之间念完文法，这是强记，决不能消化，而且过了一晌大半会忘了的。我认为目前主要是抓住俄文的要点，学得慢一些，但所学的必须牢记，这样才能基础扎实。贪多务得是没用的，反而影响钢琴业务，甚至使你身心困顿，一空下来即昏昏欲睡。——这问题希望你自己细细想一想，想通了，就得下决心更改方法，与俄文老师细细商量。一切学问没有速成的，尤其是语言。倘若你目前停止上新课，把已学的从头温一遍，我敢断言你会发觉有许多已经完全忘了。

你出国后遇到的最大困难，大概和我二十六年前的情形差不多，就是对所在国的语言程度太浅。过去我再三再四强调你在京赶学理论，便是为了这个缘故。倘若你对理论有了一个基本概念，那末日后在国外念的时候，不至于语言的困难加上乐理的困难，使你对乐理格外觉得难学。换句话说：理论上先略有门径之后，在国外念起来可以比较方便些。可是你自始至终没有和我提过在京学习理论的情形，连是否已开始亦未提过。我只知道你初到时因罗君患病而搁置，以后如何，虽经我屡次在信中问你，你也没复过一个字。——现在我再和你说一遍：我的意思最好把俄文学习的时间分出一部分，移作学习乐理之用。

提早出国，我很赞成。你以前觉得俄文程度太差，应多多准备后再走。其实象你这样学俄文，即使用最大的努力，再学一年也未必能说准备充分，——除非你在北京不与中国人来往，而整天生活在俄国人堆里。

其次，你对时间的安排，学业的安排，轻重的看法，缓急的分别，还不能有清楚明确的认识与实践。这是我为你最操心的。因为你的生活将来要和我一样的忙，也许更忙。不能充分掌握时间与区别事情的缓急先后，你的一切都会打折扣。所以有关这些方面的问题，不但希望你多听听我的意见，更要自己多想想，想过以后立刻想办法实行，应改的应调整的都应当立刻改，立刻调整，不以任何理由耽搁。

自己责备自己而没有行动表现，我是最不赞成的。这是做人的基本作风，不仅对某人某事而已，我以前常和你说的，只有事实才能证明你的心意，只有行动才能表明你的心迹。待朋友不能如此马虎。生性并非"薄情"的人,在行动上做得跟"薄情"一样,是最冤枉的,犯不着的。正如一个并不调皮的人要调皮而结果反吃亏,一个道理。

一切做人的道理,你心里无不明白,吃亏的是没有事实表现;希望你从今以后,一辈子记住这一点。大小事都要对人家有交代![1]

片段三

一九五四年十月二日

……人一辈子都在高潮——低潮中浮沉,唯有庸碌的人,生活才如死水一般;或者要有极高的修养,方能廓然无累,真正的解脱。只要高潮不过分使你紧张,低潮不过分使你颓废,就好了。太阳太强烈,会把五谷晒焦;雨水太猛,也会淹死庄稼。我们只求心理相当平衡,不至于受伤而已。你也不是栽了筋斗爬不起来的人。我预料国外这几年,对你整个的人也有很大的帮助。这次来信所说的痛苦,我都理会得;我很同情,我愿意尽量安慰你、鼓励你。克利斯朵夫不是经过多少回这种情形吗? 他不是一切艺术家的缩影与结晶吗? 慢慢的你会养成另外一种心情对付过去的事:就是能够想到而不再惊心动魄,能够从客观的现实分析前因后果,做将来的借鉴,以免重蹈覆辙。一个人唯有敢于正视现实,正视错误,用理智分析,彻底感悟,终不至于被回忆侵蚀。我相信你逐渐会学会这一套,越来越坚强的。我以前在信中和你提过感情的 ruin(创伤,覆灭——编者注),就是要你把这些事当做心灵的灰烬看,看的时候当然不免感触万端,但不要刻骨铭心的伤害自己,而要象对着古战场,存着凭吊的心怀。[2]

片段四

……世界上最高的最纯洁的欢乐,莫过于欣赏艺术,更莫过于欣赏自己的孩子的手和心传达出来的艺术! 其次,我们也因为你替祖国增光而快乐! 更因为你能借音乐而使多少人欢笑而快乐! 想到你将来一定有更大的成就,没有止境的进步,为更多的人更广大的群众服务,鼓舞他们的心情,抚慰他们的创痛,我们真是心都要跳出来了! 能够把不朽的大师的不朽的作品

---

〔1〕 傅雷:《傅雷家书》,第7~9页。
〔2〕 同上书,第21页。

发扬光大,传布到地球上每一个角落去,真是多神圣,多光荣的使命! 孩子,你太幸福了,天待你太厚了。我更高兴的更安慰的是:多少过分的谀词与夸奖,都没有使你丧失自知之明,众人的掌声,拥抱,名流的赞美,都没有减少你对艺术的谦卑! 总算我的教育没有白费,你二十年的折磨没有白受! 你能坚强(不为胜利冲昏了头脑是坚强的最好的证据),只要你能坚强,我就一辈子放了心! 成就的大小、高低,是不在我们掌握之内的,一半靠人力,一半靠天赋,但只要坚强,就不怕失败,不怕挫折,不怕打击——不管是人事上的,生活上的,技术上的,学习上的——打击;从此以后你可以孤军奋斗了。何况事实上有多少良师益友在周围帮助你,扶掖你。还加上古今的名著,时时刻刻给你精神上的养料! 孩子,从今以后,你永远不会孤独的了,即使孤独也不怕的了!

赤子之心这句话,我也一直记住的。赤子便是不知道孤独的。赤子孤独了,会创造一个世界,创造许多心灵的朋友! 永远保持赤子之心,到老也不会落伍,永远能够与普天下的赤子之心相接相契相抱! 你那位朋友说得不错,艺术表现的动人,一定是从心灵的纯洁来的! 不是纯洁到象明镜一般,怎能体会到前人的心灵? 怎能打动听众的心灵?

音乐院长说你的演奏象流水,象河;更令我想到克利斯朵夫的象征。天舅舅说你小时候常以克利斯朵夫自命;而你的个性居然和罗曼·罗兰的理想有些相象了。莱茵河,江声浩荡……钟声复起,天已黎明……中国正到了"复旦"的黎明时期,但愿你做中国的——新中国的——钟声,响遍世界,响遍每个人的心! 滔滔不竭的流水,流到每个人的心坎里去,把大家都带着,跟你一块到无边无岸的音响的海洋中去吧! 名闻世界的扬子江与黄河,比莱茵的气势还要大呢! ……黄河之水天上来,奔流到海不复回! ……无边落木萧萧下,不尽长江滚滚来! ……有这种诗人灵魂的传统的民族,应该有气吞牛头的表现才对。

你说常在矛盾与快乐之中,但我相信艺术家没有矛盾不会进步,不会演变,不会深入。有矛盾正是生机蓬勃的明证。眼前你感到的还不过是技巧与理想的矛盾,将来你还有反复不已更大的矛盾呢:形式与内容的枘凿,自己内心的许许多多不可预料的矛盾,都在前途等着你。别担心,解决一个矛盾,便是前进一步! 矛盾是解决不完的,所以艺术没有止境,没有 perfect 的一天,人生也没有 perfect[完美,十全十美]的一天! 唯其如此,才需要我们日以继夜,终生的追求、苦练;要不然大家做了羲皇上人,垂手而天下治,做人也太腻了！[1]

五、评价

傅雷对孩子寄予了很高的期望。他不仅希望儿子可以经过严格的磨炼来掌握技能，通过审美熏陶来感受艺术，还期望他们有高洁的志气和干净的人品。除了教导子女提高个人修养外，他还常常与孩子探讨艺术，教导他如何在艺术上卓有成效地学习。作为人类感受美、表现美和创造美的基本形式，艺术熏陶对于儿童的成长具有非凡的价值。傅雷不仅时时关注儿子的演出评论、节目表单，甚至亲自和老师通信，征求意见，翻译寄送各种与孩子艺术工作有关的文字资料等，不吝心血地去付出。关于艺术教育，傅雷的态度和观点都值得现在的家长借鉴。

另一方面，幼儿对事物的感受和理解不同于成人，我们不能用统一的、"完美的"标准去衡量评判幼儿，对幼儿进行千篇一律的训练，以免扼杀孩子想象与创造的萌芽。《3—6 岁儿童学习与发展指南》中指出："幼儿的学习是以直接经验为基础，在游戏和日常生活中进行的。"所以在对子女开展家庭教育时一定要注意方式方法。在《傅雷家书》中，我们可以看到，傅雷对其孩子的要求很高、规定也很多，有时其教育方式会显得简单生硬。在此后的书信中，傅雷也流露出对"棍棒教育"的追悔之情。真实的人性并不完美，却正因为其矛盾而显得富于真情实感。

因此，无论从哪个角度而言，《傅雷家书》都是"一部最好的艺术学徒修养读物，也是一部充满着父爱的苦心孤诣、呕心沥血的教子篇"（楼适夷语）。

---

〔1〕　傅雷：《傅雷家书》，第 36～38 页。

第
三
编

外国古代篇

一、外国古代家庭教育简介

本篇的主要内容包括从古希腊罗马时期到文艺复兴时期的家庭教育思想、代表人物、著作以及具体的教育实践。提到古希腊,苏格拉底、柏拉图和亚里士多德是当时最具代表性的哲学家、教育家,在世界教育史上被誉为"三杰",他们的教育思想是古希腊教育繁荣发展的主导思想,为后来欧洲各国教育思想的发展奠定了基础。由于雅典民主政治趋于极端化,奴隶主贵族斗争加剧,为了寻求良好的政治制度和社会秩序,建立"理想之国",他们都把教育和政治密切联系在一起,而专门的家庭教育的论述比较少见。如柏拉图的《理想国》,把教育看作国家正义与否的决定因素,再如亚里士多德的《政治篇》,也高度评价教育对社会政治所起的巨大作用。从微观来看,为适应国家统治的需要,"三杰"都提出教育应当陶冶人们的美德,注重心灵的发展,柏拉图更是在其《理想国》中提出了优生、胎教和有关幼儿早期教育的思想,对当今的家庭教育、儿童教育有一定的启发意义。

古罗马的精神发展与古希腊的思想演进相差了两个世纪,罗马和希腊之间虽然如此接近,但依然呈现不同的发展状态。罗马文明在希腊世界的边缘地带以独特的方式建立起来,而罗马所保留的古老而独特的教育传统中的某些方面,正是我们需要讨论分析的内容。本篇提到的古罗马教育文化的代表人物,主要有普鲁塔克及昆体良等人。在家庭教育方面,普鲁塔克在《论儿童教育》中提倡对自由民的子女必须实施德育、智育和体育,以便使他们成为品德高尚、学识渊博、身体健康的人,成为罗马的优秀公民。同时,在父权制家庭教育思想的影响下,作者从父亲的角度提出了各种具体的教育方法,为当今家庭教育提供了参考。昆体良的《论演说家的教育》具体阐述了雄辩家的培养和教育,并提出了四个教育阶段,其初始阶段即家庭教育,并提出家庭教育的主要内容是知识教育和道德教育。

人们普遍认为,文艺复兴之所以被冠以"文艺"的名号,是由于在希腊、罗马古典时代文艺曾高度繁荣,但在中世纪"黑暗时代"却衰败湮灭,直到14世纪后才获得"再生"与"复兴",其中教育也不例外。文艺复兴时期涌现出一批具有代表性的教育家,在家庭教育方面首推夸美纽斯。他将家庭看作是儿童的第一所学校,母亲则是儿童的第一任老师,其著作《母育学校》在人类教育史上首次系统论述了学前教育,为六岁以下的儿童提供了一份详细的教育大纲。此外,夸美纽斯的《大教学论》中有关教育目的、教育对象的论述,对家庭教育也具有一定的启发意义。再者,蒙田通过随笔的形式,论习惯、论儿童的教育,以分享的形式轻松地表达其教育见解,令读者乃至为人父母之人受益匪浅。

总体来说,外国古代的家庭教育思想散见于各著作中,缺少针对性的论著,本篇将国家层面的德育、早期教育、母育等家庭教育实践的相关内容或对家庭教育有启发的内容进行提炼,读者在阅读的同时要惯于进行学习迁移,从而理解外国古代的家庭教育,并汲取其有益经验。

二、外国古代家庭教育的现代价值

对现代人的文化而言,古代的教育史绝不是无关紧要的,它代表的是教育传统的源头,不管时间如何流逝,文明的精髓源自它们,随着古代学术在文艺复兴时期的再度兴起,古代的教育方法又重新焕发了光彩。而对历史了解越丰富,越能建立起自我与他人之间的对话。外国古代家庭教育的现代价值主要表现在以下几个方面。

(一)重视早期教育,强调家庭的重要作用

《母育学校》中指出,对于父母,儿童是应该比金银珠宝更加珍贵的,成人有义务照顾好儿童。从动物天性的角度阐述母乳喂养的必要性,另外,父母要在做好足够的准备下才将儿童送入学校,否则是对儿童极其不负责任的行为。

(二)古典时期质朴务实的家庭教育内容为教育实践提供可操作性的参考

柏拉图在教育方式上提出了自己的看法,用讲故事的方式吸引儿童的注意力,提高学习效率;普塔鲁克通过具体的实例告诉父母如何以身作则,培养儿童良好的行为;昆体良用连续的反问句坚定了七岁以前儿童早期教育的重要性,这些具体的教育方法能够给父母最直观的建议。

(三)关注各年龄阶段,并施以相应的教育,同时强调教育公平

为培养合格的雄辩家,昆体良提出了一个从学前教育到高等教育的完整教育过程,主要包括四个阶段,即家庭教育、初级学校、文法学校和雄辩术学校,并针对每个阶段施以不同的教育,达到不同的教育效果。夸美纽斯的"泛智"思想也使得人文主义思潮更加深入人心。

(四)重视儿童成长的影响因素,从遗传的角度提出建议

《理想国》中,柏拉图开始关注人类成长的影响因素,提出优生优育的思

想雏形,同时也肯定了教育在后期发展过程中的重要作用,而柏拉图能够关注到比妊娠过程更早的影响因素,这本身就是一个创举。

(五)关注道德教育、身体素质教育以及艺术教育,与新时代体、智、德、美全面发展不谋而合

苏格拉底从国家需要的层面提出体育和音乐教育的重要性;昆体良指出在雄辩家所具备的素质中,道德品质是最重要的;蒙田也提到儿童不应该莽撞无理,明智的父亲应该严慈相济地对儿童进行监管,这些思想和做法在现代教育中也具有指导作用。

第二十一章 古罗马《十二铜表法》

一、《十二铜表法》简介

《十二铜表法》是罗马共和国的主要法律。公元前451至前450年颁布,因刻在12块铜牌上,故称为"十二铜表法",它是留传下来的最早的古罗马成文法典之一。

公元前5世纪之前,罗马的法律还是习惯法,它的解释权操控在贵族法官手里。法官利用这个权力为贵族谋利益。平民要求制定成文法,经过长期的斗争,于公元前454年逼迫贵族成立十人委员会(十人团)制定并公布了成文法,《十二铜表法》为其代表。

二、作品的时代背景

古罗马的奴隶制国家发源于古意大利。约在公元前8世纪以前,古罗马处于氏族公社时期。传说罗慕路斯于公元前754至前753年创建罗马城。公元前8至前6世纪的罗马,称为王政时期,此时的罗马尚处于氏族社会向阶级社会过渡时期。这一时期的法律,主要是古老氏族的习惯和社会通行的各种惯例,至王政后期奴隶制国家最后形成阶段,它们逐渐演变成为习惯法。

公元前7世纪后,随着生产力的发展,私有制出现,罗马社会产生了奴隶主和奴隶两个基本对立的阶级,氏族制度趋于解体。与此同时,"平民"阶层逐渐形成。平民承担罗马大部分的税收和罗马军事义务,但因其不是氏族公社成员,不能享有政治权利,不能与贵族通婚,也不能占有公地。正是平民为争取权利同贵族进行的长期斗争,客观上加速了罗马氏族制度的瓦解,促进罗马奴隶制国家与法律的形成。

随着罗马奴隶制国家最终形成,罗马法也随之产生。当然,共和国早期的法律渊源主要是习惯法。罗马法是一种反映罗马奴隶主阶级的意志,保护奴隶制的剥削关系,巩固奴隶主阶级在国家机关中的统治地位以及对奴隶的无限权力的社会规范体系。

公元前 6 世纪中叶,罗马贵族被迫让步,第六代王塞尔维乌斯·图利乌斯对罗马社会进行了改革,废除了原来以血缘关系为基础的氏族部落,以地域关系来划分居民,并按照财产的多少将居民划分为五个等级。这次改革标志着罗马氏族制度的彻底瓦解,罗马奴隶制国家正式产生,罗马从此步入共和时期。

三、主要内容及思想主旨

《十二铜表法》基本上仍是按旧有习惯法制定,还是维护贵族奴隶主的利益,但它对奴隶主私有制、家长制、继承、债务和刑法、诉讼程序等方面都作了规定,限制了贵族法官随心所欲地解释法律的权力。《十二铜表法》反映了罗马奴隶制的发展和奴隶主阶级国家的形成过程。

《十二铜表法》的颁布具有历史局限性,例如,对于畸形胎儿的处置、体罚等是当今社会无法忍受的。然而,通过对相关法律进行评析,可以了解古罗马家庭教育的特点,并通过反例来启发现代家庭教育,这主要表现在以下几点。

1. 从伦理学角度来思考优生原则;

2. 对婴幼儿生命权、人身自由权、人格尊严权的保护;

3. 家长对儿童具有养育和监护的义务;

4. 夫妻关系受法律保护,为婴幼儿成长提供爱的环境。

四、精彩片段选读

第四表　家长权[1]

一、对奇形怪状的婴儿,应即杀之。

二、家属终身在家长权的支配下。家长得监禁之、殴打之、使做苦役,甚至出卖之或杀死之;纵使子孙担任了国家高级公职的亦同。

三、家长如 3 次出卖他的儿子,该子即脱离家长权而获得解放。

四、夫得向妻索回钥匙,令其随带自身物件,把她逐出。

五、婴儿自父死后 10 个月内出生的,推定他为婚生子女。

---

〔1〕　周枏:《罗马法原论》(下),商务印书馆,2017 年版,第 1023 页。

五、评价

《十二铜表法》是古罗马的第一部成文法,它破除了贵族对法律的垄断,对贵族的权力构成了制约,从而在某种程度上维护了平民的权利。就家庭教育而言,《十二铜表法》规定了家庭教育中的权力关系:父亲对孩子的教育拥有绝对的权力。不仅如此,它还规定了公民与国家的权利义务关系、公民违法后应承担的处罚措施。《十二铜表法》在某种程度上发挥了教材的作用,它成为古罗马社会的儿童识字课本,许多儿童被要求背诵或熟记《十二铜表法》的内容。因此,这一法律规定了一个合格公民的道德标准与行为规范,对于儿童的成长发挥了巨大的指引作用——为了成为良好的公民,必须踏实工作、必须服从命令,为了国家和家庭做出努力和牺牲。

这一时期,古罗马社会对儿童培养的目标,是使他们养成坚定、无畏、忠诚、富有牺牲精神的品质,以便在未来成长为勇敢的战士和耐劳的农夫。儿童的保育主要靠其母亲和保姆,而教导儿童的责任或义务则落在了父亲的肩上。这不仅是因为父系的特权在《十二铜表法》中以法律的形式得以肯定和保护,更是因为,如何选种、如何丈量土地,以及学习骑马、射箭、击剑等军事技能的练习,通常需要男子的教导。

第二十二章　柏拉图《理想国》[1]

一、作者简介及代表作

柏拉图(前 427—前 347),是古希腊伟大的哲学家,柏拉图学派创始人。柏拉图出生于雅典,父母为名门望族之后,柏拉图从小也受到了完备的教育。他早年喜爱文学,写过诗歌和悲剧,并且对政治十分感兴趣,20 岁左右同苏格拉底交往后,沉迷于哲学研究。公元前 399 年,苏格拉底受审并被判死刑,使柏拉图对现存的政体完全失望,老师的去世给柏拉图以沉重的打击。国家对老师的不公正待遇,社会反对民主政治,认为一个人应该做和他身份相符的事,例如,农民只负责种田,手工业者只负责做工,商人只负责赚钱做生意,平民不能参与国家大事,等等,加深了柏拉图对平民政体的成见。

苏格拉底被雅典法庭处死后,柏拉图失望之极,他再也不愿在雅典待下去了。在人生的 28 岁至 40 岁,他一直在海外漫游,先后到过埃及、意大利、西西里等地,一边考察,一边宣传自己的政治主张。公元前 388 年,柏拉图来到地中海的西西里岛,想说服统治者建立一个由哲学家管理的理想国,但目的没有达到。返回途中他不幸被卖为奴隶,他的朋友费力花了许多钱才把他赎回来。

公元前 387 年,柏拉图回到雅典,在城外西北角一座为纪念希腊英雄阿卡德摩斯而设的花园和运动场附近创立了自己的学校——学园(也称"阿卡德米")。这是西方最早的高等学府,后世的高等学术机构(academy)也因此而得名,它是中世纪时在西方发展起来的大学前身。学园存在了 900 多年,直到公元 529 年被查士丁尼大帝关闭。学园受到毕达哥拉斯思想的影响较大,课程设置参照了毕达哥拉斯学派的传统分类,包括了算术、声学、天文学以及几何学等。

---

〔1〕　张法琨选编:《古希腊教育论著选》,人民教育出版社,2017 年版。

公元前 367 年,柏拉图再度出游,此时学园已经创立二十多年了。他两次赴西西里岛企图实现政治抱负,并将自己的理念付诸实施,但是却遭到强行放逐,于公元前 360 年回到雅典,继续在学园讲学、写作。直到公元前 347 年,柏拉图以 80 岁高龄去世。

柏拉图是苏格拉底的学生,亚里士多德是柏拉图的学生,三人的成就对古希腊以及后来的西方思想和文明都有深远的影响。柏拉图善于用对话、问答的方式来写作,其中传世的著作就有四十余篇,如《申辩》《斐多》《克里多》《美诺》《会饮》《斐德罗》《普罗泰葛拉》《泰阿泰德》《智者》《巴门尼德》《理想国》《法律篇》等。

二、作品的时代背景

公元前四、前五世纪,希腊半岛上形成大大小小许多个城邦(state),各城邦的政治制度和经济发展水平不一。其中最大、最著名的城邦之一就是雅典。希波战争的胜利奠定了雅典繁荣的基础。战争中形成的提洛同盟,以雅典为中心形成了雅典帝国。战后的雅典无论在经济、文化、军事上都空前强盛。

这种全盛局面到柏拉图时代已经衰落了,衰落主要源于希腊内战,即伯罗奔尼撒战争。这一时间漫长的战争几乎将整个希腊卷进来,它实际是雅典与斯巴达的争霸战。公元前 5 世纪末,伯罗奔尼撒战争以雅典惨败而告终,战争失败使雅典失去了希腊世界的领导地位,不得不承认斯巴达为希腊的霸主,影响力随之减弱,并伴随着伦理道德观念的衰败,民主制度也遭到挑战。希腊各城邦奴隶制开始走向衰落,奴隶主民主派和奴隶主贵族派争夺政权的斗争加剧。这时,雅典的民主政治日渐蜕化变质。民主政治的社会根基败落,雅典社会两极分化,大量自由民徒有民主权利。之后,斯巴达国王吕西斯特拉图占领雅典时,傀儡政府三十僭主的弊端更是逐渐显露。这种政治混乱的局面导致了希腊半岛于公元前 338 年被新兴的马其顿王所统治。具体来说,柏拉图所处的时代,正是雅典盛极而衰之时。

为了寻求良好的政治制度和社会秩序,为了建立"理想之国",苏格拉底、柏拉图以及亚里士多德都把教育与政治密切联系起来。柏拉图继承了苏格拉底关于教育的社会政治作用的思想观念,在他的一系列著作中,都集中论述了如何通过教育培养具有良好德行的国家统治者的问题。特别是这篇他于公元 377 年前后写下的一篇最长、最成熟的对话——《理想国》。

三、主要内容及思想主旨

《理想国》是古希腊哲学家柏拉图创作的哲学对话体著作。全书主要论述了柏拉图心中理想国的构建、治理和正义,主题是关于国家的管理。

柏拉图在《理想国》中以故事为题材,叙述苏格拉底到贝尔斯祷神,归途被派拉麦克邀往家中,宾主滔滔谈论起来。两人的辩论从各个角度暴露奴隶主阶级的哲学思想、政治思想、艺术思想及教育思想。故事中的苏格拉底是虚拟的、假托的,实际上就是柏拉图的代言人。文中借苏格拉底之口和人讨论正义,分析个人正义与城邦正义之间的互通性,系统地阐述了正义的概念。柏拉图设计并展望着心目中理想国度的蓝图,提出在“理想国”中才能真正实现正义。

《理想国》不只是一部哲学著作,对于教育学更富有启发意义。从家庭教育的角度来看《理想国》,似乎没有太多专门的叙述,但是柏拉图对于人类心灵本质及人的成长等问题的看法,可以给父母教育子女以启发。具体表现在以下几点。

1. 柏拉图在《理想国》中充分表述了对“知识”和“真理”的看法。柏拉图认为教育就是使人运用思维,回忆心灵中原有的知识,获得真知,富有理性,以善行事。在第七章中,柏拉图以“洞穴”之喻,说明没有知识的人就好像洞穴内的因犯一样。人之优劣,归根结底是人的心灵“纯化”到何等地步,通过一种适当的教育,使人的心灵得到“纯化”,各种人就可以尽其职、安其位了。

2. 柏拉图还提出了一系列关于促进青少年身心和谐发展的思想观点。《理想国》的前半部分主要是阐述青少年身心和谐发展教育的思想,其后半部分是阐述关于理性教育的思想,理性教育是柏拉图理想教育的后一阶段或最高阶段。其前一阶段或初级阶段是以品格训练为主的和谐发展教育,其中包括音乐教育和体育。另外,书中还指出了为什么要重视音乐和体育教育,原文中也指出体育锻炼和人类的生老病死息息相关,它会影响到一个人的体质强弱,体育教育除了重视身体锻炼外,还包括饮食卫生等。音乐和体育是相对的概念,它是一种习惯,一种教育的辅助,可以陶冶精神,但又不同于知识。音乐能够通过韵律培养人的气质,还可以以故事的形式来培养语言,以及其他类似的品质。除了音乐和体育教育,柏拉图还指出,人类还应该学习一种更重要的东西——分辨,也就是我们现代意义上的数数和计算,因为这是发展科学技术、锻炼思维需要用到的,也是一定意义上的智育。这些关注点都对家庭教育内容有重要的借鉴作用。

3. 书中提出兴趣对学习效果的作用,并通过体力劳动与脑力劳动痛苦程度的比较来劝解他人要首先热爱学习。但学习与天赋也有关,首先他们应该有极强的记忆力,并且具有百折不挠,不惧怕一切痛苦和艰辛的勇气。要不然很难想象,要经过如此漫长复杂的学习和训练,除了天赋极好的人外,一般人很难承受。家庭教育要以培养儿童的兴趣为主,同时加上其先天具有的智力优势,达到预期的教育效果。

4. 苏格拉底还十分重视耳濡目染的环境熏陶对儿童成长的影响。书中提到要监督诗人在其诗篇中所传递的价值观,强迫他们在诗篇中树立良好品格的形象,否则诗篇将失去存在的意义。除了诗篇以外,绘画、建筑、雕刻等艺术形式同样不能出现邪恶、放荡、卑鄙、龌龊的坏精神,如果有人不服从,我们就应该抵制它的存在。因为儿童就像牛羊,吃掉这些"毒草",会耳濡目染、近墨者黑,不知不觉在心灵上留下污点。儿童接触的应该是春风化雨的、充满美德的环境,对他们来说这才是最好的教育。

四、精彩片段选读

片段一

苏:接下来让我们把受过教育的人与没受过教育的人的本质比作下述情形。让我们想象一个洞穴式的地下室,它有一长长通道通向外面,可让和洞穴一样宽的一路亮光照进来。有一些人从小就住在这洞穴里,头颈和腿脚都绑着,不能走动也不能转头,只能向前看着洞穴后壁。让我们再想象在他们背后远处高些的地方有东西燃烧着发出火光。在火光和这些被囚禁者之间,在洞外上面有一条路。沿着路边已筑有一带矮墙。矮墙的作用像傀儡戏演员在自己和观众之间设的一道屏障,他们把木偶举到屏障上头去表演。

格:我看见了。

苏:接下来让我们想象有一些人拿着各种器物举过墙头,从墙后面走过,有的还举着用木料、石料或其它材料制作的假人和假兽。而这些过路人,你可以料到有的在说话,有的不在说话。

格:你说的是一个奇特的比喻和一些奇特的囚徒。

苏:不,他们是一些和我们一样的人。你且说说看,你认为这些囚徒除了火光投射到他们对面洞壁上的阴影而外,他们还能看到自己的或同伴们的什么呢?

格:如果他们一辈子头颈被限制了不能转动,他们又怎样能看到别的什么呢?

苏:那么,后面路上人举着过去的东西,除了它们的阴影而外,囚徒们能看到它们别的什么吗?

格:当然不能。

苏:那么,如果囚徒们能彼此交谈,你不认为,他们会断定,他们在讲自己所看到的阴影时是在讲真物本身吗?

格:必定如此。

苏:又,如果一个过路人发出声音,引起囚徒对面洞壁的回声,你不认为,囚徒们会断定,这是他们对面洞壁上移动的阴影发出的吗?

格:他们一定会这样断定的。

苏:因此无疑,这种人不会想到,上述事物除阴影而外还有什么别的实在。

格:无疑的。

苏:那么,请设想一下,如果他们被解除禁锢,矫正迷误,你认为这时他们会怎样呢?如果真的发生如下的事情,其中有一人被解除了桎梏,被迫突然站了起来,转头环视,走动,抬头看望火光,你认为这时他会怎样呢?他在做这些动作时会感觉痛苦的,并且,由于眼花缭乱,他无法看见那些他原来只看见其阴影的实物。如果有人告诉他,说他过去惯常看到的全然是虚假,如今他由于被扭向了比较真实的器物,比较地接近了实在,所见比较真实了,你认为他听了这话会说些什么呢?如果再有人把墙头上过去的每一器物指给他看,并且逼他说出那是些什么,你不认为,这时他会不知说什么是好,并且认为他过去所看到的阴影比现在所看到的实物更真实吗?

格:更真实得多呀!

苏:如果他被迫看火光本身,他的眼睛会感到痛苦,他会转身走开,仍旧逃向那些他能够看清而且确实认为比人家所指示的实物还更清楚更实在的影象的。不是吗?

格:会这样的。

苏：再说，如果有人硬拉他走上一条陡峭崎岖的坡道，直到把他拉出洞穴见到了外面的阳光，不让他中途退回去，他会觉得这样？被强迫着走很痛苦，并且感到恼火，当他来到阳光下时，他会觉得眼前金星乱蹦金蛇乱串，以致无法看见任何一个现在被称为真实的事物的。你不认为会这样吗？

格：噢，的确不是一下子就能看得见的。

苏：因此我认为，要他能在洞穴外面的高处看得见东西，大概需要有一个逐渐习惯的过程。首先大概看阴影是最容易，其次要数看人和其他东西在水中的倒影容易，再次是看东西本身，经过这些之后他大概会觉得在夜里观察天象和天空本身，看月光和星光，比白天看太阳和太阳光容易。

格：当然咯。

苏：这样一来，我认为，他大概终于就能直接观看太阳本身，看见他的真相了，就可以不必通过水中的倒影或影像，或任何其他媒介中显示出的影像看他了，就可以在它本来的地方就其本身看见其本相了。

格：这是一定的。

片段二

苏：我们必须在下面研究哲学家天性的败坏问题：为什么大多数人身上这种天性败坏了，而少数人没有，这少数人就是虽没被说成坏蛋，但被说成无用的那些人。然后我们再考察那些硬打扮成哲学家样子，自称是在研究哲学的人，看一看他们的灵魂天赋，看看这种人是在怎样奢望着一种他们所不能也不配高攀的研究工作，并且以自己的缺乏一贯原则，所到之处给哲学带来了你所说的那种坏名声。

阿：你所说的败坏是什么意思呢？

苏：我将尽我所知试解释给你听。我想，任何人都会同意我们这一点：像我们刚才要求于一个完美哲学家的这种天赋是很难能在人身上生长出来的，即使有，也只在很少数人身上生长出来的。不这样认为吗？

阿：的确难得。

苏：请注意，败坏它的那些因素却是又多又强大的呢！

阿：有哪些因素？

苏：最使人惊讶的是，我们所称赞的那些自然天赋，其中每一个都能败坏自己所属的那个灵魂，拉着它离开哲学，这我是指勇敢、节制，以及我们列举过的其余这类品质。

阿:这听起来荒唐。

苏:此外还有全部所谓的生活福利——美观、富裕、身强体壮在城邦里有上层家族关系,以及与此关连的一切—这些因素都有这种作用,我想你是明白我的意思的。

阿:我明白,但是很高兴听到你更详细的论述。

苏:你要把问题作为一个整体来正确地理解它。这样你就会觉得它很容易明白,对于我前面说的那些话你也就不会认为它荒唐了。

阿:那么你要我怎么来理解呢?

苏:我们知道,任何种子或胚芽(无论植物的还是动物的)如得不到合适的养分、季节、地点,那么,它愈是强壮,离达到应有的发育成长程度就愈远,因为,恶对善比对不善而言是一更大的反对力量。

阿:是的。

苏:因此我认为这也是很合理的,如果得到的是不适合的培养,那么最好的天赋就会比差的天赋所得到的结果更坏。

阿:是的。

苏:因此,阿得曼托斯啊,我们不是同样可以说,天赋最好的灵魂受到坏的教育之后就会变得比谁都坏吗?或者,你认为巨大的罪行和纯粹的邪恶来自天赋差的,而不是来自天赋好的但被教育败坏了的人吗?须知一个天赋贫弱的人是永远不会做出任何大事(无论好事还是坏事)的。

阿:不,还是你说得对。

苏:那么,我们所假定的哲学家的天赋,如果得到了合适的教导,必定会成长而达到完全的至善。但是,如果他像一株植物,不是在所需要的环境中被播种培养,就会长成一个完全相反的东西,除非有什么神力保佑。或者你也像许多人那样,相信真有什么青年被所谓诡辩家所败坏,相信真有什么私人诡辩家够得上说败坏了青年?说这些话的人自己才真是最大的诡辩家呢!不正是他们自己在最成功地教育着男的、女的、老的、少的,并且按照他们自己的意图在塑造着这些人吗?

片段三

苏:那么,问题只在诗人身上了?我们要不要监督他们,强迫他们在诗篇里培植良好品格的形象,否则我们宁可不要有什么诗篇? 我们要不要同样地监督其他的艺人,阻止他们不论在绘画或雕刻作品里,还是建筑或任何艺术作品里描绘邪恶、放荡、卑鄙、龌龊的坏精神? 哪个艺人不肯服从,就不让他在我们中间存在下去,否则我们的护卫者从小就接触罪恶的形象,耳濡目染,有如牛羊卧毒草中嘴嚼反刍,近墨者黑,不知不觉间心灵上便铸成大错了。因此我们必须寻找一些艺人巨匠,用其大才美德,开辟一条道路,使我们的年轻人由此而进,如入健康之乡,眼睛所看到的,耳朵所听到的艺术作品随处都是。使他们如坐春风如沾化雨,潜移默化,不知不觉之间受到熏陶,从童年时,就和优美、理智融合为一。

格:对于他们,这可说是最好的教育。

片段四

苏:音乐教育之后,年轻人应该接受体育锻炼。

格:当然。

苏:体育方面,我们的护卫者也必须从童年起就接受严格的训练以至一生。我所见如此,不知你以为怎样? 因为我觉得凭一个好的身体,不一定就能造就好的心灵、好的品格。相反,有了好的心灵和品格就能使天赋的体质达到最好,你说对不对?

格:我的想法同你完全一样。

苏:倘使我们对于心灵充分加以训练,然后将保养身体的细节交它负责,我们仅仅指出标准,不啰嗦,你看这样行不行?

格:行。

苏:我们说过护卫者必须戒除酗酒,他们是世界上最不应该闹酒的人,人一闹酒就胡涂了。

格:一个护卫者要另外一个护卫者去护卫他——天下哪有这样荒唐的事?

苏:关于食物应该怎样? 我们的护卫者都是最大竞赛中的斗士,不是吗?

格:是的。

苏:我们目前所看到的那些斗士,他们保养身体的习惯能适应这一任务吗?

格：也许可以凑合。

苏：啊，他们爱睡，这是一种于健康很危险的习惯。你有没有注意到，他们一生几乎都在睡眠中度过，稍一偏离规定的饮食作息的生活方式，他们就要害严重的疾病吗？

格：我注意到了这种情况。

苏：那么，战争中的斗士应该需要更多样的锻炼。他们有必要像终宵不眠的警犬，视觉和听觉都要极端敏锐，他们在战斗的生活中，各种饮水各种食物都能下咽，烈日骄阳狂风暴雨都能处之若素。

格：很对。

五、评价

柏拉图通过《理想国》一书，建构了他理想中的社会形态的方方面面。对于教育问题，柏拉图注重男女都享有受教育的权利，在家庭中男女都有教育子女的责任。而教育的方式要适应儿童身心成长和发展的规律。在这部充满哲学色彩的著作中，柏拉图对儿童教育也进行了富有价值的阐述，其观点对我们今天的幼儿教育仍然极富启迪意义。

柏拉图强调儿童需要接受相关的知识教育，并且很注重音乐和体育在儿童教育中的重要作用。他认为，在音乐和体育的共同作用之下，儿童的激情和理智能够得到平衡发展。当节奏与和谐深入儿童的心灵并牢牢扎根，儿童就会温和有礼，而非相反。

此外，柏拉图十分看重儿童故事的重要价值，主张在幼儿阶段用故事来熏陶孩子，杜绝虚假的、丑陋的、坏的故事，把勇敢、智慧的故事讲给孩子。柏拉图希望教育能够唤起和培养人们心灵深处的善良，成就人们高尚的快乐，以此陶铸高贵的灵魂，并实现社会的良治。为了实现这一目的，他主张由国家来管理教育事业，对所有人实施公平的教育，并主张男女教育的平权。

此外，柏拉图还重视优生优育和早期教育。他主张从男女依靠婚姻纽带而结合之始，就在两性行为方面审慎地形成秩序，并以庄严而神圣的仪式和观念来安排婚姻。这种秩序观无疑有益于形成良好与稳固的儿童成长环境。

第二十三章　昆体良《雄辩术原理》[1]

一、作者简介及代表作

昆体良(约35—95),是古罗马帝国时期著名的演说家、教育家。其代表作有《雄辩术原理》和《论罗马雄辩术衰落的原因》。昆体良出生于西班牙的一个小镇,当时西班牙拥有一大批杰出的文学家、诗人和哲学家,已成为古罗马的一个文化中心、教育中心。少年时代,昆体良进入文法学校学习拉丁文法、文学和作文等课程。后来担任著名律师、雄辩术教师多米提乌斯·阿弗尔的助手。这一时期的经历,为昆体良一生的成就奠定了基础。

公元58年,昆体良离开罗马,回到西班牙,从事律师工作,并讲授雄辩术。公元68年,他随当时的西班牙总督重返罗马。公元70年,罗马皇帝首次开办了国立雄辩术学校,由昆体良主持,他担任这一职位长达20年,直到公元90年退休。他因此成为罗马教育史上第一位公职教师,公元70年也成为他一生教育活动的重要起点。

在教授雄辩术的同时,他兼职律师事务,这使他有可能以当律师所总结的丰富的实践经验充实教学内容,使理论与实践紧密结合起来。昆体良在事业上取得了巨大成就。他不仅是罗马最负盛名的教师,而且成为拥有大宗地产的富裕阶层的一员。公元90年后,他主要从事著述,并一度担任皇帝的两个侄外孙的家庭教师,还被封赠执政官的荣誉称号。

昆体良的荣誉、地位和财富都达到了顶点,而这一切没能保障他晚年的幸福。他结婚很晚,在退休之时,其妻子去世,两个幼子又相继死去,巨大的打击使昆体良晚年境遇寂寞凄凉。

在古罗马教育史上,昆体良是最负盛名、影响最大的教育理论家和教育实践家。他从理论上系统总结了罗马学校教育的实践经验,提出了较为完

---

[1]　任钟印选译:《昆体良教育论著选》,人民教育出版社,2001年版。

整的教育思想,对罗马教育的发展做出了重要贡献,对后世特别是西欧文艺复兴时期人文主义的教育实践和教育理论研究,产生了广泛深刻的影响。

二、作品的时代背景

雄辩术亦译演说术。昆体良在《雄辩术原理》第三卷中曾追溯它的源流,他认为公元前5世纪希腊哲学家、政治家恩培多克里是雄辩术最早的开山者。但是,昆体良也提到了荷马的记载,因为在荷马时代就出现了雄辩术和教授雄辩术的人。古代希腊是雄辩术繁花似锦的时代。经济的发展、文化与学术的高涨、政治生活的活跃,使希腊产生了一批学识渊博、才华横溢、文采绚丽、热情奔放的著名雄辩家。从希腊到罗马,雄辩术经历了重大的变化。首先是内容上的变化,希腊时代的雄辩术主要涉及三个方面的内容:一是致颂词,颂扬某个人和某些人的功德和业绩,如在葬礼上发表的演说;二是就国家对内对外的重大政治问题发表演说,进行辩论或借以影响公众舆论,阐明自己的主张;三是法庭上诉讼案件的控告与辩护。第二个方面的内容直到罗马共和国时期仍然是雄辩术的重要内容之一。进入帝国时期以后,罗马皇帝独揽大权于一身,皇帝的旨意就是法律和公理,元老院则成为有名无实的装饰品——政治生活的窒息之后,就罗马的重大政治问题进行公开辩论已不可能。因此,在昆体良的时代,运用雄辩术的部分重要领域已经消失,留给雄辩术的只有一块狭小的地盘——法庭。雄辩术的黄金时代已经一去不复返了。

公元90年左右,昆体良从雄辩术讲座的公职岗位上退休,他应朋友们的一再请求,接受了撰写《雄辩术原理》的任务。他用两年多时间完成了这部12卷的巨著(相当于中文65万字左右)。昆体良曾出版过的著作除《雄辩术原理》外,还有《论罗马雄辩术衰落的原因》和一篇法庭辩护词。此外,未经昆体良本人同意,他的学生还出版过他的一部分讲义和辩护词,讲义中的内容已包含在《雄辩术原理》中。

在很长一个时期中,昆体良的《雄辩术原理》失传了,人们认为再也不可能得到这本著作了。文艺复兴时期,人文主义者、古籍收藏家波齐奥·布拉秋利尼于1416年在瑞士参加康斯坦斯宗教会议期间,在瑞士圣·高卢女修道院的藏书楼中偶尔发现了《雄辩术原理》,他耗时32天,以秀丽的手笔抄写了这部著作,使该书重新流传于世。后来,弗流斯(1349—1420)为《雄辩术原理》做了注释,该书成为教育家们普遍阅读的书籍,昆体良的教育思想也赢得人文主义者的高度评价。

三、主要内容及思想主旨

第1、2、3、12等卷，系统论述了对雄辩家的培养和教育，集中反映了昆体良教育思想的基本内容和特色。第1卷包括前言和正文（共12章），主要分析雄辩家教育的目的、形式、过程、内容和方法。第2卷21章，系统探讨了雄辩术的性质和目的，着重论述雄辩术教学的基本方法。第3卷讨论雄辩术的起源、组成部分和规则。第12卷包括前言和正文11章，主要阐述理想的雄辩家所应具备的各方面素质，特别是道德品质，以及道德教育的方法。

为了实现培养完美的雄辩家的教育目的，昆体良提出了一个从学前教育到高等教育的完整的教育过程，主要包括四个阶段：家庭教育、初级学校、文法学校和雄辩术学校。

首先，昆体良高度重视早期教育，极力主张从婴幼儿时期就开始对儿童进行道德教育和知识教育，进行语言能力的培养，并认为早期教育对人一生的教育都具有深刻的影响。早期教育的主要形式是家庭教育，主要的教育者是父母、家庭教师和保姆。由于儿童年幼无知，容易接受周围各种人的影响，因此，不仅儿童的父母和教师应当博学多识、品行端庄，而且保姆也必须是品质好、言谈合礼、受过教育、谈吐清楚的人。为此，应当谨慎地选择教师和保姆："孩子的保姆应当是说话准确的人。……如果可能，她最好是受过教育的妇女；……首先应注意的是她们的道德……"

在第一章中，昆体良专门叙述了"父亲"这个角色在儿童出生后的重要作用。他指出父亲在儿童一出生时就应该给予最大的希望，才会有更大的热情关注儿童的成长。并且批判了当时流行的"只有极少数的人生来具有接受教育的能力，而多数人由于悟性鲁钝，受教育反而徒劳无益"的观点。昆体良批驳了这种观点，肯定了人生来具有被教育的权利和可能性，认为生来就愚钝、不可教的人数量极少。昆体良认为，绝大多数儿童都表现出他们是大有培养前途的，如果在以后的岁月中这种希望成了泡影，那就说明，缺少的不是天赋能力，而是培养。此外，儿童的教育过程中，离不开父亲这一角色：儿童的教育需要父亲的细心观察，并且父亲的教育水平越高越好。通过一些具体的历史人物的例子，昆体良也肯定了母亲对于儿童教育的重要作用。他提出，如果父母先前没有受过良好的教育，也不要因此减少对孩子的关注，也正是因为他们学识有限，更应该在其他对孩子成长有益的事情上多下功夫。

其次，昆体良在教育内容方面主要论述了道德教育和知识教育。对婴幼儿的道德教育，主要不是依靠道德规范的讲授，而是通过父母、教师和保姆的积极影响来进行的。昆体良反对当时流行的认为 7 岁以前儿童不宜学习知识的观点，认为儿童学习讲话的时间，就是知识教育开始的时间。围绕着雄辩家培养这一中心目的，早期知识教育的内容主要包括希腊文、拉丁文、书写、阅读等。昆体良尤为强调儿童语言能力的培养。

最后，在教育方法方面，他提倡热爱与约束相结合，反对过重的学习负担，如果强求儿童完成挤得满满的作业，就会造成儿童在还没有热爱学习之前就厌恶学习，以至于在儿童时代过去以后，读当初的学习经历还心有余悸。原文指出：要使最初的教育成为一种娱乐。要向学生提出问题，对他们的回答予以赞扬，决不要让他以不知道为快乐。有时，如果他不愿意学习，可以当着他的面去教他所妒忌的另一个孩子。有时要让他和其他孩子比赛，经常认为自己在比赛中获胜，用那个年龄所珍视的奖励去鼓励他在竞赛中获胜。在自然天性上，孩子都有一种渴望得到父母、老师关注和喜爱的心理，父母和老师都需要对这种心理做出回应，热爱孩子，使教育工作不是出于"完成任务，而是出于对孩子的热爱"。原文指出：毫无原则的爱就会变成溺爱，溺爱将会带来可怕的后果，因此热爱不等于溺爱。另外，昆体良还提倡因材施教，主张根据孩子的实际情况和个体差异，有的放矢地进行"差别教育"，使每个孩子都能够扬长避短，获得最佳的发展。另外，榜样示范、寓教于乐同样都是他赞成并推荐的教学方式，就父母而言，昆体良要求家长本身应成为孩子们的有效榜样，只做一切应当做的事，避免邪恶的习惯，他们的生活本身如一面镜子，通过这面镜子，培养了孩子对恶言恶行的厌恶。家长只有以身作则，才能避免孩子养成邪恶的习惯。

昆体良虽然高度重视早期教育，但他同样强调应充分考虑儿童的年龄特点和接受能力，反对揠苗助长。他指出，教育应该循序渐进，积少成多，7 岁以前的收获无论怎样微小，都不应该轻视它。只有在这个基础上，7 岁以后才可以学些程度更深的东西，否则到了 7 岁还只能从最简单的东西学起。这样每年取得的点滴进步就增加了总的进步。主张早期教育应当使儿童感到快乐，养成对知识的热爱和兴趣。

除了将家庭作为主要场所的教育，教育者还要认识到如何与脱离家庭之后的学校教育完美衔接。随着儿童慢慢长大，逐渐独立，他们开始掌握学习的技巧,开始热爱学习。这时家长就应考虑一个问题,是把孩子关在家里、私舍的围墙之内好呢,还是把他交给人数众多的学校,就是说,交给公职教师好呢? 昆体良从多个方面论述了学校教育的优势,并对公职教师提出了较高的要求,这也在一定程度上缓解了家庭对儿童进入学校的恐慌,这一部分的内容十分适合处于幼儿园小班入园阶段和幼小衔接阶段的家长缓解入园及入学焦虑。

早期教育的场所主要是家庭,家长首先要树立科学的教育观,注重以身作则,其次在教育内容和教育方法上做到以上几点,使早期的家庭教育成为学校教育的良好基础。

四、精彩片段选读

片段一

1.当儿子刚一出生的时候,但愿作父亲的首先对他寄以最大的希望,这样,才会一开始就精心地关怀他的成长。抱怨"只有极少数人生来具有接受教育的能力,而多数人由于悟性鲁钝,对他们的教育是徒然浪费劳力与时间",这是没有根据的。恰恰相反,大多数人既能敏捷地思考,又能灵敏地学习,因为此种灵敏是与生俱来的。正如鸟生而能飞,马生而能跑,野兽生而凶残,惟独人生而具有敏慧而聪颖的理解力。所以,心智的根源也是来自天赋。

2.只有那些天生的畸形和生来有缺陷的人才是天生愚鲁而不可教的人,这样的人肯定会有,然而很少。这种说法的证明是,绝大多数儿童都表现出他们是大有培养前途的,如果在以后的岁月中这种希望成了泡影,那就说明,缺少的不是天赋能力,而是培养。

3.也许有人会说,有的人天赋能力确是比别人强。我承认这是事实,因而人们的实际成就也有差别。但是,受了教育而无所获的人是没有的。但愿相信这个真理的人,一旦做了父亲时,最细心地关注一个未来雄辩家的前程。

4.最要紧的是,孩子的保姆应当是说话准确的人。克里希普

（Chrysippus）[1]曾希望，如果可能，她最好是受过教育的妇女，无论如何也应当挑选最好的保姆。毫无疑问，首先应注意的是她们的道德，同时语言也必须正确。

5.儿童首先听到的是她们的声音，首先模仿的是她们的言语。我们天生地能历久不忘孩提时期的印象，如同新器皿一经染上气味，其味经久不变，纯白的羊毛一经染上颜色，其色久不能改；越是令人讨厌的习惯，越是牢不可破，因为好的习惯变坏是容易的，但何时能使坏习惯变好？所以，即使还在婴儿时期，也不要让他学会以后不应当学习的用语。

6.父母的教育水准越高越好，我不是专指父亲而言，因为我们听说过，格拉古（Gracchi）兄弟[2]的辩才应大大归功于他们的母亲康纳丽娅（Cornelia）[3]。她的书信，甚至到今天也能证明她在文体上的修养。据说，李流士（Laelius）[4]的女儿在谈吐中显露出她父亲的那种典雅。昆图斯·荷尔腾秀斯（Quintus Hortensius）[5]的女儿在三执政面前发表的演说直到现在还被人们传诵，这不仅是由于对一个女性的尊重。

7.如果父母本身没有受到良好教育的幸运，也不要因此就减少对孩子教育的注意，正因为他们学识少，他们就应该在对孩子的成长有益的其他事情上更加勤勉。

18.在儿童能说话以后，不能无所事事，那有什么更好的事可做呢？七岁以前的收获无论怎样微小，为什么就要轻视它呢？诚然，七岁以前学习的东西无论怎么少，但有了这个基础，到了七岁就可以学些程度更深的东西，否则到了七岁还只能从最简单的东西学起。

19.这样每年取得的点滴进步就增加了总的进步，儿童时代节约下来的

---

〔1〕 克里希普（前282—前206）：希腊禁欲派哲学家，他的著作现仅有片段存世。

〔2〕 指提比略·格拉古和盖约·格拉古兄弟，罗马共和国时代的改革家。前者于公元前133年被选为保民官，公元前132年被杀；后者于公元前123年被选为保民官，后亦被杀。

〔3〕 普鲁塔克《提比略·格拉古传》中曾提到她的事迹。

〔4〕 莱利阿，绰号Sapiens（明哲，持重之士）。生于公元前186年。他有两个女儿，一个嫁给范纽斯，一个嫁给斯契夫拉，事见普鲁塔克《传记集》。昆体良在这里所说的系指后者。

〔5〕 昆图斯·荷尔腾秀斯（前114—前50年），罗马著名的雄辩家，这里所说的是指他的女儿为了豁免课予老妪们的赋税而向三执政所提出的指控。

时间对于青年时期是有益的。

这条规则也适用于七岁以后的年龄,这样凡是每个儿童都要学习的东西,他就不会开始得太晚。所以,早期年龄阶段的光阴不要浪费,因为初步识字仅仅靠记忆,而记忆力不仅存于儿童时期,而且儿童时期的记忆甚至更加牢固,正因为如此,就更没有借口浪费早期年龄的光阴。

20. 我并非不知道年龄差别,而主张在那个柔弱的年龄使他们负担很重,强求他们完成挤得满满的作业,因为最要紧的是要特别当心不要让儿童在还不能热爱学习的时候就厌恶学习,以至在儿童时代过去以后,还对初次尝过的苦艾心有余悸。

要使最初的教育成为一种娱乐,要向学生提出问题,对他们的回答予以赞扬,决不要让他以不知道为快乐。有时,如果他不愿意学习,就当着他的面去教他所妒忌的另一个孩子。有时要让他和其他孩子比赛,经常认为自己在比赛中获胜,用那个年龄所珍视的奖励去鼓励他在竞赛中获胜。

21. 我们声称培养雄辩家。而给予的教育却是微不足道的。但是,甚至专门学问也有它的幼稚阶段。如同最强壮的身体的培养是从吃奶与摇篮开始,将来要成为优秀的雄辩家的人,也得经过呱呱坠地、咿呀学语、辨认不清字母的形状的阶段令学习到的东西不太充分,也不要因此就根本不去学。

22. 如果一位父亲认为对于自己的儿子来说,这些事情都是值得注意的,没有人会责备这位父亲。那么,把在自己家里应当做的事情介绍给公众,引起他们的注意,为什么就要受到责备呢?这样做之所以不应受到责备,还有更深一层的理由。愈是年纪小,头脑就愈易于接受小事情,正如只有在身体柔软的时期,四肢才能任意弯曲,强壮本身也同样使头脑对多数事物更难于适应。

片段二

1. 现在孩子已渐渐长大,离开了母亲的膝上,并开始认真地学习。这时跟着就应考虑一个问题,是把孩子关在家里,关在私舍的围墙之内好呢?还是把他交给人数众多的学校,即是说,交给公职教师好呢?

2. 据我观察,那些为闻名的国家的政体奠定了基础的政治家和有声望的著作家们是赞成后一种方式的。

但是毋庸讳言,也有一些人,由于他们对私人家庭教育的偏爱,不赞成几乎是得到公认的公共教育方式。这些人似乎拘泥于两个理由:一个理由是,在那种最易沾染邪恶习气的年龄避免许多人厮混在一起,就能更好地规范年轻人的道德(我认为这里所说的刺激不道德行为发生的原因是虚妄的)。另一个理由是,无论谁担任教师,他都宁愿自由地把时间用在一个学生身上,而不愿把时间分散用在许多学生身上。

4.人们认为,在学校里道德被败坏了,因为学校有时的确使道德败坏,但这种情况也同样在家里发生,这样的事例是多不胜数的。同样也有不胜枚举的事例说明,无论在家庭还是在学校,都可以保持纯洁的道德。造成这些差别的是学生的天赋素质和对他们的培养。假如他的心性有邪恶的倾向,假如在早期年龄对他的培养和防范疏忽大意,与世隔离同样能提供失德的机会。因为家庭教师本身就可能是品行恶劣的,与邪僻的奴隶接触,丝毫也不比同放荡的自由民青年接触更安全。

5.如果孩子的天赋素质是良好的,如果父母没有闭目塞听、怠惰疏忽,他们就可能选择德行良好的教师(这是明达的父母首先要注意的事),选择最严格的教育方法,同时还可以在孩子身边安置一个行为端正的人或忠实可靠的被释奴隶,作为他的朋友和监护人。有了他们的经常陪伴,即使是值得为之担心的,在道德上也会得到提高。

6.这种担心的事是容易补救的。但愿我们自己不去败坏我们的孩子的道德。还在最早的婴儿时期我们就以娇生惯养在败坏孩子的道德。我们称之为溺爱的那种娇弱的教育造成了身体上和精神上一切力量的衰退。还不会走路的时候就身着紫袍的人,一旦长大成人,什么不去追求?他在还不会说话的时候就能辨认绯红色,哭闹着一定要最好的紫色衣服。我们在训练他们说话以前,就已先培养了他们的嗜好。

7.他们在轿椅里长大,一旦两脚着地,就得两边有侍者搀扶着。他们说了下流话,我们也为之高兴。他们说的话即使是出自我们的僮仆亚历山大里亚少年之口,也是不能容忍的,而我们对这些话也报以微笑和亲吻。

他们这样满嘴污秽是不足为奇的,这是我们自己教的,他们是在听我们说话时学会的。

8.他们所看到的是情妇和娈童。每次宴会时室内充斥着靡靡之音,人们羞于出口的事却触目皆是。正是从这样的实践中养成了习惯,以后就变成了天性。可怜的孩子在还不知道这些事是邪恶时就学会了这些邪恶。于是,他们变得放纵、娇气。他们不是从学校中习染了这种不良道德,把这种道德败坏带进学校的正是他们。

9. 但是，有人说，在学习上，一个家庭教师只教一个学生时间会更充裕些。首先，无论这个学生是谁，谁也不会阻挠他同时又在学校受教育。如果两者不能结合起来，我仍然宁趋学校的乔木，而不入独居的幽谷，因为凡是高明的教师都乐于有一大群学生听讲，认为自己应当有更多的听众。

片段三

1. 一个高明的教师，当他接受付托给他的儿童时，首先要弄清他的能力和天赋素质(natural disposition)。儿童能力的主要标志是记忆力，记忆力包括两个方面：敏于接受知识和记得牢固。次一个标志是模仿能力，这是儿童可以接受教育的象征，但是有个条件，只应模仿所教的东西，而不是模仿别人的动作或走路的姿势，例如，模仿别人的缺点。

2. 故意以喜欢模仿别人的动作来逗人发笑的孩子，我是不指望他具有出众的才能的。从小就表现出真正有才能的孩子也定是举止端庄的人，不然的话，我认为一个资质鲁钝的人丝毫也不比一个聪明而行为不正的人更坏。但是，倾向高尚的人绝不会是鲁钝怠惰的人。我的理想的学生要乐于接受教给他的知识并就某些事物提出问题，然而他仍然必须遵循教师的指引而不能跑在教师的前面。早熟的才智鲜有能结好果者。

4. 所谓早熟，是指这样一些学生，他们刚刚开始学习就被厚颜无耻所驱使，自负而迫不及待地要显露一下自己。但是他们用来显露身手的，也不过就是刚刚学到的一点东西。他们把单字拼凑起来，毫无惧色地炫耀自己的一点儿知识，一点儿也不谦虚。他们的言词虽则流利，但却浅薄。

5. 这里没有根基深厚而牢固的内在力量，它们不过像撒在土地表面而未熟即萌芽的种子，又像似稻而实非稻的杂草，收获季节未到就早已枯黄结了空实。就他们的年龄而言，他们的进步是可喜的，但是他们的进步到此为止，而我们的赞美也就随之消失了。

6. 当教师注意了上述各点时，次一个问题就是如何把握学生的心理(mind)。有些学生是懒惰的，除非你加紧督促，有的学生不能忍受管束，恐吓能约束一些学生，却使另一些学生失去生气，有的学生需要长期的用功才能塑造成人，而另一些学生通过短期的努力却能取得更大进步。

五、评价

昆体良重视幼儿教育。在他看来,家庭教育和初级学校教育对儿童教育具有极为重要的意义。因此他很看重父母、保姆和家庭老师的作用,认为他们的言行都会影响儿童,因此必须具有良好的品德、准确的语言风格。昆体良重视学校教育,认为延聘家庭教师、在家里接受教育不利于儿童社会性的良好发育,而容易形成羞怯、自大、冷淡等个性。而学校教育的优势在于,既有结交伙伴的天然环境,又是儿童互相竞争、互相学习的场所。昆体良的判断来自他的实践经验,而这一判断对后世无疑产生了积极影响。

在《雄辩术原理》一书中,昆体良梳理了古代希腊和罗马的教学经验,提出了一系列教学的方法。他重视早期教育,更强调度过一个快乐童年对于儿童心理健康和人格发育具有重要意义。盲目的超前学习,可能损害儿童长远的学习兴趣,而且不利于其内心的快乐与积极向上的品格的培养。而这一点,不仅是决定儿童长远学习动力的关键所在,也是儿童成年之后内心满足感和幸福感的重要来源。昆体良的这一观点,无疑极富远见卓识,对我们今天的学前教育仍有一定的现实意义。

第二十四章　普鲁塔克《论儿童教育》[1]

一、作者简介及代表作

普鲁塔克(约46—约120),古希腊作家、哲学家、历史学家,以《希腊罗马名人比较列传》一书闻名后世。他的作品在文艺复兴时期大受欢迎。

普鲁塔克出生于希腊中部贝奥提亚地区的喀罗尼亚。其父亲是一位对哲学很有研究的历史学者。普鲁塔克在他父亲的指导下,从小受到了很好的教育。公元66—67年,普鲁塔克游学雅典,拜逍遥学派的哲学家为师。还到过爱琴海诸岛,访问过埃及、小亚细亚、意大利。所到之处,他都极为留心搜集当地的历史资料和口碑传说,从而成为一名饱学之士。后来,他来到罗马讲学,研究罗马的历史,同时结识了许多名人。他博取众家之长,汲取柏拉图、亚里士多德和毕达哥拉斯等人的学说精华,在哲学、伦理学以及教育理论方面打下了坚实的基础。

他一生经历了罗马帝国前期的三个王朝,分别是尤利乌斯·克劳狄王朝、弗拉维王朝和安敦尼王朝。据说,他曾经为帝国的两个皇帝——图拉真和哈德良讲过课,并博得了他们的赏识。图拉真曾授予他执政官的高位,后来哈德良又提拔他担任希腊财政督察。他一生中的大部分时间是在喀罗尼亚度过的。在故乡,他一面著书立说,开门授徒,一面担任当地的行政长官,参与政治活动。据说他在家乡还开办过一所学校,所授课程以哲学和伦理学为主。晚年他又出任希腊圣地——德尔斐阿波罗神庙的终身祭司。

普鲁塔克一生著作甚丰,据说有227种,其中多半已失散。普鲁塔克的主要教育论著是《论儿童教育》。此外,在《希腊罗马名人比较列传》一书的"吕库古传"一节中,普鲁塔克详细记述了斯巴达的教育概况,成为后人研究斯巴达教育的重要参考资料。

---

[1]　任钟印选译:《昆体良教育论著选》,人民教育出版社,2001年版。

二、作品的时代背景

普鲁塔克大体与昆体良同时,他所生活的时代,正值罗马帝国的鼎盛时期。当时,地中海周围的不同民族、不同文化之间的交流和融合日趋强化,特别是占主导地位的希腊文化和罗马文化彼此影响、相互结合,逐渐形成了"希腊—罗马文化",迎来了欧洲古典文化的又一个高峰。普鲁塔克的学术成就代表并反映了这种文化融合的趋势和现状。

普鲁塔克撰写的《希腊罗马名人比较列传》,就是他身上所反映出来的这种文化融合趋势的集中体现。此书显然是想强调一个历史事实,即希腊和罗马都曾有过辉煌的历史,都产生过同样杰出的历史人物,都是了不起的民族。

作为一个希腊人,普鲁塔克撰写的希腊名人传都是很成功的;相比之下,罗马名人的传记却写得不尽如人意。尽管他在罗马生活过相当长的时间,但是他对罗马的历史、制度和习俗仍然比较生疏,再加上他不能熟练地阅读拉丁文的文献(只是晚年学过拉丁文),以至于影响了他的发挥。

三、主要内容及思想主旨

普鲁塔克认为,对自由民的子女必须实施德育、智育和体育,以便使他们成为品德高尚、学识渊博、身体健康的人,成为罗马的优秀公民。其儿童教育思想对于家庭教育具有重要的借鉴作用,具体表现为以下几点。

(一)论德育

普鲁塔克十分重视儿童的道德教育。他肯定了哺乳期母亲角色的重要作用,儿童的哺乳应该由母亲来做,因为儿童时期是最容易塑造的,心理也是最柔软的,很容易被铸造成各种类型的人,儿童的头脑易于接受在这个年龄段施予的教育。

在德育的内容方面,他明确指出,在儿童的教育中,要完成"德行"培养任务,就必须使天性、理智和应用这三件事协调一致。他所说的"天性"是指人的天赋;"理智"是指学习;"应用"是指练习。他强调说:"天性如果不通过教导加以完善,就是不实之华;教导如果无天性之助,就是残缺不全;练习如果没有这两者的帮助,就不能完全达到目的。"在他看来,天性、理智和应用三者能够协调一致,就能取得良好的教育效果,使儿童的"心灵"完善。家长必须意识到,完善的人格培养是多方面共同作用的过程,是培养天性和实践应用相结合的过程,家庭教育对儿童具有启蒙作用,树立德育意识,重视儿童完善人格的形成尤为重要。

另外,普鲁塔克还论述了儿童道德教育的方法。首先,儿童的道德教育应该从小抓起。其次,强调教育者言传身教的作用。普鲁塔克认为,仆人、教仆、教师、父母等人的榜样对儿童有着重要的教育作用。据此,他提出,当孩子长大后,父亲为其选择一位好的教师是非常重要的。原文中指出:我们为孩子物色的教师必须是生活上无可指责的,行为上不应受到非难的,并且应具有最好的教学经验。因为诚实与美德的泉源与根蒂在于受到好的教育。正如农夫总是用叉子将嫩弱的植物支撑起来,诚实的教师也是以精心的教诲和告诫将年轻人支撑起来,使之能长出良好行为的蓓蕾。[1] 最后,普鲁塔克还特别强调父亲在言行方面为其儿子做出榜样。他强调:父亲们所应关注的最主要的事情是,他们本身应成为孩子们的有效榜样,,只做一切应当做的事,避免邪恶的习惯。[2] 普鲁塔克认为,在日常生活中,谄媚者是一些"伪君子",他们说话只想取悦于人。例如,父亲规劝儿子要节欲,谄媚者却教他们纵情色欲;父亲规劝儿子勤奋,谄媚者却教他们懒惰。因此,家长和教师引导学生正确择友是十分重要的。

(二)论智育

普鲁塔克认为,儿童必须学习和掌握知识。同时,他肯定了努力和勤奋具有强大的力量和成功的效果。原文中指出:即使努力与天性相反,努力所产生的结果也比天性本身产生的结果要大得多。[3] 这也从另外一个侧面肯定了后天教育的重要性。他强调在我们所拥有的一切事物中,唯有学问才是不朽的、神圣的。在他看来,其他事物都会随着时间的流逝而衰退,只有知识,即使是人到了垂暮之年还在增加。谁要取得成就或者获得幸福,他一定要有知识。正因为如此,普鲁塔克向父亲们提出忠告,希望他们把培养孩子的学问看作最为重要的事情。另外,还要重视学习品质和性格的培养,

---

〔1〕 任钟印选译:《昆体良教育论著选》,第245页。
〔2〕 同上书,第258页。
〔3〕 同上书,第244页。

文中指出:他们用来培养孩子的学问应当是健康的,有益的,决不应当是适合低级情趣的毫无价值的东西,因为迎合多数人的兴趣就是使有学识的人扫兴。[1] 在一切知识中,哲学处于最优先的地位。因为从学习哲学中,人们会得到忠告与帮助,理解什么是诚实、什么是虚伪、什么是正义、什么是不义;知道尊敬父母、敬重长者、遵守法律、服从长官、友爱朋友、慎待妻子和慈爱儿童等等。

在谈到如何使儿童掌握各种普通知识问题时,他提出,家长和教师应该注意三点。一是让儿童学习知识,要考虑他们的接受能力。普鲁塔克认为,有的父母对儿童要求太高,效果反而不好。原文中指出:当他们过于急切地想在各种学问上把他们的孩子提高到远远超出同龄孩子的水平之上的时候,他们给孩子提出太难太重反而无法完成的功课,孩子由此灰心丧气,再加上其他不恰当的做法,结果就造成孩子对学习本身产生厌恶。[2] 二是儿童的学习要循序渐进,并且注重锻炼孩子经常使用记忆力,因为记忆就像一个学问的仓库,记忆不仅会对学问的成就有很大帮助,还可以对未来的规划提供参考。他还引用了他人的观点:一点加一点,永远不间断;积少可成多,积土可成山。[3] 从一点一滴来丰富我们的智慧。而在这个过程中,父亲的作用不可等闲视之。

(三)论体育

儿童必须重视身体的锻炼。在顺序上,普鲁塔克将德育放在优先发展的地位,将体育放在了最后,但是这与普鲁塔克生活的古罗马全盛时代对文化的重视程度有关。在普鲁塔克之前,教育观点中的体育多是为了培养强健体魄,为国家效力,而普鲁塔克将体育与儿童的终身发展以及健全人格的形成联系在一起,这本身就是观念上的进步,开始从人本的角度思考教育。对于家庭来说,培养儿童不仅仅是为国家培养合格的公民,也是为了儿童自身的发展,这对于家庭教育的观念也有一定的影响。

普鲁塔克指出,儿童进行体育锻炼,有助于增强他们的体力。体育锻炼的途径是送儿童上体操学校,他们在体操学校中在锻炼身体方面也是有事

---

〔1〕 任钟印选译:《昆体良教育论著选》,第248页。
〔2〕 同上书,第254页。
〔3〕 同上书,第255页。

可做的。这种锻炼一方面有助于他们形成良好的体态,一方面也有助于增强他们的体力。因为老年时期的活力基于童年时代的健康体魄。普鲁塔克强调年轻时期体育锻炼对老年阶段的影响,他也举例来论证这一观点,原文指出:正如在晴朗的天气就要为水手准备好暴风雨到来时所需的一切东西,我们在年轻时就要生活有条理并按节制的规则管束自己,这是我们为老年时期做的最好准备。[1] 此外,普鲁塔克还提出,对儿童的体育训练的要求一定要严格,因为习惯了优越的生活的人是不能适应作战要求的。同时,在日常生活中儿童要珍惜自己的体力,原文中指出:儿童要珍惜自己的体力,不要使力量枯竭以至于无力从事学习。柏拉图也说过,睡眠和疲怠是艺术的敌人。[2] 要做到劳逸结合。这为家庭体育提供了科学的方法论。

　　除了对德育、智育、体育的论述,书中的一些教育理念也同样值得家庭教育借鉴。首先,采用鼓励的方式争取儿童的主动学习,不要用鞭笞或任何其他侮辱性的惩罚去强迫他们学习,即使是奴隶,用这样强迫性的方式也会使他们厌烦痛苦,以至于在工作的时候变得迟钝和沮丧,何况是天真的儿童? 当然,这里所说的鼓励并不是不能够严厉,而是要严慈结合,依照具体的情况交替运用鼓励和训斥。原文中指出:当他们发脾气时,他们会由于受到申斥而感到羞耻,当他们应受奖励时,就会因称赞而受到鼓舞。[3] 另外,对儿童的表扬不应过分夸张,因为这种过分夸大的表扬容易使他们变得自大。

　　此外,普鲁塔克反对溺爱,物极必反,爱得太深反而会造成儿童对他们的排斥。他在文中举出了花草等各种例子来证明不能溺爱的观点。原文中也指出:身体的维持要靠吃饱和排泄,心智的维持也要有张有弛。[4] 除此之外,普鲁塔克十分强调父亲的作用,同时,普鲁塔克也不希望做父亲的脾气过于严厉和暴烈,应当态度温和,宽容年轻人的小差错。应当记住,做父亲的人自己也曾有年轻的时期。原文中的一个例子令人印象深刻:正如医生往往将苦药和甜的糖浆混合在一起,使令人乐于接受的东西成为有益于

---

〔1〕　任钟印选译:《昆体良教育论著选》,第252页。
〔2〕　同上书,第252页。
〔3〕　同上书,第253页。
〔4〕　同上书,第254页。

健康的东西的媒介。[1] 所以,父亲们也应将严厉的申斥和宽大为怀调和起来。这些建议在家庭教育实践中给了父母科学的方法指导。

四、精彩片段选读

片段一

如果有人认为,凡是天性没有充分尽其职责的人,即使他们有幸碰到良好的教育,尽管他们勤勉努力于德行上的成就,在某种程度上他们也不能弥补天性的缺陷。持这种看法的人必须知道,他是很错误的,不,是完全错误的。正如良好的天赋能力可能由于怠惰而遭毁坏,迁缓迟钝的天赋能力也可以由教育而得到改善。正如疏懒的学生不能获得理解最简易的事物的能力,勤奋的学生却能克服最大的困难。我们可以看到,很多事例向我们清楚地表明,努力和勤奋具有强大的力量和成功的效果。滴水不断,能穿坚石,铁杵磨成绣花针。一旦用强力将直木制成车轮,即使我们想再使它成为直木,也不可能。要将演员在舞台上用的曲棍重新变直,也是力所不能及的。即使努力与天性相反,努力所产生的结果也比天性本身产生的结果要大得多。

应当引起我们重视的次一个问题是儿童的哺育,在我看来,这种事应由母亲自己去做。因为儿童时代是柔嫩的、容易铸造成各种类型的人。而且,当儿童的灵魂还软弱易感的时候,容易接受进入心灵的任何事物的印象;但一旦他们长大以后,像一块坚硬的东西一样,它就难以改变了。正如在软蜡上容易打上印记,儿童的头脑也易于接受在这个年龄给予的教育。因此,在我看来,天才柏拉图关于保姆的忠告是有益的忠告。他说,在幼儿时代,不要不加选择地将各种故事都讲给儿童听,否则,他们的头脑就有因此而充满各种愚蠢而邪恶的观念的危险。

诗人福西利德(Phocylides)在下面的诗句中也提出了同样的忠告:若要孩子德行高,良言善行灌输早。

片段二

现在我要开始说到一个更重要的问题,这个问题比我说的其他问题都

[1]　任钟印选译:《昆体良教育论著选》,第260页。

重要得多。我们为孩子物色的教师必须是生活上无可指责的,行为上不应受到非难的,并且应具有最好的教学经验。因为诚实与美德的泉源与根蒂在于受到好的教育。正如农夫总是用叉子将嫩弱的植物支撑起来,诚实的教师也是以精了心的教诲和告诫将年轻人支撑起来,使之能长出良好行为的蓓蕾。但是,现时有些做父亲的人,他们的行为理应受到人们轻蔑的嘲笑,他们事前对于打算请来担任儿童教育工作的人没有任何检验,或者由于对他不熟悉,或者由于不善于挑选,就贸然把孩子的教育托付给名声不好的人,有时甚至托付给声名狼藉的人。虽然,如果他们在这件事情上只是由于不善于挑选,他们还不完全是荒唐可笑的。但是有时也有这样的情况,尽管他们知道,并且比他们更了解情况的人事先告诉了他们,某些教师既无能,又行为卑劣,他们有时是被这些教师的甜言蜜语和阿谀之词所制服,有时是不得不答应朋友的恳求,仍然把孩子交给这种不称职的教师去教育,这就是十足的愚蠢行为。这种错误的性质犹如一个病人,为了使朋友高兴,不去向能够以其医术挽救他的性命的医生求医,而去请来一个迅速送他上西天的江湖医生。又如同一个人为了应允朋友的恳求,拒绝雇用技术纯熟的船长,而将船托付给一个技术远远不如的人。

片段三

总之,每个珍爱自己的力气和身体的人都要知道,他犯了一个大错误。因为与其他动物如象、水牛和狮子比较起来,人的力气算得了什么! 但是,在我们所拥有的一切事物中,惟有学问才是不朽的,神圣的。有两样东西是人性所特有的,即理性和语言;而两者之中,理性是语言的主人,语言是理性的仆人。这两者都能顶住命运的袭击而不为所动,它们不会被诬告所夺走,不会被疾病损害,不会因年老而削弱。因为只有理性是从幼年到老年继续增长的,一切其他事物都随着时间的流逝而衰退,而知识即使到了垂暮之年还在增加。而且,战争本身就像一场滂沱秋雨,它扫荡一切,卷走一切,留下的只有学问,这是不能卷走的。

判断一个人是否幸福要看这些成就,而不在于由命运摆布的东西。

片段四

我已经对父亲们提出忠告,希望他们把培养孩子的学问看作最为关注的重要事情。此外，在这里我还要补充一点，他们用来培养孩子的学问应当是健康的，有益的，决不应当是适合低级情趣的毫无价值的东西，因为迎合多数人的兴趣就是使有学识的人扫兴。

如果有人问我，要教给儿童的次一件事是什么，要儿童养成什么样的良好品质。我的回答是，我认为可取的办法是，孩子无论在言谈还是在行为上都不应鲁莽轻率，因为，俗话说，最好的事情也就是最困难的事情。但是没有经过事先准备的即席谈话大都充满了非常平庸的漫无边际的废话，说话的人自己也不知道从何处开始，说到何处为止。在不经准备而突然发言的人常犯的错误中，他们易犯的一个大错误就是过分啰啰唆唆，而事先考虑好了再说就不会把话拉得过长。

片段五

不要忽略身体的锻炼。但必须送儿童上体操学校，他们在体操学校中在锻炼身体方面也是有事可做的。这种锻炼一方面有助于他们养成美好的姿势，一方面也有助于增强他们的体力。因为老年时期的活力是基于童年时代的健全体魄。因此，正如在晴朗的天气就要为水手准备好暴风雨到来时所需的一切东西，我们在年轻时就要生活有条理并按节制的规则管束自己，这是我们为老年时期作的最好准备。然而，他们要珍惜自己的体力，不要使力量枯竭以至无力从事学习。因为，据柏拉图说，睡眠和疲怠是艺术的敌人。

片段六

此外，我曾见过一些父母，他们对孩子爱得太过分，因而事实上造成儿童对他们一点也不热爱。如果有人问我这种说法是什么意思，请让我举例说明。情形是这样：当他们过于急切地想在各种学问上把他们的孩子提高到远远超出同龄孩子的水平之上的时候，他们给孩子提出太难太重而无法完成的功课，孩子由此而灰心丧气，再加上其他不恰当的做法，结果就造成孩子对学习本身产生厌恶。譬如植物，浇灌适度，就能生长旺盛，但过多的水分就会使植物渍死，人的精神也是如此。适度的努力可以使精神得到提高，负荷过重就力不胜任。因此，在儿童持久的努力之后，我们应给他以喘息的机会，因为人的全部生活总是包括劳逸两个部分。为此目的，自然所赋予我们的倾向是不仅有醒着的时候,也还要睡眠。正如我们有战争,有时又有和平,有时是暴风雨,有时又是晴朗的天气,又如我们有忙季,也有节日的假期。一言以蔽之,休息是劳累的调味品。不仅生物如此,无生命物也是如此。甚至弓箭和竖琴的弦,我们也将它放松,以便能再将它绷紧。而且,众所周知,身体的维持要靠吃饱和排泄,心智的维持也要有张有弛。

片段七

关于儿童的正当的规矩和合乎礼仪的举止,我已经说得很多。我要转而谈到下一个年龄阶段即青年时期的有关事情。我曾常常责备一些人的不良习惯,他们当孩子还在童年时代时,把他们托付给教仆和教师,一到青年时期,就容忍他们鲁莽无礼,任其放荡不羁,而这个时期的孩子比童年时代更需要严加管束。谁不知道,儿童的错误是小错误,是完全能够补救的,如对教仆轻慢,不听教师的教训之类。但是,一旦他们开始长大成人时,他们的过错就往往是大错而使人愤恨。

片段八

我所提出的这些忠告都是十分有价值、十分重要的。现在我要补充说到的是对人类天性要留一点儿余地。因此,我也不希望做父亲的脾气过于严厉和暴烈,而应当态度温和,宽容年轻人的小差错。应当记住,做父亲的人自己也曾有年轻的时期。但是,正如医生往往将苦药和甜的糖浆混合在一起,使令人乐于接受的东西成为有益于健康的东西的媒介。

五、评价

在儿童教育目的方面,和其他教育家不同,普鲁塔克有自己独特的观点。他认为,教育的目的是培养有教养的人,教育的关键在于德行的培养。而要完成德行的培养,有三件事必须协调一致,就是天性、认知和应用。而认知就要靠后天的不断学习,应用就是儿童在学习中所要进行的练习,三者缺一不可。

对于儿童应当如何培养的问题,普鲁塔克的观点与昆体良有相似之处,又有自己的独到之处。譬如,普鲁塔克也认为,儿童应从小接受全面、系统的教育,以获得今后生活所必需的基本知识,而一般的教学活动就能够满足这一要求。在所有的知识中,哲学知识是最主要的,因为哲学能够告诉儿童什么是正义、忠诚、虚伪等。此外,普鲁塔克很重视礼仪教育和体育训练。

普鲁塔克的教育思想较为丰富。他在教育方法上,主张多多鼓励儿童;也注重儿童身体的照顾,主张体育锻炼要适度、注重劳逸结合,并给儿童足够的休息时间。此外,他提出了一些增强记忆力的方法。普鲁塔克的这些思想,对古罗马以及后世的教育都产生了一定的影响。他关于家庭教育中儿童德行的树立、儿童身体锻炼、重视体能发展的观点,以及其教育方式的灵活多样,对我们今天的儿童教育工作都具有一定的启发意义。

第二十五章　蒙田《蒙田随笔》[1]

一、作者简介及代表作

蒙田(1533—1592),文艺复兴时期法国思想家、散文作家,以《随笔录》三卷留名后世。《随笔录》在西方文学史上占有重要地位,作者另辟新径,不避嫌疑大谈自己,开卷即说:"吾书之素材无他,即吾人也。"从他的思想和感情来看,人们似乎可以把他看成是在他那个时代出现的一位现代人。他的散文主要是哲学随笔,因其丰富的思想内涵而闻名于世,被誉为"思想的宝库"。

蒙田的母亲是西班牙人的后裔,父亲是法国波尔多附近的一个小贵族。当时的贵族不看重学问,以从戎为天职,所以蒙田常常说他不是学者;他喜欢给人造成这样一种印象:他不治学,只不过是"漫无计划、不讲方法"地偶尔翻翻书;他写的东西也不润色,不过是把脑袋里一时触发的想法记下来而已,纯属"闲话家常,抒写情怀"。我们从他的代表作《蒙田随笔全集》里完全可以看出他的这种写作心态和风格,他万万没有想到,这正符合了现今读者的阅读需要和审美情趣。

蒙田在37岁那年继承了其父在乡下的领地,一头扎进那座圆塔三楼上的藏书室,过起了隐居生活。蒙田把自己的退隐看作是暮年的开始,是从所谓"死得其所之艺术"的哲理中得到启示的。其实他退隐的真正原因是逃避社会。他赞美自由、静谧与闲暇,向往悠游恬适的生活。不过他的隐居生活不是消极的,而是积极的,他除了埋头做学问而外,还积极从事写作,自1572年开始一直到1592年逝世,在长达20年的岁月中,他以对人生的特殊敏锐力,记录了自己在智力和精神上的发展历程,陆续写出了《蒙田随笔全集》这部鸿篇巨著,为后代留下了极其宝贵的精神财富。

---

〔1〕　蒙田:《蒙田随笔》,刘一飞,译,黑龙江科学技术出版社,2012年版。

蒙田的名声在 17 世纪已远播海外,在英国,培根的《散文集》就深受蒙田的影响。在 17 世纪上半叶那个古典主义时代,有人认为他那结构松散的散文不合人们的口味,然而到了 18 世纪,他又声名鹊起,著名作家、哲学家狄德罗欣赏蒙田的散文恰恰是因为其所谓的"无条理",认为"这是自然的表现"。有些作家、思想家和艺术家的思想似乎特别复杂,具有许多不同的层面,因此对于后代的各样的人都具有无穷无尽的吸引力,大概这就是包括蒙田在内的古代大师的秘密。经过四百余年的考验,历史证明了蒙田与莎士比亚、苏格拉底、米开朗琪罗一样是一位不朽的人物,他的随笔如他自己所说的那样,是"世上同类体裁中绝无仅有的"。

二、作品的时代背景

文艺复兴以来,欧洲社会的巨大变革和科技进步对人才提出了多方面的需求,反映到教育上就是科学文化知识逐渐取代传统学科,成为学校教学的主要内容。加上文化、艺术在当时取得的多方面成就,使教育内容和方法呈现多元化发展趋势,为人文主义教育思想的形成奠定了基础。一些进步的教育家把古希腊罗马时期的智育、体育、美育、德育结合新的条件加以发挥,以彻底清除经院教育的不良影响。在这样的社会背景下,蒙田提出了自己的教育思想。

其中,《论儿童的教育》是蒙田为哥松公爵的儿子制定的教育方案。在文中,蒙田充分阐述了他的教育观点,鲜明地提出了他的教育原则。与《论学究气》《父子感情论》等文相比,此文更集中反映了蒙田的主要教育思想,是系统全面的人文主义教育方案。蒙田提到,有些看过《论学究气》的人认为,他应发挥文中所论及的儿童教育方面的思想。故而,他接受了这个建议,写了《论儿童的教育》这篇散文,系统而详尽地论述了他的儿童教育思想。

《论儿童的教育》这一篇散文被收进中译本《蒙田随笔》之中。人民教育出版社 1985 年出版的《西方古代教育论著选》也收录了王承绪从俄文版《蒙田散文集》中转译过来的《论儿童的教育》。

三、主要内容及思想主旨

《蒙田随笔》于 1580—1587 年分三卷在法国先后出版。该作内容包罗万象,融书本知识和生活经验于一体,是 16 世纪各种知识的总汇,有"生活的哲学"之称。蒙田以智者的眼光,在作品中考察大千世界的众生相,反思探索人与人生,肯定人的价值和欲望,批判教会和封建制度,主张打破古典权威,充满了人性自由、科学知识的人文思想。《蒙田随笔》《培根人生论》《帕斯卡尔思想录》被誉为欧洲近代哲理散文三大经典。《蒙田随笔全集》共107章,分第一、二、三卷,全书约100万字,是《蒙田随笔》的全译本。蒙田是法国文艺复兴之后最重要的人文主义作家。蒙田以博学著称,在其随笔中,日常生活、传统习俗、人生哲理等无所不谈,还旁征博引了许多古希腊罗马作家的论述。作者还对自己做了大量的描写与剖析,使人读来有娓娓而谈的亲切之感。他的随笔全集是16世纪各种知识的总汇,有"生活的哲学"之称;其散文语言平易通畅,不假雕饰,不仅在法国散文史上开创了随笔式作品之先河,在世界散文史上也占有重要地位。

在儿童教育方面,蒙田特别强调精神的自由和判断的独立。他明确反对在教育中对儿童有任何粗暴的对待,以及具有奴役意味的强制行为。在他看来,学习的目的应该是什么要知、什么要不知,训练一颗温柔的向往荣誉和自由的心灵,因为"聪明的人内心必须摆脱束缚,保持自由状态,具备自由判断事物的能力"。《蒙田随笔》对家庭教育的启示主要体现在以下几个方面。

第一,蒙田批判学究式的教育和学究式的教师,因为这样的教育缺少活力。蒙田认为现行的教育方式虽然使得学生和先生饱读诗书,但是却不聪明能干,他把这样的弊病归咎于对待学问的方式不正确。文中指出:我们的父辈花钱让我们受教育,只关心让我们的脑袋装满知识,至于判断力和品德,则很少关注。[1] 家庭与学校相比,具有全面性、渗透性、及时性、随机性以及非正式等特点,父母与子女的朝夕相处能够潜移默化地影响他们。家庭教育没有统一的编班、严格的大纲、固定的场所,能够更好地因材施教,因此,家庭教育在早期对儿童学习兴趣的养成具有一定优势。在学习内容上,选择的不是观点较为健康、较为真实的书籍,而是希腊文、拉丁文写得最好的书籍,用最美的诗句在我们的思想中灌输古代毫无意义的糟粕。在教学方法上,要关注判断力和品格。

第二,在教育目的方面,蒙田认为,儿童教育不是培养一个文法学家,也

---

〔1〕　蒙田:《蒙田随笔》,第69页。

不是培养一个逻辑学家,而是要培养热情的、勇敢的、完全的绅士。具体来说就是身心两方面和谐发展的人,这种人不仅具有强健的体魄和优雅的形态,还要具有完全的心智。另外,还要把儿童培养成具备知识和判断力的人,同时,他也认为,与知识相比,判断力更为重要。18 世纪法国启蒙思想家孟德斯鸠在《不同的思考》中提道:在其他作家那里,我们看到的是写作的人,而在蒙田这里,我们却看到了思考的人。我们常说,授人以鱼不如授人以渔,说的就是这个道理。除此之外,蒙田还提出要把儿童培养成有才能、有本事的人,他们应该是实干的事业家,拥有丰满的心灵,不断提高修养。

第三,在教育内容方面,他注重实用性。如身体训练,他明确指出"生命在于运动"。首先,不能娇生惯养,原文中提到"在穿着、床铺、饮食方面不要养成他们娇生惯养,要引导他们适应一切",此外,要忍受苦难,"要孩子忍受训练的辛苦和疼痛"。其次,他还肯定了游戏的价值,认为游戏和运动都是学习的方式。再次,养成德行。儿童应具有勇敢、坚定、诚实、有爱、谦虚、善良、节制、恒心等良好品质,同时还要具有良好的礼仪、优雅的谈吐等。而从小养成这样的德行,到了晚年才不会成为真正的老朽,依然会受到子孙后代的尊敬。最后,教育内容与教育环境、教育方式应该是相匹配的,原文中指出:要找修辞学家、画家和音乐家,得去希腊的其他城市,如要找立法者、法官和将领,那就去斯巴达。在雅典,人们学习如何说得好,在斯巴达,人们学习如何做得好。雅典人学习如何战胜某个诡辩的论证,不受藤蔓缠绕、似是而非的词语蒙骗,斯巴达人则学习摆脱欲望的诱惑,不怕命运和死亡的威胁。前者致力于说话,不断地操练语言,后者醉心于行动,不懈地锤炼心灵。[1] 家庭在一定时期需要为儿童选择合适的教育机构,不仅要求家长明确儿童的兴趣和需要,也要综合考虑该环境是否有利于儿童的长远发展,是否与其能力相匹配,切莫跟风。

第四,在教育方法上,蒙田也提出了很多独到的见解。首先,要注意儿童的资质和天性,按照大自然的意愿来做自然的人,就可以做得好。但要看到他们之间的差异,不同资质的人不能用同样的教材和规则来教导,并且每个人都有闪光点,要注意观察和发现。其次,发展判断力和思考力,原文中指出,对儿童来说,一间书房、一座花园、桌子与床,独处时、有伴时、白天与

---

〔1〕 蒙田:《蒙田随笔》,第 76 页。

晚上,一切时间、任何地点都是可以用来学习的。这样儿童能够把他们所学的东西用不同的形式表达出来,并且在情境中去应用它,将这些通过实践总结的东西变成自己的,一定要知其然且知其所以然,对所学的知识进行思考,但也不要贪求知识,否则会因为贪多而傻了脑袋,被教得傻里傻气。再次,注重观察和经验,他引用了毕达哥拉斯的原话:我不懂学科,也不懂艺术,但我是哲学家。有人会指责他凭什么去搞哲学,但其实他就是通过在行动中的反复思考来提炼思想的,不要多想,而要多做。通过大自然积累广泛的经验,把世界当作一面镜子,注重应用知识和实践联系,激发孩子学习的渴望和热情,游历也是一种好方法。最后,成人要注重培养儿童的良好习惯,防止恶习养成,严宽结合,并且不可忽视榜样的示范作用。

蒙田在随笔中引用了许多实际的例子和很多古代名人的箴言,并结合自己的教育实例,这种形式被广泛阅读,尤其是法国和英国,他的儿童教育思想具有前瞻性,对后世的家庭教育影响深远。

四、精彩片段选读

片段一

柏拉图训斥一个玩骰子的孩子,那孩子回答说:"你为这点小事就训我。"柏拉图反驳道:"习惯可不是小事。"

我发现,我们身上最大的恶习是从小养成的。我们的教育主要掌握在乳母手中。母亲看到孩子拧鸡的脖子,打伤狗或猫,似乎是种消遣。还有的父亲愚蠢至极,看到儿子殴打一个不自卫的农民或奴仆,会以为是尚武的好预兆,看到他以狡诈手段欺骗和愚弄同伴,会以为是光辉的业绩。然而,这却撒下了残酷、专横和背信弃义的种子,这些缺点在那时候就已萌芽。以后,在习惯的魔掌中茁壮成长。因孩子年幼或事情不大就原谅他们的不良倾向,这是后患无穷的教育方法。首先,这是天性在说话,它那时的声音与其说尖细,不如说纯净而洪亮。其次,欺骗的丑恶性不在于金币和别针之间有差别,而在于欺骗本身。对此有两种结论,一是:"既然他在别针上能弄虚作假,为什么在金币上就不会呢?"另一个是:"只是别针罢了,他不会拿金币去搞欺骗的。"我认为前一种结论比后种正确得多。应该认真教导孩子憎恨他的本质上的恶习,使他们认识到这些恶习天生的丑陋性,要他们不仅在行动上，尤其在思想上做到防微杜渐，不管恶习怎样伪装，心里闪一下念头都是令人憎恶的。我从小就培养自己走正路，做游戏时，我最痛恨弄虚作假（必须指出，孩子们做的游戏不是单纯的游戏，应该看作他们最严肃的行动）。因此，即便是无谓的娱乐活动，我也坚决反对作弊，这已成为我的本性，无须作任何努力。我和妻子、女儿玩牌时，赢她们或输给她们我都无所谓，就像是在玩真的一样，两个辅币的输赢当作两个金币一样对待。我的眼睛无处不在，督促我安分守己，没有人会如此近地监视我，也不能让我如此遵守规则。

片段二

因此，当我们看到我们的祖先对学问不甚重视，即使今天也有国王的主要谋士们才偶尔博古通今时，就不必像有些人那样大惊小怪了。今天，只提倡通过法学、医学、数学和神学来丰富我们的知识。如果丰富知识的目的不能使学问享有信誉，那么，你就会看到学问的处境会和从前一样凄惨。如果学问不能教会我们如何思想和行动，那真是莫大的遗憾！塞涅卡说："自从出现了有学问的人，就再也没有正直的人了。"一个人如果不学会善良这门学问，那么，其他任何学问对他都是有害的。我刚才谈到的原因，是不是也和下面的事有关呢？在法国，学习的目的一般是为了谋生，有些人命好，不用靠赚钱生活，就致力于学问，但有的很快就放弃了（还没有尝到甜头，他们就转向与书本毫无关系的职业），除这些人以外，只剩下那些境遇不好的人投身于学问，以此作为谋生的手段。而这些人，出于本性，也由于家庭的不良教育和影响，他们的思想不能真实地代表学问的成果。因为学问不是用来使没有思想的人有思想，使看不见的人看见的。学问的职责不是为瞎子提供视力，而是训练和矫正视力，但视力本身必须是健康的，可以被训练的。学问是良药，但任何良药都可能变质，保持时间的长短要看药瓶的质量。视力好不一定视力正，因此，有些人看得见好事却不去做，看得见学问却不去用。柏拉图在他的《理想国》里谈及的主要原则，就是按每个公民的天性分配工作。天性无所不能，无所不为。腿瘸了不适合身体运动，心灵"瘸"了则不适合思想运动，杂种和庸人没有资格研究哲学。当我们看到一个人鞋穿得不好，就会说那不是鞋匠才怪呢。同样，根据我们的经验，医生似乎往往比常人更不好好吃药，神学家更少忏悔，学者更少智慧。

片段三

儿童教育的成败完全取决于你对教师的选择。学知识更重要的是自身的要求，丰满心灵，提高修养，更有意培养一个能干的人，而不是有学问的人。用心给他选择一名导师，不需要学识渊博，而需要通情达理，两者兼备自然求之不得，但是性格与理解更重于学问。

一开始，根据他教的人的智力，因势利导，教他体会事物，自己选择与辨别；有时给他指出道路，有时让他自己开拓道路。我不要老师独自选题，独自讲解，我要他反过来听学生说话。教师让学生在前面小跑，判断他的速度，然后决定自己该怎样调节适应学生的力量，这是个好方法。名师高瞻远瞩，其高明处就是俯就学生的步伐，指导他前进。教师不但要学生记住课本中学过的单词，还要理解词的意义与要旨；评估学生的成绩不是去证明他记住了多少，而是在生活中用了多少。按照柏拉图的教学法循序渐进，对学生刚学到的知识，要他举一反三，触类旁通，检查他是否融会贯通，成为自己的东西。

受五花八门思想的影响，受书本权威的束缚，我们的心灵都是在限制中活动。教师要让学生自己筛选一切，不要仅仅因是权威之言而让他记在头脑里。亚里士多德的原则对他就不是原则，斯多葛派和伊壁鸠鲁派的原则也不是。要把这些丰富多彩的学说向他提出，他选择他能选择的，否则就让他存疑。只有疯子才斩钉截铁地肯定。因为，如果他通过自己的理念接受色诺芬和柏拉图的学说，这些学说不再是他们的，而是他自己的。跟在人家后面，跟不到什么东西。什么都没找到的人，是因为他没寻找。至少让他知道他知道什么。他必须吸收他们的思想精华，不是死背他们的警句。他可以大胆忘记从哪里学到的，但必须知道把道理为我所用。真理与理智对谁都是一样的，不看谁说在前谁说在后。也不是根据柏拉图说的还是我说的，只要他与我理解一致，看法一致。学自他人的知识，融会贯通，写成自己的一部作品，以此表达自己的主张。他的教育、他的工作与研究，都用于对自己的培养。让他把学到的东西藏之于心，把创新的东西呈之于外。剽窃者、人云亦云者炫耀的是他们造的房屋，他们购的东西，而不是他们学自他人的心得。

埃庇卡莫斯说，有了理解才看见与听见，有了理解才可以利用一切，支配一切,才可以行动,掌握与统帅;其余的东西都是瞎的、聋的,没有灵魂的。不让理解有自由发挥的余地,就会失去活力与豁达。会背诵不等于懂,那只是把东西留存于记忆中。了然于心的东西不妨自己支配,不必看老师的眼色,也不必转睛对照书本。纯然书本的知识是可悲的知识!我可以接受它作为装饰,但不是基础。柏拉图也是这种观点,他说坚定、信仰、真诚是真正的哲学,其他另有目标的学科都是点缀而已。这就像那些人要我们提高理解力却不要动脑子,要我们学会骑马、掷标枪、弹琴或练声,却不要我们练习,要我们学习明辨是非和善于辞令,又不要我们说话和判断。要学习,眼前看到的一切都可以作为合适的教材:侍从的狡猾、仆役的愚蠢、席间的谈话,统统都是新内容。

最适宜于这样学习的是与人交往,还有就是到国外游历。而是要带回这些国家的民族特性和生活方式,让我们的思想和他们的思想发生冲撞和相互磨砺。骨肉之情会使即使最明白事理的父母过于心软,导致放纵。不仅要磨砺他的心灵,还要锤炼他的筋骨。

五、评价

《蒙田随笔》里有句话让人印象很深刻:脱靶的射手和射不到靶的射手一样,都不算命中。这句话的意思是:射不到靶意味着力道不足,而脱靶则是过度用力,反倒过犹不及。

蒙田的“全人”是德才兼备、身心和谐的绅士,是通过教育培养出来的,但要实现这样的教育目标也是不容易的。因此蒙田重视导师的选择,提出了人文主义的新教师标准:一名合格的教师应该是道德高尚、学识渊博,懂得因人施教,在教学中善于运用新的教学方法,是言行一致的典范。他指出,“我还是喜欢有智慧、有判断能力,习惯文雅和举止谦逊的人,而不喜欢空空洞洞,只有书本知识的人。要要求他在履行职责时,能采用新的方法”。这也就要求在家庭教育中,父母应首先提升自己,做好榜样示范,陪伴和细心观察是对家庭教育者的基本要求,在此基础上了解儿童,有针对性地施以教育。相较于学校教育,家庭教育具有其独特的优势,更能够做到因材施教。家庭教育能力的提升对儿童教育能够起到事半功倍的效果。

同时,蒙田也对家长提出了要求,反对家长对儿童溺爱和娇生惯养。蒙田不同意把一个孩子搂紧抚抱、娇养溺爱,使其在父母的膝上长大。他对父母溺爱给儿童带来的恶果做了深刻的分析。父母看到孩子受点累、出点汗就心疼不已。殊不知,在温室中长成的花朵是经不住人生之路上的风吹雨打的。蒙田说道,教师对于儿童应有最高的威信,但由于父母的溺爱和他们的经常出现,教师的威信受到了阻挠和挫顿。同时,整个家庭成员表现出的对孩子的宠爱,也是对年轻绅士进行正确教育的阻碍。

第二十六章 夸美纽斯《母育学校》[1]

一、作者简介及代表作

夸美纽斯(1592—1670),一称"考门斯基",是一位以捷克语为母语的摩拉维亚族人,捷克伟大的教育家,西方近代教育理论的奠基者,出生于磨坊主家庭。年青时被选为捷克兄弟会的牧师,并主持兄弟会学校。三十年战争(1618—1648)爆发后数十年被迫流亡国外,继续从事教育活动和社会活动。他尖锐地抨击中世纪的学校教育并号召"把一切知识教给一切人"。提出统一学校制度,主张普及初等教育,采用班级授课制度,扩大学科的门类和内容,强调从事物本身获得知识。

1604年,12岁的夸美纽斯失去了父母,之后两位姐姐也相继夭折,他不幸沦为孤儿,被寄养在姨妈家里,也中断了他在兄弟会初等学校的学习。后来,受兄弟会资助,夸美纽斯入普列罗夫市的拉丁文法学校学习。在校期间,他刻苦自励,发愤学习,成绩优秀,表现出卓越的才能。1611年毕业后,夸美纽斯进入赫尔伯恩大学学习哲学和神学。大学期间,他在阿尔斯泰德(1588—1638)等进步教授的影响下,系统地学习了古代思想家的著作,研究了人文主义者的思想和一些新兴的自然科学,为之后投身教育领域打下了良好的基础。

1614年,夸美纽斯被兄弟会委任为普列罗夫拉丁文法学校的校长。他以极大的热诚献身于教育事业,开始研究教育改革问题,同时担任牧师圣职。夸美纽斯从百忙中潜心研究各类著作,广泛阅读并撰写教育、哲学、神学等方面的论文,同时学习绘画艺术。

然而,夸美纽斯的教育及研究事业刚刚起步,三十年战争就爆发了,整个欧洲被卷入了战火。夸美纽斯的家产、藏书和所有的论文手稿化为灰烬,

---

[1] 夸美纽斯:《母育学校》,任宝祥,译,西南师范学院教育系教育史教研组刊印,1981年版。

他本人幸免于难。但是祸不单行,1622年年初,战争带来了瘟疫,他的妻子和两个孩子染疫丧生,他再次遭到了沉重的打击。夸美纽斯痛恨战争,忧国忧民,发表《致天国书》,对当时不平等的社会制度进行了无情的批判,表现出无所畏惧的气节。

1628年,夸美纽斯因宗教迫害被迫告别祖国,流亡波兰黎撒。他曾慨叹:"我整个一生不是在祖国,而是在流浪中度过的,我的住处时时变动,没有一个我永久住过的地方。"1670年,他在临终之际,把儿子叫到床前,一再嘱咐要整理好他的所有手稿和草稿,待机出版,留传后世;同年11月15日,夸美纽斯带着对祖国的眷恋之情与世长辞,遗体葬于阿姆斯特丹附近的拉尔登。夸美纽斯一生作品无数,其中教育类著作主要有《母育学校》《大教学论》《语言和科学入门》《世界图解》等。

二、作品的时代背景

1632年,夸美纽斯出版了《母育学校》一书,在人类史上首次制定了6岁以下儿童详细的教育大纲。《母育学校》撰写期间,正值欧洲三十年战争。这场战争是由神圣罗马帝国的内战演变而成的一次大规模的欧洲国家混战,也是历史上第一次全欧洲大战。中世纪后期,神圣罗马帝国日趋没落,内部诸侯林立,纷争不断,宗教改革运动之后又发展出天主教和新教的尖锐对立,加之周边国家纷纷崛起,这场大战又被称为"宗教战争"。白山一战,"天主同盟军"打败了捷克军队,捷克完全丧失了独立,新教徒惨遭驱逐、流放,财产被没收,人民遭屠杀,兄弟会备受迫害。战争带来了瘟疫,也带走了他妻儿的生命,他在万分悲痛之时仍与兄弟会成员投身于救国救民的斗争中,同时进行着教育研究。1624年,德皇斐迪南二世颁布了一项法令,命令把所有新教徒从捷克驱逐出境。1627年,德皇再次下令,以天主教为捷克唯一合法的宗教,市民必须在六个月内公开信奉天主教,否则要被流放国外。夸美纽斯泪别故国,带着对祖国的眷恋和对教育的热爱,继续著书立说。

对于幼儿教育,最早予以关注的西方人是古希腊的柏拉图。在此之后,亚里士多德、昆体良、奥古斯丁等都曾经对此发表过见解。但是在文艺复兴之前,儿童被看作是成人的附属品,缺乏针对性的教育,且无人关心其身心发展特点,科学的学前教育更是无稽之谈,直到文艺复兴时期,人文主义者才重新提出学前教育问题,直到二百年后,夸美纽斯完成了这项工作,详细论述了如何进行科学"母育",提倡进行学前教育。

三、主要内容及思想主旨

在夸美纽斯看来,每一个家庭都可以成为一所学校,孩子的母亲便是第一任老师。他在教育史上第一次从普及教育的角度和为儿童心理发展的连续性和阶段性的角度提出学前教育阶段的重大任务。夸美纽斯认为儿童到成人的发展分为婴儿期、童年期、少年期和青年期四个阶段,每一个发展阶段都有一个自己专门的教育任务。同时,他又强调每个阶段之间存在着密切的联系。从上述观点来看待学前教育,母育学校乃是他构筑的前后衔接而统一的学制系统的第一阶段。他把奠定儿童体力、道德和智慧发展的基础,作为第一阶段教育的主要任务。

第一,《母育学校》在开篇第一章中就提出:儿童应当比金、银、珍珠和宝石还珍贵,这若与来自上帝的一切恩惠加以比较的话,就可以发现其中的道理。[1] 并且从七个方面来论证了此观点。例如,金银是没有生命的,而儿童是生机勃勃的生命体;金银是受上帝之命所产生出来的成型的物体,但是儿童可以按他自己的形象来塑造;金银是流行的和暂时的东西,儿童却是一种永远不灭的遗产;金银由土地产生,儿童则是我们自己的一部分,所以我们理应像爱自己一样爱儿童;金银的价值可以转移,儿童却是一份上帝给予父母的独特的财产,世界上没有谁能剥夺他们这项权利或者强占这份财产;儿童是被天使监护的,它比金银更让人感到慰藉;爱戴儿童可以从上帝那里得到宽恕,而我们也在和儿童共享上帝的恩赐。从上面的论述中,我们可以很明确地感受到,夸美纽斯对儿童的珍爱以及对儿童教育的重视。原文中还提到:金银和宝石并不能给予我们以更进一层的教育,如智慧,力量和上帝的恩赐。然而,儿童给予我们的像是一面镜子,在他里面我们就可以看到谦虚、有礼、亲切、和谐以及其他基督徒的品德。我们认为我们有照顾好他们的义务。[2]

因此,我们必须给儿童以极大的关怀。这里在字面上虽然仍带有一定的宗教色彩,但实质上是对封建宗教意识的一种反驳。因为在西欧中世纪时期,思想观念占统治地位的是基督教的教义,在人生意义上宣扬的是所谓人生而有罪的,原罪说妄称婴儿是带着原始的罪恶来到世上的,一生必须不

---

〔1〕 夸美纽斯:《母育学校》,第4页。
〔2〕 同上书,第6页。

断地赎罪,当然儿童也就成为"赎罪的羔羊",种种肉体的、精神的折磨也就不断地加到他们的身上。夸美纽斯在文中也举出了很多例子来反复强调儿童是无价之宝这样的观点,不论是对于父母还是对于国家来说都是如此。

第二,夸美纽斯论述了幼儿期教育的重要性。他吸收和继承了古希腊、古罗马教育思想家,文艺复兴时期人文主义教育家关于儿童早期教育的理论并总结他本人长期的教育实践经验,对幼儿教育的重要性进行多次论证。在《母育学校》的献词中,他提出"一切都有赖于开端"这样一个基本思想。其内涵包括两方面的意思:(1)他认为细心、正确地做好早期教育是防止幼儿沾染不良恶习的有效途径,同时,幼儿及早获得一些必要的粗浅知识能够为入学以后的教育奠定基础;(2)夸美纽斯引用古罗马政治家、哲学家西塞罗的话说:"整个国家的基础在于童年的正确教育。"此外,书中还从父母责任的角度论述了教子成人的必要性。书中指出:不用勤勉的劳动而把儿童教养成人,那是不可想象的。[1] 如果想使嫩芽变为大树,就需要浇水、培植;如果想做木工,就要设计雕刻;如果想要成为服役的马儿,就要经过专业训练,更何况是人所掌握的德行、智慧和知识,怎么可能不经过教育而自然形成呢? 这些论述都表明了幼儿期教育的必要性和重要性。

第三,夸美纽斯十分重视幼儿体育。他在《母育学校》第五章节中用了21个小节来论述怎样去保证儿童的健康和力量。他认为,只有在儿童是活生生的身体健康的条件下,才有可能对他们进行教育。因此,他恳切地要求每一个母亲应该关心的是保障幼儿的身体健康。首先,自妇女怀孕之日起,为了使她所怀的胎儿健康诞生,就要关心自己,注意保持愉悦心情,有节制、不多食,避免碰撞和摔倒。其次,母亲应合理喂养,给儿童哺乳,不应因为保持外貌、体型和留恋生活舒适而不愿进行哺乳。另外,他又用了将近5个小节来论述母乳喂养的必要性,除非是在不可避免的情况下,母亲不能够亲自抚育,否则这对幼儿来说是非常残酷的疏远。最后,幼儿身体脆弱,父母和成人必须特别小心地照料,并帮助幼儿建立合理的生活制度。在喂养方面,父母要为儿童选择自然的营养品,如软的、甜的和容易消化的,药物对他们来说是非常有害的,还要避免酒品和过热、过辣的食物,这样的食物只会引起儿童一时的兴奋,文中指出:用这样的食物养育其子女或以这样的饮料来

---

〔1〕 夸美纽斯:《母育学校》,第10页。

兴奋其子女精神的人,这样的行为正如一个懒惰的园丁由于渴望植物很快地发芽滋长而以石灰覆盖于根上使之保温一样。无疑的,这样做将会促进植物的发展和发芽,但他们不久就开始呈现羸弱和枯萎。[1] 另外,充足的睡眠、经常的游戏娱乐、身体的运动都是保证儿童健康和安全的手段。

第四,夸美纽斯也非常强调智育的重要性,这和其"泛智"思想是紧密联系着的,他认为父母的明智不仅在于使儿童健康地生活,而且要尽力做到使他们的头脑充满智慧,这样才能成为一个真正幸福的人。关于智育的内容,夸美纽斯把它规定为三个方面,一是帮助幼儿通过感官积累对外部世界的初步观念,二是发展语言能力,三是训练手的初步技能,通过这三方面的教育和训练,使幼儿获得多方面知识的萌芽。为此,夸美纽斯在书中详细列举了幼儿"百科全书"式启蒙教育的学习科目。

第五,德行方面的教诲也是夸美纽斯特别提到的。他在第四章早期教育的性质中对德育内容进行了具体的论述。如节制,不能过于贪恋食物;保持衣物的清洁,把端庄的行为习惯渗透在日常交往中;要尊敬长辈,听从他们的谈话和教诲,要在长辈允许的情况下做一切要求内的事情;要讲诚信,对人公平,亲切待人;要勤劳,热爱劳动,要学会压抑自己的欲望,锻炼自己的意志力;等等。夸美纽斯认为,只有做到了这些,才能受到上帝和他人的称赞,书中也提道:幼年期这些重要而优美的品质,应该从婴儿时代就予以训练。[2] 在这一章节中,除了德育,他还提出了自然科学领域、数学领域、语言领域的各种具体做法,为家庭教育提供了可操作的指导建议。

第六,在幼儿教育方法上,夸美纽斯一再强调父母是儿童的教育者,负有把子女教育成人的责任。在第六章"自然与思维研究"一章中,夸美纽斯明确提出,在儿童年龄允许的时刻,应该在有关自然和其他事物的知识中让其接受教育,并且按照他们的能力进行。文中也举出了一些具体的教学案例,解释如何运用具体生活中的事务积累儿童的经验,还根据年龄阶段的不同给出了不同的认知范围和指导意见,包括经济学、光学、地理学、时间、政治知识等比较抽象的概念,他都给出了具体的教授方法,给了父母明确的教育方向。

至于如何让幼儿进行知识学习,夸美纽斯认为最有效的方法就是引导

---

〔1〕 夸美纽斯:《母育学校》,第22页。
〔2〕 同上书,第14页。

幼儿通过自己的感官去认识外部世界。他还具体提出建议,比如运用故事和寓言。此外,他还很重视游戏,认为游戏不仅有益于儿童的身体健康,而且有助于发展肢体活动能力和智力的敏感性,而让幼儿无所事事才是有害于其身心发展的。除此之外,他的直观性教学原则在这里也有体现,如他强调父母或成人的以身作则,身教重于言教。

第七,夸美纽斯论述了父母应当怎样准备他们的孩子入学。在最后的第十一章和第十二章中专门探讨了关于幼儿入学以及准备工作的问题,还提出了很多有益的建议。原文中指出:当幼苗从种子长大以后,就需要把它移植到果园内,以有利于它成长和结果。同样,儿童在母亲胸怀中长大,现在他们的身心就有了力量,就应做权宜之计,把他们交给老师,如此,他们便可以顺利地成长。常见的移植过的小树,生长得会更高,在花园里结的果子,其香味远比野果的味道要浓。[1] 同时,他也建议在六岁以前由家庭抚养,六岁时可以考虑送入学校。因为,幼儿需要有比教师所能给予他的更多的关怀,所以最好留在"母育学校"里,在母亲的保护下,自然而然地学习。到了五六岁,他的骨骼和头脑发育日趋完善,这时候就可以到学校中继续学习。另外,他告诫父母,千万不应以学校和教师来恐吓幼儿,使幼儿心怀恐惧,不愿入学。

夸美纽斯的《母育学校》,是教育史上第一本系统论述学前教育的专著。他阐述了学前教育的目的和任务,是培养儿童体力、智力和道德的初步基础,通过感觉器官的训练和发展使幼儿获得有关自然界、社会生活和家庭生活的初步认识。关于幼儿教育的内容,他论述了体育、德育、智育和父母指导书及教材。夸美纽斯认为应该为儿童编写一本可以直接供其使用且能引起儿童极大兴趣的图画书,同时与《母育学校》中的教学大纲相对应,据此,他出版了《世界图解》,成为在欧洲广泛流行的儿童百科全书。

四、精彩片段选读

片段一

对于父母,儿童应当比金银珠宝还珍贵。这若与来自上帝的一切恩惠

---

[1]　夸美纽斯:《母育学校》,第50页。

加以比较的话,就可以发现其中的道理。

第一,金银和其他同类的东西都是无生命的,只不过是比我们脚下所践踏的泥土要硬一点和纯洁一点,然而儿童们却是上帝生气勃勃的形象。

第二,金银是受上帝之命所产生出来的未成形的物体,但是儿童们却是由至圣的三位一体举行特别会商产生出来的,并且按他自己的形象来塑成的。

第三,金银是流行的和暂时的东西,儿童却是一种永远不灭的遗产。

第四,经营是由土地产生,儿童则出自我们的本体,由于是我们自己的一部分,所以他们应受我们的爱护,自然不应少于爱我们自己。上帝在一切生物的本性中种下了对于幼小生命如此强烈的爱,以致他们有时宁愿保全其后代而不顾自己的安全。如果任何人把这样的爱情转移到爱惜金银珠宝,那么按照上帝的审判,他就像犯了崇拜偶像之罪一样。

第五,金钱从一个人转到另一个人,好像不属于那一个人的财产似的。而是公共的,然而儿童却是一种独特的财产,是上帝指定给父母的,因此,世界上没有哪个可以剥夺他们这项权利或者强占这份财产,因为它是来自天,而非一种可以转移的财产。

第六,虽然金银都是上帝的恩物,但他们却不是上帝允许派遣天使对他们监护的那样。所以,凡是家庭有孩子的人们,那就会肯定在他们家里是有天使的显现;凡是用双手抱过小孩的人,可以确信她也在拥抱天使;不论何人,深夜黑暗所笼罩的情况下,睡在一个婴儿的身旁,他都会感觉到一种慰藉,借此可以得到保护,使得黑暗鬼怪无所施其伎俩,这些事情的重要性是何等伟大。

第七,金银和其他外在事物并不会为我们得到上帝挚爱,也不会像儿童们那样保障我们免去上帝的愤怒,因为上帝这样爱孩子,以至为了他们的缘故,他是时常宽恕父母的。

第八,人类的生命并不存在于充足的财富之中,正因为这些纯洁无罪的孩子们,上帝才供给我们必需品,而我们却和他们共享了。

最后,金银和宝石并不能给予我们以更进一层的教育,如智慧,力量和上帝的恩赐。然而,儿童们给予我们的像是一面镜子,在他里面我们就可以看到谦虚、有礼、亲切、和谐以及其他基督徒的品德。我们认为我们是有照顾好他们的义务的。

片段二

如果做父母的只教导儿女吃、喝、走路,说话并为他们装饰衣服的话,那他们就不算完全尽了他们的义务,因为这些事是纯粹帮助身体的,而人的身体并不是他自己的,只是灵魂的居所。简而言之,幼年儿童必须受教育,其目的有三:一是虔诚的信仰,二是端正的德行,三是语言和艺术的知识。

片段三

我认为做母亲的对其婴儿不能够这样残酷地疏远,即将婴儿寄托给别人哺乳,这种行为之所以与自然相违背,可以从下面几方面来说明:

第一,在自然界中找不到这样的事情,甚至在野兽的狼、熊、狮、豹及其他凶暴的动物中也很难找到,他们都是亲自哺乳的。那么我们人类做母亲的反而比这些野兽更少情爱吗?

第二,儿童吸吮其生母的奶汁对于婴儿的健康是有益的,儿童在出生之前,已经由母亲的血液所养育,而日常经验证明,通过亲子哺乳,儿童愈加接近他们父母的本性和德行。

第三,如果他们尽全力照顾自己的子女的话,他们的体型会失掉匀称或优美,而这样的结果是常见的,他们通过哺乳所遭受的损失不仅是他们日常休息和美丽,也可能包括他们的健康。一位拉丁文作家曾说过:"这样的妇女们是不值得承受母亲的美名的,因为他们并没有完成上帝和自然赋予他们应做的事情。"

第四,拒绝哺乳其子女的人是冒犯其母性尊荣的。

片段四

当儿童还在学习讲话的时候,应当让他们听其所好,让他们自由的谈话。当其知道了语言的用途,最要紧的还是要教导他们沉默寡言。当然,我不希望他们变成雕像,而是具有理智的形象。若有人设想,沉默是一件无关重要的事,那他绝对不是一个心智健全的人。因为慎重地保持沉默,是健全智慧的开端,在适当的时候保持沉默,无伤于人。父母们应当使其儿女习惯于保持沉默,第一,在祈祷和做礼拜时,无论在家里或在公共场所,孩子们都应安静无声地坐着,在这种场合下,不让他们到处乱跑,叫喊或作怪声,孩子们也应学习沉默地注意父母的命令。保持沉默的另一方面好处是要注意条理清楚的语言,这样谈话者在答复任何问题以前,孩子们可以注意到发生了什么事,如何合理的归纳语言,因为说那最先想起的话是不智之行。虽然如此,我还是不断地重复一遍,在适当的实践做适当的事情,对这些事情的教导,细心的父母应当给予最大的关心去对待。

片段五

当幼苗从种子长大以后,就需要把它移植到果园内,以有利于他成长和结果。同样,儿童在母亲胸怀中长大,现在他们的身心就有了力量,就应做权宜之计,把他们交给老师,如此,他们便可以顺利地成长。常见的移植过的小树,生长的会更高,在花园里结的果子,其香味远比野果的味道要浓,然而这个转换的时间什么时候比较合适呢?最好的就是,在六岁以前,我不建议把他们从母亲那里交托给老师,下面有几点理由:

1. 稚嫩儿童是需要更多的监护和照顾的,这远远不是一位同时教育许多儿童的教师力所能及的,因此应继续由其母亲教导,倒是更好的办法。

2. 在他开始负担各种劳动之前,对于头脑的成熟和发育来说也比较稳妥。婴儿的脑壳尚未紧闭,而在五六岁以前,大脑的发育还是不稳固的。所以,对于这种年龄的儿童,使其在游戏中自然地、不自觉地来感知事物,也就很够了,对于家庭来说,这也是很方便的。

五、评价

夸美纽斯的《母育学校》一书,首次为人类拟定了3—6岁幼儿的教育方案。他认为,作为儿童的第一任老师,父母的榜样作用对幼儿影响巨大,母亲对于幼儿的教育更负有特殊责任。在胎儿期时,准母亲就要明确责任,确保活动的安全,注重饮食卫生,注意良好的行为习惯,以确保胎儿的健康生长。夸美纽斯对幼儿的饮食、卫生、日常活动都有很多具体建议。他注重母乳喂养,认为母亲照料幼儿的日常生活,可以增进幼儿的健康、促进幼儿的安全感,并有利于引导儿童形成正确的行为习惯。

他提倡儿童教育要遵从自然秩序,父母要尊重儿童成长的内在节奏,早期教育要按照儿童的天性来进行。夸美纽斯不主张对2岁以下的幼儿进行语言教育,认为这有损于他们稚嫩的声带。并且提出,教育应该在日常生活中，围绕周围的事物来展开，由简单到复杂、逐渐引导儿童形成认知。

《母育学校》注重儿童的身体健康和锻炼，并提出要帮助儿童避免运动中的伤害。在日常的生活中，要通过循序渐进的方式引导儿童认识周围的事物，从而增加儿童自身的知识。此外，夸美纽斯重视儿童的德育，强调儿童文明礼貌、良好习惯的养成。他认为，儿童要待人温和有礼，行为稳重，语言条理清晰，正直、诚实，不伤害他人，并且乐于和他人相处。他提出，对儿童的道德教育，要尊重儿童"模范"的天性，通过榜样示范、奖惩训练来进行。所有家庭成员，都应该为儿童做出良好的行为、言语的榜样。

夸美纽斯的这本书提出了儿童教育的一系列原则和具体做法，对后来的幼儿教育产生了深远的影响，成为世界教育史上启蒙教育的重要读物。

第二十七章　夸美纽斯《大教学论》[1]

一、作者简介及代表作

夸美纽斯以研究教育科学、进行教育改革为毕生志业。他先后主持了三所拉丁学校，又来到英国伦敦研究如何展开教学。夸美纽斯很快获得了广泛的声誉。除了英国，他还应瑞典政府的邀请，编纂了拉丁文教材和教学法的文章，又在匈牙利进行教育改革。

夸美纽斯精研古代希腊和罗马以及近代欧洲的思想文化和教育理论，在以长期教学研究和教学实践中获得的经验为基础，夸美纽斯对欧洲的教育教学的理论、思想和方法进行了批判性的思考，形成了数量丰厚的高质量教育理论著作和教程。1632 年，在《母育学校》之外，夸美纽斯出版的《大教学论》标志着教育学的开端。1657 年，夸美纽斯又出版了《教育论全集》。

二、作品的时代背景

在 17 世纪上半叶，欧洲经历了文艺复兴的冲击，封建社会解体，资本主义兴起。文艺复兴表面上是恢复古希腊、古罗马时期的思想文化，实际上是要消弭长期禁锢人们思想的中世纪神学体系，事实上也就成了资产阶级反封建的思想文化运动。

神学的教条权威被逐步摧毁，从神到人的中心得以转变。人们认识到，人是现实生活的创造者和主人，人应该追求现实生活的幸福。文艺复兴带来了人们思想上的觉醒，人文主义精神得以强调，人的价值和尊严得以树立。经过半个世纪，到了 18 世纪初，欧洲启蒙运动燎原，理性主义精神更为猛烈、更为彻底地反封建、反神权。

《大教学论》的成书时间恰恰就在这个阶段，即欧洲文艺复兴之后和启

---

〔1〕　夸美纽斯：《大教学论》，傅任敢，译，教育科学出版社，2014 年版。

蒙运动之前。在这个背景下,《大教学论》的思想内容就比较容易理解了。

三、主要内容及思想主旨

《大教学论》全面地论述了改革中世纪的旧教育、建立资本主义新教育的主张,提出了一套完整的教育理论体系,第一次把教育学从哲学中独立出来,完成了教育理论上有史以来的重大变革。它开创了近代教育理论的先河,成为划时代的巨著。这是一本反对封建、经院主义的教育著作,系统阐述适应新兴资产阶级要求的教育观点,为近代最早的、系统的教育学著作。

在《大教学论》中,首先,夸美纽斯高度评价了教育对社会的作用,认为"教会与国家的改良在于青年得到合适的教导"。他希望通过教育,改革社会道德普遍堕落的现象,从而"减少黑暗与倾轧",得到"光明与和平"。其次,他高度肯定了教育对人发展的作用。再次,夸美纽斯尖锐地批评了旧学校的种种弊端,提出了教育要适应自然的原则,教育要依据人的自然本性,即儿童的天性和年龄特征。他提出了划分儿童年龄阶段的主张,把0—24岁划成四个阶段,即婴儿期、童年期、少年期和青年期,每期6年。最后,夸美纽斯提出了普及教育的民主主张,认为"所有男女青年,不论富贵和贫贱,都应该进学校"。为了实现这一主张,他创制了学校体系,发明了班级授课制,这种主张和体系至今为我们所沿用。夸美纽斯还提出了一套教学原则,如直观性原则、循序渐进性原则、巩固性原则等,奠定了教学论的理论基础。

第1—5章以统领的方式论述人的价值和意义。在这个部分中,夸美纽斯大量论述了"造物""来世""永生""皈依""虔诚"这样的宗教内容。但是,结合夸美纽斯当时时代的历史背景,他对作为"最高级的、最权威的、最优秀的造物"——"人"的强调,已经是一个巨大的突破。夸美纽斯以人文主义的精神来颂扬人的价值和尊严,以此为基础提出教育的重要作用。

第6—10章以总括的方式论述教育的作用。这包括教育在一个人的发展过程中起到的作用,教育过程中的关键期,以及学校教育的功用。夸美纽斯所提出的普遍教育在这个部分得以充分显现。

基于前面部分对人的价值和意义的强调,以及对教育作用的勾勒,第11—14章针对的是具体的学校教育的改革问题。为什么要改革? 改革是否存在成功的可能性? 如何改革? 应该遵循什么样的方法论? 夸美纽斯对这些问题的一一回答初步为实施普遍教育提供了答案。

第15—33章论述具体的教学论:原则、方法、科目、教材、阶段、管理等诸多方面。显而易见,这其中论述到的"灌输虔诚"(第24章)、"基督教法则"(第25章)、"神的荣耀"(第33章)是受当时的历史背景所限。

全书在基督教思想的外衣下,围绕阐明"将一切事物给一切人们的全部艺术"这一核心观点,主要从教育的目的、教育的对象、教育的年龄阶段、教育的内容与实现、教学原则以及教学方法五个方面为我们构建了一个比较完善的学校教育体系。

综上所述,《大教学论》更加侧重教育与社会的关系以及学校教育,关于专门的家庭教育的内容较少,但是书中关于教育内容、原则、目的等的论述同样适用于家庭教育,主要表现在以下几点。

1.肯定教育的价值,不论是天生愚笨之人还是生性聪慧之辈。原文中指出:知识、德行与虔信的种子是天生在我们身上的,但是实际的知识、德行与虔信却没有这样给我们。这是应该从祈祷、教育、行动中去取得。有人说,人是一个"可教的动物",这是一个不坏的定义。实际上,只有受过恰当教育之后,人才能成为一个人。[1] 对于父母来说,对儿童应一视同仁,教育是人人需要的,且需要面向不同程度能力的人,不仅要学会观察了解孩子,还要去发现孩子身上的特点,因材施教。对愚笨的孩子的教育目的为使其摆脱愚笨,聪明的孩子是引导他利用自己的大脑去做对社会有用的事情。

2.注重道德教育。父母应重视子女的德行培养。夸美纽斯将人的成长比作树木,如果不对其进行修剪,它就会肆无忌惮地任意生长,道德教育是使人成长为栋梁之材的必要途径。书中第二十三章具体阐述了道德教育的方法,例如,重视持重、节制、坚韧和正直等德行的培育;学会判断,对既定事实问题的健全判断是德行的基础;把握适度原则,不论是饮食、睡眠、工作、游戏还是谈话等细节;锻炼自己的意志力,在错误的时刻一定要抑制自己的急躁、不满和愤怒;不能损人利己,要能忍受劳苦,坦率大方地接近有价值的人,多做正义之事;最后,还要注重父母、保姆的榜样示范作用。文中指出:假如父母是有道德的,是家庭教育中的小心谨慎的保护人,这对青年人正确地得到训练,都是一大优势。[2]

3.强调早期教育对人的一生具有启蒙的重要作用。夸美纽斯在第七章中用果树生长来比喻人的成长,果树只有经过有经验的园丁的悉心种植、灌

---

〔1〕 夸美纽斯:《大教学论》,第24页。
〔2〕 同上书,第168页。

溉和修建,才会结出香甜的果实。同样,一个人也不可能自行长大成人,没有德行和虔心的修养,他就不能成长为一个理性的、聪明的动物。最后,他明确地强调一点:这种步骤应该在植物幼小的时候去实行。[1] 在入学之前,子女的教育多在家庭,因此父母在早期阶段也是重要的角色。夸美纽斯用大量的例子,例如,幼苗、新生鸡蛋、小马、小牛等来论证儿童早期的吸收性心智,与我们常说的关键期非常相似,他指出:在人身上,唯一能持久的东西是从少年时期吸收得来的。[2] 对儿童早期教育的重视也引起了入学前家庭对教育的关注。

4. 教育公平原则的体现即一切男女都应该进学校。从家庭教育的层面上,帮助父母公平对待不同性别的子女,保障每个子女的受教育权力。原文中也指出:不仅有钱有势的人的子女应该进学校,一切城镇乡村的男女儿童,不分贫富贵贱,都应该进学校。[3] 教育公平除了是国家层面需要发声的倡议,也是每个家庭教育者应树立的理念,努力为孩子创造接受教育的机会。

5. 父母是子女和学校之间的重要桥梁。夸美纽斯在第二十八章简单地对母育学校进行了描述。开头提道:树木刚一生成便长出日后成为主干的嫩枝,在这最初的学校里面,我们也必须把一个人在人生的旅途中所具备的全部知识的种子播种到他身上。[4] 这个“最初的学校”就是家庭,即母育学校。子女的学习热情受到多方面因素的影响,如家庭的教育氛围、父母的学识以及父母与对待学校的态度。我们现在常常说到的幼儿园期间的入园焦虑、中学的叛逆厌学等现象与父母对待学校、老师的态度是密不可分的。父母对教师的称赞、对学习的鼓励会成为子女入学的动力。

6. 在教育内容方面,夸美纽斯总结了20条建议,从科学、数学、语言、人际交往、自理能力等方面入手,给家长教育子女提供了大纲,帮助家长做好入学准备。其建议虽然没有具体区分哪个年龄阶段,但是其内容和表述整体符合早期儿童的身心发展特点,强调幼儿具有广泛的知识,学习的内容也要与生活息息相关,这与夸美纽斯提出的“泛智”“教育适应自然”等观点相对应。

---

〔1〕　夸美纽斯:《大教学论》,第29页。
〔2〕　同上书,第31页。
〔3〕　同上书,第37页。
〔4〕　同上书,第207页。

四、精彩片段选读

片段一

　　教育确乎人人需要，我们想想各种不同程度的能力，就可以明白这一点。愚蠢的人需要受教导，好使他们摆脱本性中的愚蠢，这是无人怀疑的。其实聪明人更需要受教育，因为一个活泼的心理如果不去从事有用的事情，它便会去从事无用的、稀奇的、有害的事情。正如田地愈肥沃，蒺藜便愈茂盛一样，对一个绝顶聪明的人如果不去撒下智慧与德行的种子，它便会充满幻异的观念。又如推磨的时候如果不撒下面粉的原料——麦子，磨石便会磨出声音，磨损，以致常常磨坏一样，一个活泼的心理如果没有正经的事情可做，它便会被无益的、稀奇的和有害的思想所困扰，会自己毁掉自己。

片段二

　　从以上所说过的就可以明白，人类与树木的境遇原是相似的。因为，一株果树（一株苹果树、一株梨树、一株无花果树或者一株葡萄藤）能从自己的树干上自行生长，而一株野树则在经过一个熟练园丁的种植、灌溉与修剪以前，是不会结出甜美的果实来的。同样，一个人可以自行长成一个人形（正如任何野兽类似它的同类一样），但是若非先把德行与虔信灌输到他的身上，他就不能长成一个理性的、聪明的、有德行和虔信的动物。我们现在就要表明：这种步骤应该在植物幼小的时候去实行。

　　一切事物的本性都是娇弱的时候容易屈服，容易形成但长硬以后，就不容易改变了。蜡在柔软的时候容易定形，定样。硬了的时候就容易破碎。一棵幼小的植物可以种植、移植、修剪，可以任意转向。当它长成一株树木以后，就不可能这样办了。新生的蛋，放在母鸡身下，很快就变暖，孵出了小鸡。它们一到陈旧的时候就不会这样了。假如一个骑士想要训练一匹马，一个农夫想要训练一头牛，一个猎人想要训练一只狗或一只鹰，一个领熊的人想要训练一只熊去跳舞，或者一个老妇人想要训练一只喜鹊，或是一只鸦，要它去模仿人类的声音，他们必须在它们很小的时候选来作这种种用途，否则他们便会劳而无功。

　　在人身上，唯一能够持久的东西是从少年时期吸收得来的，这从同一例证可以看明白。一只瓶子即使打破了也会保存新用的时候所染得的气味。一株树木在幼小的时候，它的枝柯向四面八方伸展，它们保持这种位置几百年不变直到死去为止。羊毛第一次所染的颜色非常牢固，简直漂白不了。车轮上面的木箍，一旦弄弯以后，即便变成千百块碎片，也不会再变直了。同样，在一个人身上，头一次的印象是粘附得非常坚实的，只有奇迹才能消灭它们。所以，最谨慎的办法是，在很小的时候，就去把人形成到合乎智慧的标准。

片段三

一切生而为人的人，生来都有一个同样的目的，就是他们要成为人，即要成为理性的动物，要成为万物的主宰及其造物主的形象。所以，他们都应该达到这样一个境地，即在适当地吸取了学问、德行与虔信之后，能够有益地利用此生，并且好好地预备来生。上帝自己常说，他对人毫无偏袒，所以如果我们允许部分人的智性受到培植，而去排斥另外的一部分人，我们就不仅伤害了那些与我们自己具有同一天性的人，而且也伤害了上帝本身，因为上帝愿意被印有他自己的形象的一切人所认知，所喜爱，所赞美。在这方面，人们的热情是会与那燃着了的知识火焰一同增长的。因为我们的爱和我们的知识是成正比的。

片段四

孩子们的求学欲望能由父母激发起来，假如他们当着子女的面，揄扬学问与学者，或应许给他们美好书籍和衣服，或其他精致的东西，鼓励他们去用功。假如他们称赞教师尤其是教他们的儿子的教师，称赞教师对于学生的友谊，称赞教师的教学技巧（因为爱与慕是最能激发模仿欲的感情）。最后，假如他们不时打发学生带着小小的礼物到教师那里去，这样一来，他们就容易使子女爱好他们的功课，爱好他们的教师，并且信任他们的教师了。

片段五

树木刚一生成便长出日后成为主干的嫩枝，在这最初的学校里面，我们也必须把一个人在人生的旅途中所当具备的全部知识的种子播种到他身上。我们只要把知识的全部领域简单察看浏览一下，就可以知道这是可能的,如果我们把一切知识归纳成20个项目,这种察看工作是好办的。

1. 出发点当然是(所谓)玄学,因为儿童的最初概念是一般的,是含糊不清的。他们看,他们听,他们尝,他们触,可是他们并不懂得他们的感觉的确定目的物。所以他们是从一般的概念学起的:有、无、是、否、所以、否则、何处、何时、像不像之类,这些不是别的,而是玄学的基本概念。

2. 在物理学方面,一个孩子头六年可以学习什么是水、土、空气、火、雨、雪、霜、石头、铁、树、草、鸟、鱼、牛等等。他也可以学习自己身体各部分的名称与用途,至少是体外的各部分。在这种年岁,这种种事情都很容易学会,它们可以给自然科学打好一个底子。

3. 当一个孩子开始辨别光亮、黑暗与阴影,并且叫出它们的名称,知道主要的颜色,白、黑、红等等的区别的时候,他便在学习光学的初步。

4. 天文学的初步在于知道何谓天体、日、月与星辰,并且注意它们按日升落的情形。

5. 我们按照生长的地方的情境,学习山岳、山谷、平原河流、村落、卫城或国家的性质的时候,我们便知道了地理学的基础。

6. 假如孩子懂得一时、一日、一周或一年的意义;或能懂得何谓夏,何谓冬;或知"昨日""前日""明日""后日"等词的意思,年代学的基础便已打定。

7. 历史学的开端在于回想并且报告最近所发生的事件,或某人某人如何做出某事某事,虽则这种练习只应限于儿童生活中遇到的事故。

8. 假如儿童懂得"多""少"的意义,能够数到10,能知3多于2,1加3等于4,算术的种子便已种好。

9. 假如他能知道"大""小""长""短""宽""仄""厚""薄"的意义,能知我们所谓一根线、一个又或者一个圈的含义,能知我们用尺码量物的方法,他就具备了几何学的因素。

10. 假如儿童见人用天平量物,或能自己用手去量,说出物件的近似重量,便学会了静力学的初步。

11. 假如我们允许他们,或者实际教他们不断用他们的手,他们就可以在机械学方面受到一种训练。举例言之,他们可以把一件东西从甲地移到乙地,可以把它换个摆法,可以制作些东西,或者拆散些东西,可以打结,可以解结。这都是这种年龄的儿童所爱做的。这些动作不是别的,是一个活泼的心灵要在机械制造方面表现它自己的努力,它们不应当受到阻碍,应当受到鼓励,得到熟练的指导。

12. 当儿童看出了谈话是由问答组成的,他自己也有了发问与答复问题的习惯时,他便学会了推理的程序,即辩证术的初步。不过应该教他提出合理的问题,给予直接的答复,并且不要离开当时的论点。

13. 儿童期的文法在于学习正确地说国语,就是说要清晰地读出字母、音节与单字的音。

14. 修辞学的初步在于模仿家常谈话中的辞藻,尤其是姿势的适当运用,与乎抑扬音调,使与单字配合。就是说,发问时,字末音节的声音要提高,答问时要抑低。这与其他类似之点都是自然而然地可以学会的,但是错了的时候稍加教导会有很大的帮助。

15. 儿童可以熟记一些韵文,最好是含有道德意义的韵文,去获得一些关于诗词的概念。

16. 他们可以学习简易的赞美诗,在音乐方面迈开第一步。这种练习应当作为他们每天礼拜的一部分。

17. 当儿童学会了家中不同成员的名称,即学会了父母、女仆、男仆等等词的意义时;或学会了一座房屋的不同部分,如厅堂、厨房、卧室、马厩之类时;或学会了家具的名目,如桌子、碟子、刀子、扫帚之类时,他就是懂得了经济学的基础知识。

18. 事先尝到政治学的味道是不容易的,因为在这种年岁的时候,悟性的发展只够领悟家务事项。但是也不妨试试。比如,我们可以指出,在一个国家里面,有一些人在一个会堂里面开会,他们名叫顾问官,其中有些叫作议员,有些叫作大臣,有些叫作法律学家之类。

19. 道德学(伦理学)的基础应当格外坚实地打好,因为对于受过良好教育的青年,我们希望德行的实践能够成为他们的第二天性。例如:

(1)绝不应当过于塞满胃部,绝不取食多于止渴止饥所需的食物,这样去练习节制。

(2)用膳和处置衣服、洋囡囡与玩具的时候应当练习清洁。

(3)儿童应对他的长上表示尊敬。

(4)对于命令与禁令的服从永远应当出于心愿,应当迅速。

(5)对真理永远应当宗教般地遵守。虚伪与欺骗绝不可以容许,不论是玩笑,或是认真的(因为这种玩笑可以沦为严重的恶行)。

(6)假如他们从不接触、拿取、收藏或隐匿任何别人的东西,假如他们不去打搅别人,不去妒忌别人,他们就能学会正直。

（7）更加重要的是，他们应当练习仁爱，遇到有人被迫求助的时候，要乐于施舍。因为爱是基督徒的特有的美德。基督吩咐我们要行爱。现在这个世界一天天地变衰老，变冷酷了，我们在人们的心里燃上爱的火焰，这对教会方面是大有好处的。

（8）还应该教导儿童自己不断地去找事做，不拘工作或游戏，使懒惰成为他们所不能忍受的。

（9）应当教导他们，要少说话，到了嘴边上的话不要完全说出来，不仅如此，到了必要的时候，还要绝对保持沉默；这是指当别人正在说话的时候，当有显者在座的时候，当环境需要沉默的时候。

（10）他们在婴儿期练习忍耐也是很重要的，因为忍耐对于他们的终生终世都有用处。这样一来，情欲在取得力量以前便可以压制下去，占上风的便是理性而不是冲动了。

（11）谦恭与乐于帮助别人是青年人的一种很大的美德，不，简直是一切年岁的人的一种美德。这也应当在头六年去学，使我们的青年不要失去机会，不替他们所遇见的人们去效力。

（12）我们也不可忽略用良好的礼仪教他们，使他们做事一点不要显得愚笨或粗俗。为了达到这个目标，他们应当学习文雅社会中的礼节；如怎样握手，要什么东西的时候怎样谦逊地去请求，致谢别人的恩惠的时候怎么屈膝和优雅地吻手之类。

关于母育学校的范围与工作，我们现在已经描绘过了，至于进而再作一种更加详细的叙述，或者定出一张时间表，规定每年、每月、每日应做多少工作，那是不可能的（在国语学校与拉丁语学校里面，这是可能的，而且是必要的），这有两个理由：第一，因为父母有家务要照料，所以不能像专以教导青年为业的教师一样系统地进行工作；第二，因为就智性与可教性而论，有些儿童发展得比别人快得多。有些儿童两岁时，说话就很方便，就表现了很大的智力，而其他儿童则五岁时还不容易赶上他们。所以，关于这种早期的教育，一切细节应由父母去斟酌办理。

五、评价

基于深厚的人文思想传统和基层教育实践，夸美纽斯首次注意到大众教育，提出普及教育的观点。夸美纽斯主张，学校要教"一切人"，即无论性别，不论贫富、城乡，教育应面向所有人的孩子，而不能局限于有钱有势的社会阶层。《大教学论》更认为,教学就是"把一切知识教给一切人"的艺术。为此,夸美纽斯提出了一整套基础教育的学校制度,以便让 6—24 岁的新生一代都能受到教育。这是夸美纽斯的民主主义精神在教育主张上的反映。

夸美纽斯相信,所有儿童都是天使,没有教育不好的儿童。他引用普鲁塔克《希腊罗马名人传》里的雅典大将塞密斯托克利斯等人的故事,认为正好比"野性难驯的马儿,只要合适地加以训练,是可以成为最好的良驹",而"许多富有天分的人,通通是给他们的教员毁了的……他们不是把学生当作马匹看待,是把学生当作驴子看待"。调皮捣蛋的儿童,只要我们善于引导,往往会成为杰出的人物。

此外,夸美纽斯还提出了不同学科的学习和教学的方法,并且注重科学知识的学习和儿童道德行为的养成。总体而言,夸美纽斯关于儿童成长的思想、理念、态度和方法,对于我们今天的学前教育仍有启示作用。

第
四
编

外国近现代篇

一、外国近现代家庭教育思想的当代价值

文艺复兴以后,一些教育家们对儿童的认识和理解越来越深入,近现代立场的儿童教育观念也逐步确立和完善。本篇中的外国近现代家庭教育的内容主要包括文艺复兴之后的家庭教育著作、代表人物、作品时代背景、作品主要内容及思想主旨。对于外国近现代教育著作中的家庭教育思想进行梳理和研究,其主要特点表现在:

第一,强调家庭教育的重要性。家庭教育是其他一切教育的基础,教育家们多次强调家庭教育对于儿童教育的重要意义,强调通过良好的家庭教育来培养和塑造人。

第二,崇尚自由发展的家庭教育思想。自由和发展是相辅相成的,自由是发展的前提,西方国家在文艺复兴后开始重视人的个性的自由全面发展,提倡人性解放,主张对儿童进行自由、平等、博爱的教育,并且主张教育目的在于通过个性解放来促进人的自由全面发展。

第三,崇尚"爱"的家庭教育思想。一些欧美国家倡导爱人如爱己的教育思想,主张从爱的教育入手,重视道德教育。崇尚唤醒孩子心中的爱,相信在家庭中充满爱和容纳爱,就一定会有成功的教育。

第四,重视劳动教育。在劳动过程中不仅能锻炼儿童的身体力量,还可以养成一些良好的品质,还能获得知识和发展认知水平。加强对孩子的劳动教育,培养孩子的责任感。

第五,重视家长的教育方法。父母要掌握正确的教育方法。父母应该以身作则,用个人的榜样示范作用来影响孩子。运用正确的教育方法,可以使得家庭教育达到理想的效果。

二、对外国近现代家庭教育内容的介绍与说明

家庭教育在儿童成长中的重要性日益凸显,越来越多的人意识到家庭教育的必要性。在西方近现代教育史上,涌现了众多教育家及其著名教育代表作。本篇选取了 11 位外国教育家的代表作,其中包括:17 世纪洛克的《教育漫话》,18 世纪卢梭的《爱弥儿》和裴斯泰洛齐的《葛笃德如何教育他的子女》,19 世纪老卡尔·威特的《卡尔·威特的教育》、福禄培尔的《人的教育》、亚米契斯的《爱的教育》、赫伯特·斯宾塞的《斯宾塞的快乐教育》,20世纪蒙台梭利的《童年的秘密》、马卡连柯的《家庭和儿童教育》、吉诺特的

《孩子,把你的手给我》、苏霍姆林斯基的《给父母的建议》。

同样,囿于篇幅所限以及编者水平,节选内容时,很多地方或作部分删节,或作整篇取舍,尽量选取贴近当今、有当代价值之言。敬请读者在阅读之际,善于甄别,并对编者提出批评与指点。

第二十八章　洛克《教育漫话》

一、作者简介及代表作

《教育漫话》是英国哲学家、教育家洛克（1632—1704）的教育代表作。

1632 年 8 月 29 日，洛克出生于英格兰萨莫塞特郡一个有清教背景的乡村律师家庭。他早年就读于伦敦的威斯敏斯特公学，之后进入牛津大学三一学院。1656 年，洛克获文学学士学位，并于 1658 年获得文学硕士学位。后来，他还担任过牛津大学的希腊语和哲学老师。在那里，洛克结识了波义耳、牛顿等一批自然科学家。1665 年，洛克离开牛津大学，出任英国驻外大使的秘书。1666 年，洛克结识了辉格党领袖舍夫茨别利伯爵，成为伯爵的好友兼助手，并担任他的家庭医生和教师。这段家庭教师的经历对洛克教育思想的形成十分重要。

1675 年，洛克离开英国到法国住了三年，结识了很多重要的思想家，后来又回到舍夫茨别利伯爵身边担任秘书。1682 年，舍夫茨别利伯爵因卷入一次失败的叛乱而逃往荷兰，洛克也与之随行，并一直在荷兰待到 1688 年英国的"光荣革命"时期。洛克的主要著作有：《政府论》（1690）、《人类理解论》（1690）、《教育漫话》（1693）等。

二、作品的时代背景

1864 年，正在荷兰流亡的洛克应亲戚英国萨莫塞特郡奇布里地方的乡绅爱德华·克拉克的请求，指导教育其孩子，与他有长达数年讨论儿童教育问题的书信往来。当时洛克的人文和科学理论功底深厚，又有丰富的家庭教育经验。在书信往来中，洛克充分分享了自己的教育心得。有关书信在 1693 年整理后成书出版，命名为《教育漫话》，该书是洛克的教育代表作。洛克曾这样写道："这些漫话，与其说是一篇公之于众的论文，不如说是一段朋友之间的议话。"

三、主要内容及思想主旨

《教育漫话》的主题是"绅士教育"。全书未分章,而是分节论述。全书共217节,主要分为三个部分:第1—30节论述体育保健;第31—146节论述道德教育;第147—216节论述智育;第217节为结论。主要包含以下内容。

(一)强调家庭教育的重要性

在绅士培养的途径上,洛克坚决主张绅士的培养绝不能通过学校教育,而只能通过良好的家庭教育来进行。洛克极力主张凡是有经济能力、请得起家庭教师的家庭,都应不惜重金聘请具有良好品格、具有丰富的社会实际经验和良好的文化素养的人来做家庭教师,以便取得良好的教育效果。"在一个家庭里教两三个孩子与在一所学校里教挤满一屋子的七八十个学生相比,其中的差别当然很大。因为无论教师如何努力,本领如何高强,他也绝不可能如此杰出。"[1]

(二)阐述教育的作用、目的

洛克十分强调教育的作用。根据其哲学上的"白板说",他认为,儿童"是一张白纸或一块蜡,是可以随心所欲做成什么样式的",完全凭着天赋的才力和体质做出奇迹般事业的人是很少的。因此,在《教育漫话》的开头,洛克就明确地阐述了他的观点:"我认为,可以这样说:我们日常所见到的人中,他们是行为端庄或品质邪恶,是有用或无能,十分之九都是他们的教育所决定的。人与人之所以千差万别,均仰仗教育之功。我们童稚时所得到的印象,哪怕极其微小,乃至无法察觉,都有极重大、极久远的影响,犹如江河的源头,水性异常柔弱,一点点人力便可以影响河流的流向,乃至使河流的方向根本改变;总之,从源头上加以引导,河流就接受了不同的趋向,最后流向十分遥远的地方。"[2]良好的教育便是使儿童成长为绅士,教育的目的便是培养绅士。绅士教育的培养目标,应当是培养具备德行、智慧、礼仪和学问四种品质,是一种"有德行、有用、能干的人才"。

(三)明晰教育的内容

1.体育方面。洛克认为,健康的精神寓于健康的身体,要防止在衣着、

---

〔1〕　洛克:《教育漫话》,杨汉麟,译,人民教育出版社,2006年版,第59页。

〔2〕　同上书,第7页。

饮食、动静、药物使用等各方面对孩子们娇生惯养,要锻炼出他们能够忍耐劳苦的强健体魄。"此处,我所要讨论的健康问题,并非医生对于有病的或体质衰弱的儿童应该怎样救治;而是说,父母对于儿女原本健康,至少是未曾患病的体格,在不借助于医药的情况下应该怎样维护及改进。对于该问题,其实只要短短的一条规则就可以厘清,这就是:绅士们对待儿女应该像诚笃的农夫及殷实的自由民的所作所为一样。然而由于为人母者可能觉得我的方法未免严酷了一点,而为人父者也许又认为我的说法过于简略,所以我打算作些具体说明;只是我有一种普通而准确的观察,供妇女们仔细考虑,这就是大多数儿童的身体都因娇生惯养及溺爱之故而遭到戕贼,至少也受到损伤。"〔1〕

2. 德育方面。洛克认为,德行应占第一位。在《教育漫话》中,他给予道德教育极大的重视。"在一个人或一位绅士应具备的各种品性中,我将德行放在首位,视之为最必需的品性;他要有存在价值,受到敬爱,被他人接受或容忍,德行乃是绝对不可缺少的。"〔2〕在道德教育方面,他重视说理,但认为主要方法还是通过实践,养成习惯。他重视环境与榜样的作用,主张奖励与惩罚要运用得当。"对于德行越高之人,作为一种回报,其他一切成就的获得也越发容易。因为凡是服从德行的人,对于一切适合自己的事宜不会采取偏执或倔强的态度;所以我主张将青年绅士留在家庭里,就在父亲的眼皮底下,由良好的教师去教导;只要设法办到这一点,运用恰当,不失为达到教育上的重大及主要目标的最佳、最安全的方法。绅士的家庭里往往并不缺乏各种类型的伙伴;他们应使其子习惯一切初来乍到的生面孔,儿子一旦具备能和有才能、有教养的客人交际的能力,便应让他们去实践。"〔3〕

3. 智育方面。洛克认为绅士需要的是事业家的知识,不应局限于学习拉丁文和希腊文。他主张在读、写、算之外,还要学习天文、地理、历史、法律、几何、簿记、法语等等,也要学点工业、农业、园艺的知识和技艺,以利于管理企业,并从这些有益的体力活动中得到消遣,从而使生活更加丰富。在教学方法上,他反对死记硬背,重视培养智力,多做实地观察,诱发学习兴趣。

---

〔1〕 洛克:《教育漫话》,第8页。
〔2〕 同上书,第128页。
〔3〕 同上书,第61页。

（四）促成子女良好习惯的养成

父母应为孩子树立榜样,使孩子从小养成良好的习惯。洛克认为,人出生的时候,就像一张空白的纸,具有极大的可塑性。我们所有的人,尤其是儿童,具有很强的模仿性,家长不愿意孩子去效仿之事,家长自己绝不可当着孩子的面去做。"假若某件事情,他做了你认为是一种过错,而你自己却不小心照做不误,那么,他便必定会以你的榜样作为掩饰的口实,那时你再想用正当的方法去纠正他的错误就非易事。"[1]洛克强调,在孩子幼小的时候,就要养成遵守规则的意识,及早管教。

四、精彩片段选读

片段一

据本人观察,人们在教养儿童方面有个重大错误,对一个问题没有给予及时充分的注意;这就是人的精神在最纤弱、最容易支配之时未能使其习惯于遵守纪律,服从理智。接受自然的明智的命令,为人父母者无不爱护自己的子女,但是如果理性不是极为严密地监视这种自然的爱,就容易流于溺爱。父母爱护自己的子女,固然是其职责;但是他们常常连子女的过失都呵护有加。诚然,对子女的行为不宜横加干涉,应当允许他们在各项事务上运用自己的意志;而且,由于孩子年龄尚幼,他们也不会做出太出格的坏事,所以做父母的总觉得可以放纵子女的过失而无危险,他们以为孩子任性地嬉戏打闹是孩子纯真的童年的表现。但是对于一个溺爱子女,对于其恶作剧不去纠正、一味原谅并认为那是无关紧要的小事的父母,梭伦答复得好:"不错,但是习惯却是一件大事啊!"被溺爱、娇宠惯了的孩子必然学会打人及骂人,必定会哭闹着索要他想得到的东西,必定会悍然去做他一心想做的事情。这样一来,由于父母迎合迁就、溺爱娇惯之故,在孩子幼小时候破坏了自然的法则,他们自己在泉水的源头播撒了毒药,日后亲自喝到苦水,却又感到大惑不解。因为他们的孩子长大后,这种种恶习如影相随;那时孩子已长大,他们的父母不能再将他们当作玩物逗乐了;于是他们就开始埋怨,说孩子太刚愎倔犟,恣意妄为;那时他才恼怒地看到孩子的任性执拗,被他

---

〔1〕　洛克:《教育漫话》,第62页。

们的种种邪恶气质劣行所困扰,然而这些缺点都是他们亲自养成的;直到那时,他们才愿意铲除他们亲手种植的杂草,然而杂草已根深蒂固了,这时想铲除也许已为时太晚。[1]

片段二

因此凡是有心管教子女的人,应该在子女极小的时候早早开始管教;而且还要看清楚,他们是否完全服从父母的意志。你想使你的儿子过了童年期后仍旧服从你吗?那么,必须在他刚刚知道服从,知道自己置身于谁的权威之下时起就立刻树立起做父亲的权威。如果你希望他敬畏你,你便应在他的婴儿期打下印记;然而当他越来越接近成年时,你则应该采用越来越亲切的态度去对待他;这样一来,他小时候是你的一个顺从的臣仆——这是那时合适的身份,长大后又成为你的一位贴心朋友了。因为在我看来,人们对待子女的方法极为失策,他们在子女幼小时,任其放肆,与大人不分你我,然而一旦子女长大成人,却又对其声色俱厉,与其保持距离。自由与放纵对于儿童毫无好处可言;他们遇事缺乏判断的能力,所以非得有人管束、规范不可。反之,成人办事,可以依靠自己的理智,专制与严厉却是对待他们的错误方法;除非你存心使你那时已长大成人的儿女厌恶你;使他们在心里暗暗念叨:"老爸,你何时才会寿终正寝呢?"[2]

片段三

以上所说的诸种情况,即使是看来最能潜心教育子女的父母,也常常忽略。但是倘若我们观察一下对于儿童管教的一般状况,想想他们为世人不齿的放浪形骸的情形,我们确有理由怀疑其中是否还有一点德行残留的足迹。我真想知道,倘若父母以及其他与儿童朝夕相处之人,不使儿童对邪恶耳濡目染,习以为常,以及不在儿童刚能接受邪恶时便将邪恶的种子向儿童播撒,那么儿童怎么会有邪恶?我这里并非指他们给儿童提供的榜样,以及他们为儿童树立的表率,这些所起的鼓励已足够;我所注意的是,他们清楚明白地将邪恶传授给儿童,使之实际上离开道德的正途。就在子女还不会

---

[1] 洛克:《教育漫话》,第29～30页。
[2] 同上书,第36页。

行走前,他们便施之以暴力、报复、残忍等训练。大多数儿童天天听到的一课是:"给我一根棍子,我要揍他。"也许有人认为这种教训无伤大雅,因为儿童手劲很小,干不出任何出格之事。但是我要问一句,难道这种教诲就不至于败坏他们的精神吗?难道这不就是他们开始实施强权与暴力的一种方式?倘若他们小时候就因受他人教唆而去打人、伤人,目睹自己施加于别人的痛苦,反以为乐,备感欢欣,那么到了他们自感足够强壮有力、可以自由行动、能够通过打人而达到某种目的时,他们就不会照此行事?

我们的身体之所以需要遮盖,目的是遮羞、保暖、护体,可是由于父母的愚昧或恶习,却将穿衣戴帽在孩子身上移作他用。他们教一个孩子盼望一套新衣,目的是贪图其精巧漂亮;看见小女孩穿了一套新衣,戴了一顶新帽,做母亲的赶紧去叫她几声"我的小皇后"、"我的小公主",教她自我陶醉一番,认为不这样做那哪成呢?这样一来,小孩子衣服还不会穿,却已学会向别人炫耀自己的服装。既然做父母的从小就教子女这样行事,他们长大后岂能不继续炫耀裁缝为他们制作的服装的时髦样式?[1]

五、评价

洛克十分重视家庭教育,强调家庭教育的主要内容,注重家庭教育的办法,讲究教育的艺术等教育思想。

《教育漫话》在西方教育史上第一次将教育分为体育、德育、智育三部分,并作了详细论述。它强调环境与教育的巨大作用,强调在体魄与德行方面进行刻苦锻炼。在知识学习和教育方法上,洛克强调激发儿童学习的主动性,注重儿童的兴趣,照顾儿童的实际能力,主张多鼓励、诱导。《幼儿园教育指导纲要》在"教育内容与要求"中,对幼儿教育中五大领域的共同要求就是:注重幼儿的兴趣和好奇心。成人在知识传授的过程当中,要结合幼儿的兴趣和需要,让儿童在兴趣和求知欲的驱动下去探索周围的世界。成人应该让幼儿感到学习是一件有趣的事情,而不是为了完成某个任务,教育者应花心思让受教育者明白所教知识的用处。这些思想对西方近代教育思想,特别是对18世纪的法国教育家影响很深。

---

〔1〕　洛克:《教育漫话》,第32~33页。

第二十九章　卢梭《爱弥儿》

一、作者简介及代表作

让-雅克·卢梭(1712-1778),法国 18 世纪启蒙思想家、哲学家、教育学家、文学家,启蒙运动的杰出代表,被誉为"浪漫主义之父"。卢梭的教育思想在西方教育史上产生了巨大的、深远的影响。主要著作有《论人类不平等的起源和基础》《社会契约论》《爱弥儿》《忏悔录》《新爱洛伊丝》《植物学通信》等,其中《爱弥儿》(又译为《论教育》)系其重要著作。

卢梭出身于瑞士日内瓦钟表匠家庭,当过学徒、仆役、乐谱抄写员等。一生颠沛流离,备历艰辛。卢梭的母亲苏萨娜·卢梭是一位牧师的女儿,颇为聪明,端庄贤淑,但在卢梭出生不久便去世了。为此,卢梭的父亲伊萨克·卢梭非常伤心,对卢梭疼爱有加,把对妻子的爱全倾注在卢梭身上。他的父亲非常喜欢读书,受其父亲的影响,卢梭自幼酷爱读书学习。1749 年曾以《科学与艺术的进步是否有助敦化风俗》一文而闻名。1762 年因发表《社会契约论》《爱弥儿》而遭法国当局的追捕,避居瑞士、普鲁士、英国,1778 年在巴黎逝世。

二、作品的时代背景

18 世纪的法国是一个典型的封建专制国家。但是,随着资本主义生产的发展,资产阶级的经济实力日益扩大,它再也不能容忍那种无权状态了。反对封建压迫,推翻君主专制制度,扫除资本主义发展的障碍,成了第三等级的共同要求。卢梭和其他资产阶级启蒙思想家的著作正是反映了这一要求。1728,年仅 16 岁的卢梭只身一人离开了日内瓦,开始长年做工,颠沛流离。其间,卢梭也干了许多年少轻狂的荒唐事,也是对这段时期的回忆与反思铸成了他后来的《忏悔录》。卢梭倾注了大量的心血,在前后构思二十年载、撰写了三年才最终完成了《爱弥儿》一书。1762 年,该书首次在荷兰的阿姆斯特丹出版。《爱弥儿》也是卢梭在借鉴前人思想的基础之上,经过不断的研究完成的。该书是卢梭通过对他假设的教育对象爱弥儿的教育,来反对封建教育制度,阐述他的资产阶级教育思想。《爱弥儿》首次出版不久即被法国议会宣布为禁书而加以焚毁,但是,这部著作也经受住了残酷的考验,至今仍享有很高的荣誉。

此书出版时,轰动了整个法国和西欧一些资产阶级国家,影响巨大。这部书不仅是卢梭论述资产阶级教育的专著,而且是他阐发资产阶级社会政治思想的名著。

三、主要内容及思想主旨

《爱弥儿》一书出版于 1762 年,副题为《论教育》。全书分为五卷。卢梭自己在该书中这样写道:"《爱弥儿》一书,构思 20 年,撰写 3 年。"在该书中,卢梭将爱弥儿的教育分为 4 个时期,并详细论述了各个时期的教育内容、原则和方法。他强调,教育儿童必须符合儿童身心发展的规律和年龄特征,否则就会导致不良后果。因为"大自然希望儿童在成人之前就要像儿童的样子。如果我们打乱了这个次序,我们就会造成一些早熟的果实,它们长得既不丰满也不甜美,而且很快就会腐烂;我们将造成一批年纪轻轻的博士和老态龙钟的儿童"。

第一卷,以小于两岁的婴儿为教育对象,告诉父母怎么进行恰当的体育教育,以让孩子能真正地自然发展。

第二卷,以 2—12 岁的儿童为教育对象,告诉父母孩子的智力还未发育成熟,很难进行真正的思考,所以建议父母重点对儿童进行感官教育。

第三卷,以 12—15 岁的青少年为教育对象,他认为青少年利用自己的感觉器官积累了一定的经验,可以进行相应的智育教育。

第四卷,以 15—20 岁的青年为教育对象,此年龄段的孩子开始逐渐接触社会,德育教育是最为关键的教育。

第五卷,卢梭重点论述了女童的教育,他以 10 岁为分界点,分别论述 10 岁前和 10 岁后的女孩应该如何教育,同时还告诉父母如何对孩子进行爱情教育。

(一)家庭教育的任务

卢梭认为,儿童接受"人的教育"的主要方式是通过家庭教育。家庭教育的任务是塑造"自然人",资产阶级"新人"。"出自造物主之手的东西,都是好的,而一旦到了人的手里,就全变坏了。"卢梭反对现存的社会制度,主张建立一种新的社会,为新的社会培养一种"新人",一种"自然人"。为培养"新人",卢梭主张进行自然教育,服从自然的法则,遵循儿童的天性,根据儿童的年龄特点对他们分阶段进行教育。塑造"自然人"的目标主要是通过家庭教育来实现的。

(二)家庭教育的原则

通过对《爱弥儿》家庭教育原则的把握,进一步了解其家庭教育思想的精髓。在《爱弥儿》中,卢梭介绍了家庭教育的具体原则,自然教育原则、平等原则、协调一致的原则以及爱、尊重和严格要求相结合的原则。卢梭认为家庭教育的前提就是要尊重儿童,给予儿童充分的爱,把儿童当作独立的个体。尊重儿童、爱儿童并不是无限制的,毫无原则的,父母在尊重孩子个性和年龄特征的同时,要严格要求孩子,规范孩子的行为习惯,对于孩子的过失和错误,要采取一定的措施让儿童认识到自己的不当之处。

(三)家庭教育的内容

卢梭在对爱弥儿的教育中阐述了他的家庭教育思想,他的家庭教育思想不仅注重儿童身体的养护,更强调儿童精神层次的提升。家庭教育的主体是父母,卢梭对父母提出了要求:"母不母,则子不子。他们之间的义务是相互的,如果一方没有很好地尽他的义务,则对方也将不好好地尽他的义务。孩子知道了应该爱他的母亲,他才会爱她。如果血亲之情得不到习惯和母亲关心照料的加强,它在最初的几年中就会消失,孩子的心可以说在他还没有出生以前就死了。从这里,我们开头的几步就脱离了自然"[1]。"一个做父亲的,当他生养了孩子的时候,还只不过是完成了他的任务的三分之一。他对人类有生育人的义务;他对社会有培养合群的人的义务;他对国家有造就公民的义务。"[2]父母要主动承担起他们的责任,为孩子做好榜样。卢梭认为人首要的是生存,然后才能更好地生活,他们的生活才更有价值。学会生存是为了更好地生活,使生命更加有意义。在身体养护方面,卢梭建议让孩子在自然中,接受大自然的各种挑战,以此磨砺他们的性情。父母不要过分保护孩子,要遵循自然原则,让他们在自然的熏陶下,逐渐养成坚忍

---

〔1〕 卢梭:《爱弥儿》,李平沤,译,商务印书馆,2017年版,第24页。
〔2〕 同上书,第30页。

的性格。卢梭认为学习的重点不在于学到什么样的知识，而在于所学的知识要有用处。所谓"有用的知识"就是来源于实践，让孩子学会生活，让他们感到幸福快乐的知识。

（四）家庭教育的方法

卢梭在《爱弥儿》中提到的家庭教育方法主要有：榜样示范法、环境陶冶法、亲身实践、自然后果法等。卢梭通过这些教育方法对爱弥儿进行家庭教育，顺应自然法则，遵循孩子的天性，让孩子在合理的引导下快乐地成长。父母要承担起抚养和教育子女的责任，有责任感的父母才会培养出有责任感的子女。以身作则，成为孩子学习的榜样。

四、精彩片段选读

片段一

出自造物主之手的东西，都是好的，而一到了人的手里，就全变坏了。他要强使一种土地滋生另一种土地上的东西，强使一种树木结出另一种树木的果实；他将气候、风雨、季节搞得混乱不清；他残害他的狗、他的马和他的奴仆；他扰乱一切，毁伤一切东西的本来面目；他喜爱丑陋和奇形怪状的东西；他不愿意事物天然的那个样子，甚至对人也是如此，必须把人像练马场的马那样加以训练；必须把人像花园中的树木那样，照他喜爱的样子弄得歪歪扭扭。

不这样做，事情可能更糟糕一些；我们人类不愿意受不完善的教养。在今后的情况下，一个生来就没有别人教养的人，他也许简直就不成样子。偏见、权威、需要、先例以及压在我们身上的一切社会制度都将扼杀他的天性，而不会给它添加什么东西。他的天性将像一株偶然生长在大路上的树苗，让行人碰来撞去，东弯西扭，不久就弄死了。

我恳求你，慈爱而有先见之明的母亲，因为你善于避开这条大路，而保护这株正在成长的幼苗，使它不受人类的各种舆论的冲击！你要培育这棵幼树，给它浇浇水，使它不至于死亡；它的果实将有一天会使你感到喜悦。趁早给你的孩子的灵魂周围筑起一道围墙，别人可以画出这道围墙的范围，但是你应当给它安上栅栏。[1]

片段二

人们只想到怎样保护他们的孩子,这是不够的。应该教他成人后怎样保护他自己,教他经受得住命运的打击,教他不要把豪华和贫困看在眼里,教他在必要的时候,在冰岛的冰天雪地里或者马耳他岛的灼热的岩石上也能够生活。你劳心费力地想使他不至于死去,那是枉然的,他终归是要死的。那时候,虽说他的死不是由于你的操心照料而造成,但是你所费的这一番苦心是可能被误解的。所以,问题不在于防他死去,而在于教他如何生活。[2]

片段三

我已经说过,不能够因为你的孩子要什么就给他什么,而要看他对那个东西是不是有所需要,同时,他做任何事情,都不应该是为了服从你,而只能够是因为他确有必要,这样一来,"服从"和"命令"这两个词就将在他的词典中被取消,而"责任"和"义务"这两个词也不能够存在;但是,"力量""需要""能力不足"和"遏制"这几个词则将在他的词典中占很重要的地位。在达到懂事的年龄以前,他对精神的存在和社会的关系是没有任何概念的;因此,应当尽量避免使用表示这些东西的词,以免孩子给这些词加上一些谁也不懂或从此就不能改正的错误的意思。在他头脑中产生的第一个不正确的观念,将成为使他身上滋生错误和恶习的病源:我们应当注意的,正是这头一步路。要尽量用可以感觉得到的事物去影响他,则他所有一切的观念就会停留于感觉;使他从各方面都只看到他周围的物质世界;不这样做,他准是一句话都不听你的,或者对你所讲的精神世界就会产生一些荒谬的概念,使你一生也没有办法替他们消除。[3]

五、评价

《爱弥儿》在西方教育史上首次系统地提出了新的儿童教育观,从而在

---

〔1〕 卢梭:《爱弥儿》,第6~7页。
〔2〕 同上书,第16~17页。
〔3〕 同上书,第99页。

教育史上掀起了一场"哥白尼式的革命"。在西方教育史上,卢梭是一位非常重要的教育家,他继承了西方自然教育的传统,开创了自然教育思想的新局面。他的教育思想不仅影响法国教育及欧洲的教育实践,更影响了欧洲几代人的教育思想和教育实践,他在欧洲教育史上具有举足轻重的地位。卢梭的《爱弥儿》强调儿童教育的重要性,儿童的教育主要是以家庭为单位进行的,家庭教育在儿童成长中具有不可替代的地位。在卢梭以后的许多教育家不断探寻儿童教育,并将卢梭的教育思想付诸实践,探索符合儿童身心发展特点的教育。

第三十章　裴斯泰洛齐
《葛笃德如何教育自己的子女》

一、作者简介及代表作

《葛笃德如何教育自己的子女》是瑞士教育家裴斯泰洛齐(1746—1827)的教育代表作,该书以书信的形式系统地阐述了他的教育思想。

裴斯泰洛齐是 19 世纪瑞士著名的民主主义教育家。裴斯泰洛齐 5 岁(1751)丧父。其父一生清廉寡欲,未留下半点遗产,以致他们母子的生活陷入困境。幸亏母亲忘我工作,女仆勤俭持家,才使得五口之家得以生存。女仆名叫巴贝丽,来自乡下。她虽没有文化,但精明强干、忠诚机敏、治家有方。她富有耐心和奉献精神,为裴斯泰洛齐一家献出了自己的青春。良好的家庭环境能在儿童幼小的心灵上打上深刻的烙印,对其发展起着重要作用。裴斯泰洛齐早年受法国启蒙思想特别是卢梭思想的影响,尤其是卢梭的《社会契约论》《爱弥儿》对他产生了深刻的影响。1774 年冬天,裴斯泰洛齐在新村正式成立了"贫民学校",收容了 18 个流浪儿和小乞丐。在劳动之余,教他们说话、读书、心算与写字等。裴斯泰洛齐跟他们生活在一起,以身作则,指导他们的行为,陶冶他们的情操。1775 年,裴斯泰洛齐的举动得到了社会的广泛重视,也得到了贫民们的拥护。他为能得到社会的认可而激动不已,因此进一步扩大办学规模,到 1777 年在校儿童人数达 80 名之多。1780 年,裴斯泰洛齐写了第一篇教育论文《隐士的黄昏》。1781 年以后的 18 年间,裴斯泰洛齐用了相当大的精力投入教育理论的研究与文学创作活动,并把理论、文学创作和实践结合起来。1781 年 2 月,裴斯泰洛齐出版了他的教育小说《林哈德与葛笃德》的第一部(其他各部相继于 1783、1785、1787 年出版)。《林哈德与葛笃德》一经出版,就风靡一时,以其强烈的时代感震撼了整个欧洲大陆。除了在教育实践领域成就斐然,在教育理论领域,裴斯泰洛齐也有自己独创性的贡献,例如,《葛笃德如何教育自己的子女》(1801)、《天鹅之歌》(1826)。1827 年 2 月 17 日,裴斯泰洛齐病逝,终年 81 岁。后人这样称颂他："涅伊霍夫贫民的救星、斯坦兹孤儿之父、布格多夫初等学校的创始人、伊佛东人类教育家……一切为人，毫不利己。"

二、作品的时代背景

家庭教育思想在裴斯泰洛齐的教育体系中占有重要的地位，几乎贯穿在他一生中大部分的教育著作当中。《葛笃德如何教育她的子女》是裴斯泰洛齐在布格多夫工作期间完成的。该书原是裴斯泰洛齐与当时苏黎世的一位出版商盖茨纳的通信，共 14 封。但在 1801 年出版时，出版者把其中第七封信分为两封，故成为 15 封信。葛笃德是裴斯泰洛齐在《林哈德和葛笃德》一书中塑造的一位善良的集母亲、教师和教育改革者于一身的人物典型，裴斯泰洛齐借助其形象来系统阐述他的教育教学思想。其中，第 1—3 封信主要记述了裴斯泰洛齐在布格多夫对自己教育工作的回顾，阐述了自己从事教育活动的思想基础和对教育改革的认识。第 4—12 封信作者全面论述了教学问题、智育理论和教学心理化理论；第 13 封信主要论述了实践技能的重要性；第 14—15 封信主要论述了道德和宗教教育问题。1820 年该书再版时，增加了裴斯泰洛齐本人写的一篇序言。

三、主要内容及思想主旨

（一）强调家庭教育的重要性

裴斯泰洛齐多次强调家庭教育对于儿童教育的重要意义，指出家庭是自然教育的基础。他在遵循着教育原则的基础上，详细研究了家庭教育的具体内容和方法，并进一步研究了家庭教育和学校教育的关系问题。裴斯泰洛齐认识到了学校教育无法代替家庭教育，学校不可能包括对人的教育的全部内容，不能替代父母、起居室和家庭生活的地位，也不能为心灵和职业教育做出一切。他清楚地意识到学校只能作为家庭教育的辅助手段来为世界服务。与此同时，裴斯泰洛齐也意识到家庭教育的局限性。在裴斯泰洛齐的观点里，可以说家庭教育和学校教育是不可分割的，家庭教育是学校教育的基础，而学校教育是家庭教育的补充。应当把家庭教育纳入教育体系。

（二）提出教育心理学化

裴斯泰洛齐认为，所谓"教育心理学化"，是指"我们必须十分注意按照符合心理学的方式发展和培养我们的行为能力,也必须十分注意进行心理训练来发展认识能力"。[1] 裴斯泰洛齐认为,教学像做其他事情一样,必须按普遍的规律才能获得成功,这是他提出"教育心理学化"的根本原因。裴斯泰洛齐做了很多努力,进行了诸多教育实验来落实教育心理学化的理论。首先,是将教育内容心理学化,裴斯泰洛齐提出了要素教育理论。其次,是将教学过程心理学化。最后,是将教学原则和方法心理学化。

(三)论述家庭教育的具体内容和方法

《葛笃德如何教育她的子女》中关于家庭教育的具体内容和操作方法,建立在"教育心理学化"基础上的要素教育理论,主要体现在家庭中道德教育、智力教育和劳动教育几方面。在道德的培养和训练过程中,裴斯泰洛齐强调父母要以身作则,认为用个人示范来影响儿童要比用说教或恐吓好得多。母亲的自我克制能够养成孩子的自我克制。他指出,作为一位合格的母亲,如果自己在早年教养中,或者在生活的阅历中经受过自我克制的磨炼,如果她自己的心灵中已培养起能动的仁慈原则,如果她不仅从字面上,而且从实践中认识到了何谓顺从,那么她的榜样是可能有说服力的。[2] 智力教育主要依赖于感觉教育、数学教育和语言教育。同时,裴斯泰洛齐十分重视劳动教育。在裴斯泰洛齐看来,劳动教育要建立在儿童心理发展的基础上的,发展儿童的劳动教育要由简到繁,循序渐进,依据教育心理化原则。

(四)奉行爱的教育原则

裴斯泰洛齐的家庭教育奉行着爱的教育原则。爱是维系家庭教育由始而终的一条纽带。爱是家庭教育的灵魂,家庭教育要以爱为前提;信仰和爱是进行道德和宗教教育的基础,家庭恰恰是产生信仰和爱的发源地。"爱的教育是家庭教育的主旋律,在有爱和爱的能力的家庭环境中,可以预言,不论哪种教育形式都不会没有结果。孩子肯定会变好。几乎可以肯定,任何时候,孩子如果表现出不友爱、没朝气、不活泼,那是因为他的爱的能力还没

---

〔1〕 裴斯泰洛齐:《裴斯泰洛齐教育论著选》,夏之莲,等译,人民教育出版社,1992年版,第181页。

〔2〕 同上书,第363页。

有形成,还没有在家庭中得到应有的扶持和引导。"〔1〕

裴斯泰洛齐发现,在他成年后,热爱、信任、感激和服从人的情感已经产生,他发现"他们主要来源于婴儿与母亲之间的关系"。

四、精彩片段选读

片段一

我问自己:我是怎么会热爱、信任、感激并服从人的呢? 人类的爱、感激和信任等感情是如何在人的本性中产生的呢? 人的服从的行为又是如何产生的呢? 我发现,它们主要来源于婴儿与其母亲之间的关系。母亲出自动物的本能不得不照料孩子,喂养孩子,保护孩子,使孩子高兴。她就是这样做的。她满足孩子的需求、排除任何使孩子不快的事情。孩子无力自理,她就来帮助他。孩子得到母亲的关怀便感到快乐。爱的情感便在他的心里萌生。〔2〕

片段二

如果把一样孩子从没见过的东西放在他面前,他就会惊奇、恐惧;于是,他就眼睛还是潮湿的。当那件东西再次出现时,母亲把他搂到怀里,微笑地看他。这次他便不再哭泣,他会用清澈明亮的眼睛回答母亲的微笑。信任的情感便在他心里萌发。

孩子需要什么,母亲就赶忙来到摇篮边。孩子饿了,母亲就出现在他身边。孩子渴了,母亲就给他喝的。听到母亲的脚步声,孩子就安静下来;看见母亲,他就伸出双手。他的眼睛盯着母亲的乳房,他满足了。在他看来,母亲和满足完全是一回事。他感激了。

爱、信任、感激的萌芽很快成长起来。孩子分辨得出母亲的脚步声,看到她的身影就微笑。他爱那些像他母亲的人。在他看来,像他母亲的人都是慈爱的。他笑盈盈地望着母亲的脸,笑盈盈地望着所有人的脸。他爱那些同母亲亲近的人,拥抱她所拥抱的人,亲吻她所亲吻的人。人类爱的种

---

〔1〕　裴斯泰洛齐:《裴斯泰洛齐教育论著选》,第 302 页。
〔2〕　同上书,第 175 页。

子,兄弟爱的情感便在他的心里萌发了。

　　服从的行为究其根源是和动物本性的最初心向相对立的。它的培养依赖艺术。服从不是纯本能的简单结果,但同本能密切相关。它的最初阶段明显是本能的。有了需求才有热爱,需要营养才产生感激,得到关怀才产生信任;同样,有了强烈的请求才会产生服从。孩子等急了就哭。他先是不耐心,后来才服从。耐心在服从之前得到发展。只有通过耐心,孩子才变得服从。这种德行的最初表现形式仅仅是被动的,一般是由于意识到了只有服从才能满足需要而产生出来的。但是这种德行也是在母亲的怀抱里发展起来的。孩子必须等到妈妈为他解怀,等到妈妈把他抱起来才能有奶吃。主动服从的发展要晚得多,而认为服从母亲对自己有好处的意识更是后来的事。

　　人类的发展是在为满足物质需要的强烈欲望中开始的。母亲的乳头使儿童对物质需求的最初激情平静下来,于是增长了对母亲的爱,不久以后惧怕感又产生了。母亲的怀抱消除了孩子的惧怕感。这些行为产生出对母亲的爱和信任感的结合,使儿童对母亲的感激发展起来。孩子跃跃欲试,大自然却无动于衷。孩子敲木头和打石头,而大自然却不动声色,于是他就不敲不打了。现在,对孩子的非分欲望,母亲也无动于衷了。他时而大发脾气,时而大声喧哗,母亲仍然不动声色,他不哭了,渐渐习惯于使自己的意志服从于母亲的意志。耐心的种子萌发了,服从的种子也萌发了。

　　服从和爱、感激和信任二者结合在一起就萌发了良心。对爱自己的母亲发脾气是不对的,这种初始的模糊感觉产生了;母亲生活在世上不纯粹是为了他一个人,这种初始的模糊感觉产生了;这个世界上的一切东西并不都是为了他才存在的,这种初始的模糊感觉也随着产生了。同时,也萌生了这样一种感觉:他自己在这个世界上不仅仅是为了自己。初始的、朦胧的权利和义务感萌发了。

　　这就是道德的自我发展的基本原理,这些原理是在母亲和孩子之间的自然关系中展现出来的。然而,在这种母与子之间的自然关系中,还存在着人特有的心理状态,即人类依赖于造物主的自然萌芽的全部实质。也就是说,人类通过信仰而依赖上帝的一切情感的萌芽,从实质上说同婴儿依赖于其母亲所产生的情感的萌芽是一回事。这些情感的发展方式也是一模一样的。

　　幼儿聆听、信任和追随母亲与上帝,然而,此时他并不知道自己相信的是什么人,也不懂得自己做的是什么。同时,就在这个时期,他的信仰和行动开始失去其初始的根基。孩子的独立能力逐渐增长,使他抛开母亲的手。他开始意识到自己的人性,心中产生一种秘密的想法:"我不再需要我的母亲了。"母亲从孩子的目光中察觉到他这种思想在滋长,把自己的宝宝更紧地搂到怀里,用他未曾听到过的声音说:"孩子,你不再需要我了,我不能再保护你了,但有上帝,你需要上帝,他会把你抱到他的怀里的。在我不能给你欢乐和幸福的时候,上帝能给你欢乐,为你造福。"

于是,一种难以言表的东西在孩子心中升起,这是一种神圣的情感,一种信仰的欲望,这使他超越了自我。他一听到母亲讲上帝,就为有上帝而感到欣喜。在母亲的怀抱里发展起来的爱、感激和信任的情感扩展了,发展到把上帝奉为父亲,奉为母亲。服从的实践有了更加广阔的天地。从这个时候起,孩子就像信赖自己的母亲一样信赖上帝,他为了上帝的缘故做正当的事,就像过去为了母亲的缘故而做正当的事一样。

由此可见,母亲试图通过对上帝的信仰倾向,把孩子初始的自主性和新近发展起来的道德感结合起来。这种纯洁、善良的初步尝试向我们指明,如果教育和教学确实旨在使我们获得崇高的品德,就必须注意这些基本原理。[1]

五、评价

《葛笃德如何教育她的子女》一书是断断续续写成的,在内容陈述上也时有重复,但是却被人们广泛视为 19 世纪初等教育的不朽经典。《葛笃德如何教育她的子女》一书出版后,对欧美国家的教育家曾产生过深刻的影响,其中包括 19 世纪德国教育家赫尔巴特、福禄培尔、第斯多惠以及美国教育家贺拉斯·曼。教育家赫尔巴特对此书高度评价,他认为,这本书所陈述的方法,比以前任何一种方法更热切、更勇敢地负起培育儿童心灵的责任。

裴斯泰洛齐提出的要素教育思想以及关于小学各科教学法,推动了许多欧美国家初等教育的发展。在他的教育实践和教育思想的影响下,19 世纪欧美国家出现了"裴斯泰洛齐式学校"和"裴斯泰洛齐运动"。

---

〔1〕 裴斯泰洛齐:《裴斯泰洛齐教育论著选》,第 175~182 页。

第三十一章 老卡尔·威特
《卡尔·威特的教育》

一、作者简介及代表作

老卡尔·威特(1767—1845)是 19 世纪德国哈雷近郊洛赫村的一位普通牧师,他的儿子卡尔·威特出生后,被周围人认为是先天不足的痴呆婴儿。老卡尔·威特坚持自己的教育理念,在他的教育下,原本被认为是近乎痴呆的儿子卡尔·威特成为 19 世纪德国的一个著名的天才。

卡尔·威特在八九岁时就能自由运用德语、法语、意大利语、拉丁语、英语和希腊语这六国语言;并且通晓动物学、植物学、物理学、化学,尤其擅长数学;9 岁考入莱比锡大学;10 岁进入哥廷根大学;13 岁出版了《三角术》一书;年仅 14 岁就被授予哲学博士学位(事实上,卡尔目前仍然是《吉尼斯世界纪录大全》中"最年轻的博士"纪录保持者);16 岁获得法学博士学位,并被任命为柏林大学的法学教授;23 岁发表《但丁的误解》一书,成为研究但丁的权威。与那些过早失去后劲的神童们不同,卡尔·威特一生都在德国的著名大学里授学,在有口皆碑的赞扬声中一直讲到 1883 年 3 月 6 日逝世为止。而他一生的成就都离不开老卡尔·威特对他的精心培育和教导,也充分说明了后天教育对一个人发展的重要性。

二、作品的时代背景

面对卡尔·威特这样一个先天不足,近乎痴呆的孩子,作为普通牧师的老卡尔·威特坚持用自己的实际行动驳斥了当时社会上所存在和盛行的"教育天赋论",成为当时乃至现代家长们效仿和学习的榜样。

老卡尔·威特认为家庭教育在一个人成长的过程中起着非常重要的作用。《卡尔·威特的教育》一书是老卡尔·威特在对自己的儿子长期观察和实践中创作出来的,是卡尔·威特家庭教育经验的浓缩和结晶的体现,成为家庭教育和早期教育领域的经典著作。

三、主要内容及思想主旨

老卡尔·威特在一次探讨教育问题的学会上提出这样的观点："对于孩子的成长来说,最重要的是教育而不是天赋。孩子最终成为天才还是庸才,不取决于天赋的大小,关键决定于他或她从生下来到五六岁时的教育。诚然,孩子的天赋是有差异的,但这种差异毕竟有限。在我看来,别说那些生下来就具备非凡天赋的孩子,即使仅具备一般禀赋的孩子,只要教育得法,也能成为非凡的人。"

(一)注重教育方法

在教育方法上,老卡尔·威特认为要掌握孩子的心理发展特点,利用孩子可以理解的方式进行教育。可以借助于大自然进行教育,也可以利用生活中的事件进行教育。

老卡尔惯用游戏教育法对儿子进行家庭教育。他认为,无论教孩子什么,首先要唤起孩子的兴趣,当孩子对学习充满了兴趣,学习的效果将事半功倍。而游戏法就是唤起孩子学习兴趣最好的方法。他主张通过游戏来教育孩子,但他并不主张给孩子买玩具,他认为只要用心,就可以很容易地把任何一个东西变成一个玩具。此外,他认为应该有选择地给孩子玩一些玩具,并且应该有效地利用这些玩具。他认为家长让玩具陪孩子度过童年是很可悲的。如果只是让无聊的玩具去虚耗美好的时光,而没有利用玩具和宝贵的时间去开发孩子的智力,这对孩子是一种无形的摧残,甚至是一种犯罪。所以,只要有效地利用游戏,那么游戏就不会只成为单纯的玩耍,而会成为孩子学习知识的好方法。

老卡尔在书中提醒父母们:"孩子学习语言的能力是惊人的,关键在于是否运用了最有效的教学方法。"在教授儿子识字方面,他也是采取游戏的方式。当小卡尔满6个月的时候,老卡尔就用红纸剪成文字和数字,文字可以是简单的单词,如猫、狗、老鼠、肥猪、兔子、帽子、桌子、椅子等名词,把它们有秩序地贴在厚厚的白纸上,另外贴上1到10的十行红色的数字,并且画上乐谱图,然后把白纸贴在他房间四壁大约1米高的地方。

(二)培养孩子的学习能力

老卡尔·威特认为孩子的教育应该尽早抓起,重视早期教育。他不赞成放任孩子自由成长到七八岁,他认为早年养成的习惯根深蒂固,是很难改变的。他认为每个心智健全的普通孩子只要接受优秀的教育，就可能成为一个出众的人。这两点和现代的早期教育观念都是相符的。老卡尔非常注重培养儿子的注意力和专注力，他会尽量把游戏布置得丰富有趣，这样很容易使孩子注意力集中。在游戏的同时，还要尽力去增强孩子的记忆力、观察力，培养孩子的想象力和创造力。他经常鼓励孩子进行创造性的游戏，让小卡尔选择自己喜欢的主题和内容，选用自己喜欢的东西和材料。小卡尔在这种游戏里可以无拘无束，积极主动地模拟和创造他所认识的世界。

(三)督促孩子养成良好的习惯

老卡尔非常注重培养孩子专心致志的习惯。学习语言的时候只考虑语言，学习数学的时候只考虑数学。老卡尔不允许儿子在学习的时候想着玩，玩的时候又担心学习。老卡尔认为："很多孩子整天在书桌旁学习却没有好的成绩，大多是不能专心导致的。他们坐在那里发呆，捧着书本却心系别处，或者望着天空想入非非，这样的状态，怎么能够学好知识呢？与其这样，还不如到外面去痛痛快快地玩一场。"老卡尔平时对儿子非常严格，言出必行，在学习语言和数学知识上，老卡尔教导孩子在学习中要精益求精。老卡尔认为，教儿子学习知识就如同砌砖一样，如果不严格要求，就绝不会收到好的效果。从小就培养孩子做事认真的习惯，要求孩子尽量把事情做得尽善尽美。

(四)提升孩子为人处世的能力

老卡尔认为："一个人只限于自己的知识，而不懂得与人相处，那么他的潜能也根本无法施展出来。这样的话，即便是才富八斗，那也只是个闭门造车的书呆子。"对于小卡尔的教育，老卡尔非常注重培养他与人相处、交往的能力，在老卡尔看来，善于与人交往就会觉得一切都很顺利，反之则会处处碰壁，以至于什么事都做不成。老卡尔教会和训练孩子与人沟通的技巧，同时，还注重教会儿子掌握人际交往的尺度。老卡尔认为："人类社会是个极其复杂的组合体，对于生活人们都有各自不同的想法。孩子毕竟有一天会走向社会，去面临生活中的种种问题。如果不学会如何妥善处理人际关系，那么他将寸步难行。"

四、精彩片段选读

片段一

　　有的父母对孩子的想象世界不够理解,他们收拾屋子时,看到孩子用木片和纸盒建造的城市、宫殿,会毫不留情地毁掉。这样的父母是在无情地摧毁孩子的精神世界。

　　这样的举动不仅粗暴地夺取了孩子的幸福和游戏的欢乐,还影响了孩子将来成为诗人、学者和发明家的可能……天才总是被父母教育中的轻率举动毁掉的。

　　得益于婴儿时期的教育,和同龄的孩子相比,卡尔更聪敏、更机灵,反应更快,各方面的能力都很突出。我想他已经做好了相应的智力准备,所以2岁时就开始让他学习认字了,不过决不强迫他必须这样做。因为我主张的教育方法的一大原则就是不能强迫施教。我认为孩子不管学习什么,首先必须努力激发他的兴趣。孩子感兴趣才能收到事半功倍的效果。用游戏的方式进行教育是激发孩子兴趣的最好办法,这种方法在儿子早期的教育中显现出了很好的效果。

　　动物都喜欢游戏,游戏是动物的本能。生活中注意观察就会发现,小猫玩弄老猫的尾巴,老狗与小狗咬架,它们这是在干什么呢?动物学家的研究表明,小猫戏弄老猫的尾巴是为了锻炼它将来捕捉老鼠的能力,小狗和老狗咬架是为了锻炼它将来咬死野兽的能力。如此看来,动物就是运用游戏的方式训练它们的下一代。

　　受动物们的启发,我总是用游戏的方式对儿子进行教育。当儿子6个月大时,我就把厚厚的白纸贴在他房间四壁大约1米高的地方,用红纸剪下文字和数字贴在白纸上。在白纸上的一块地方,按顺序贴上常见的简单单词,如狗、猫、猪、老鼠、兔子、帽子、席子、桌子、椅子等。注意到没有,这些单词都是名词。在纸上的另一个地方则并列地贴上从1到10的10个数字,另外在白纸上一个合适的地方画上乐谱图。

　　我决心从听觉入手教儿子ABC,因为婴儿的听觉比视觉发达。当我用手指ABC字母时,妻子就唱字母歌给儿子听。当然,卡尔只不过是个6个月大的婴儿,他听字母歌就像听耳边风似的。但我不着急,我天天唱给他听、指给他看,直到产生效果。儿子对字母印象深刻,后来他认起字来就很容易。

有了经验,当教儿子认字时我也采用了这一套方法。

首先为了激发儿子识字的兴趣,我施展了一些小孩无法看穿的花招。我给儿子买了很多有趣的儿童书和画册,很生动地讲给他听,并经常说一些鼓励的话语来刺激他幼小的心灵,比如说:"如果你认字,你自己就能看懂这些书。"有时我故意不讲给他听,对他说:"画上的故事很有趣,可是我没有工夫给你讲。"这样可以点燃儿子要识字的想法和心愿。等他强烈地想认这些字的时候,我再教他。

接着我就用前面的方法教他认字。我先去商店,购买10平方厘米的德语字母印刷体铅字、罗马字和阿拉伯数字各10套,再把这些字粘贴在10平方厘米的木板上,进而通过游戏的方式教学。先教拼音,接着玩拼音游戏组字。具体是这样教的:首先让他看猫的画册,同时教他猫这个单词的拼法,然后指着墙壁上猫这个词,反复发音给他听。接着从文字盒中挑出猫这个词的所有字母,用这些字母组合成猫这个词。当然,这个过程都是我和儿子用游戏的方式进行的。儿子学习时,我会在他的身边给他必要的表扬和鼓励,教过一遍的单词也让他反复练习好几天。

我制作了许多小卡片,在上面画上活泼可爱的小动物、房子、树木等,在相应的图画下面标出名称。我把这些卡片贴在餐厅、客厅、厨房和儿子卧室的墙壁上,让儿子随时随地可以看到,进而留下深刻的印象。我和儿子做游戏编故事时也常运用这些卡片。每次我带儿子出去散步,在路上我看到什么就会让儿子说出该怎么念怎么拼。这些方法效果很好,儿子因此认识了许多的词,比如马车、教堂、河流等。儿子很快就学会了读,虽然在此之前他并没有学习读法。一旦掌握了读法,他就能学会更多的词语,他学的又是标准的德语,因此毫不费力地就可以读书了。[1]

片段二

在对儿子的教育过程中,我发现玩不仅是孩子的兴趣所在,通过玩更能

〔1〕 威特:《卡尔·威特的教育》,郭凤英,译,浙江教育出版社,2016年版,第37~38页。

逐步开发孩子的智力。

孩子可以在玩中培养出很多能力来,比如,操作力、想象力、记忆力、观察力、注意力等,其中智力游戏是一种很重要的玩的方式。

在对卡尔进行教育时,我把知识和游戏有机地结合在一起,以此教他认识事物和巩固知识。卡尔玩了这些游戏后,对事物的认识加深了,相应地也巩固了这些知识。像"哪儿错了""动物吃什么"之类的游戏都有这样的作用。

我还通过游戏,让他学会正确发音,让他说出一些词的同义词和反义词,扩充他的词汇量。为了起到这样的教育效果,我一般采取"动物怎么吃""指出相同颜色的物品""说出正反义词"等游戏。

我和儿子经常玩"什么不见了""什么又来了"等游戏来训练他敏锐的观察力。

玩这种游戏,我会在桌子上摆很多东西,让儿子看清楚,记住它们。然后,让他闭上眼睛,我悄悄地拿走一件物品后再让他睁开眼睛,看看少了什么东西。

有一次,在玩这个游戏时,我做了一个小恶作剧。儿子闭上眼睛后,我只是挪动物品的位置,但没有拿走任何东西。

卡尔睁开眼睛,仔细看桌子上的东西,反复回忆,只是觉得我动了手脚,但不知道我到底做了什么。

在卡尔不知道怎么办的时候,我告诉了他真相。卡尔立即因为我不遵守游戏规则而很生气,说我是个骗子。

我理直气壮地告诉他,玩这个游戏的目的就是考察他的观察力,既然他自己的观察力不够好,输了是不可以怨天尤人的。

以后,他在玩这个游戏时,多了一个心眼,不仅记住物品的名称和数量,还注意观察它们的位置。

我就是这样培养出卡尔敏锐的观察力的。卡尔对数量很敏感,这是一个与众不同的能力。如果天上有鸟群在飞翔,他看一眼就知道有多少只。

卡尔听力上的判断力也是通过类似的方式训练出来的。我让他闭目凝神,仔细听我击掌或者敲桌子,然后让他说出我击掌和敲桌子的次数。这个游戏可以训练他的注意力、记忆力和观察力。

和儿子玩智力游戏,我不急于求成,总是从儿子的实际情况出发。我知道如果催逼儿子去做不感兴趣的事情,结果往往得不偿失。

如果儿子在玩游戏的过程中表现出出乎我意料的超常能力,我就会适当增加难度,促使他进步。如果他的表现不令人满意,我不但不催逼,而且会给他更多的鼓励和关心,激发他继续学习的兴趣,让他获得成功的喜悦,增强信心。

在为儿子设置游戏的时候,我尽量做得浅显易懂,选择一些具体、形象、直观、常见的物品做道具。我还指导儿子做一些小实验,让他自主地发现一些东西。在选择和设置教育孩子的智力游戏时,应当根据孩子的年龄特征和实际的能力水平。游戏不能太难,也不能太容易,否则起不到相应的教育效果。儿子3到4岁时,我采用具体形象、事物和动作相联系的方法设置智力游戏。他4到5岁时,我在前一阶段的基础上丰富内容、增加难度,不过还是将游戏限定在他经过努力就可以完成的范围内。我不喜欢用奇奇怪怪的问题去让他不知所措。

我和儿子玩游戏之前,先把游戏规则反复解说明白,有时还先演示一下给他看,这样他就知道怎样能玩好游戏了。

我认为,观察力在孩子智力和心理的成长过程中,具有重要的意义。观察力的好坏对孩子的成长影响很大。我利用游戏一次又一次地对儿子进行有效的训练,儿子的观察力因此得到飞快地发展。

在儿子快速成长的幼年时期,我经常和儿子参加各种活动,让他多接触丰富多彩的外在世界,丰富自己的感性经验。为了培养他善于观察的习惯,我还引导他参与设置说、听、做、尝等形式的游戏。我还在游戏中加强对孩子的语言训练,教他发挥语言的作用去分析已感知到的事物,进一步发展他的观察力。

我根据儿子的表现得出这样的观察结果:孩子的注意力往往会投射到丰富多彩的事物上,枯燥乏味的活动则根本无法集中他们的注意力。在孩子的眼里,游戏对他们是十分重要的,只要游戏充满趣味性,他们就会全神贯注在游戏里。

注意力是伴随着想象、思考、记忆、知觉、感觉等心理活动的心理过程,注意力的集中程度对孩子的影响很大。不要指望一个心不在焉、漫不经心的孩子能够做出什么大的成就来。所以在教育儿子的过程中,我很重视培养他的注意力。为了能更好地集中他的注意力,我一般把游戏设计得都很有意思。

在游戏中,我还注意培养儿子的记忆力。在孩子的心理发展过程中,记忆力发挥着重要的作用。孩子通过记忆把过去的经验留存在大脑中，从而促进心理的发展。记忆的速度、持久性、准确性和灵活性正是记忆力差异的表现。孩子的个性、情志、意志都和记忆力有很大的关系。

为了使儿子具有超强的记忆力，我可以说是绞尽脑汁，想方设法，相应也取得了很大的成功。

我做了许多细致的工作，提供给儿子的游戏材料丰富多彩。经验表明，生动、具体、直观的形象容易勾起他对曾经感知过而现在不在眼前的事物的回忆，这种回忆的过程经过不断地反复，他的记忆会变得精准和完整。我常常运用语言描述行为和实物来唤起他的回忆，因为对于孩子的大脑来说，形象、词语、语言的关系是很密切的。我在游戏的过程中不仅注意培养儿子的记忆力、注意力、观察力，更注意培养他的想象力和创造力。[1]

片段三

有人提出这样一种观点，处在幼儿时期的孩子只对玩耍感兴趣，我觉得这是胡说。事实上，孩子两三岁时就萌发了探索的精神。这种探索精神的外在表现就是提出很多奇奇怪怪的问题，而且越提越多。孩子提问题是一件值得高兴的事情，因为这是孩子开始关注和思考世界的表现。可是，现实中很多父母不仅不会为孩子提出问题高兴，还会因此对孩子心生厌倦。

他们习惯于随随便便地搪塞孩子提出的问题，对那些看似可笑的问题不去做正面的解答。

这种做法是极其错误的，这样做的恶果是直接摧残孩子的探索精神。要知道，在孩子智力发育的萌芽阶段，我们应该提供一些对象供他们玩耍，否则他们刚萌芽的探索精神就会渐渐衰弱下去。每个做父母的都不会愿意看到这种现象在自己的孩子身上发生。然而，现实中很多父母让孩子的潜在能力白白枯竭，等到孩子上学的时候才开始着急："我家孩子的学习成绩怎么这么差呢？"这些父母把孩子成绩不好全部归罪于孩子，为什么不反躬自省呢？

还有一些父母，不仅对孩子的探索精神视而不见，还在孩子面前摆出高高在上的姿态，说孩子什么都不懂，把孩子的提问说成是胡思乱想。他们对

---

〔1〕　威特:《卡尔·威特的教育》，第58~61页。

孩子的提问要么敷衍一下，要么以长辈的身份命令孩子，甚至把自己的观点强硬地施加给孩子。这些做法都是大错特错的。

我的一位表兄教育自己的孩子就是用这种方式。这种方式令他儿子的状态一天不如一天，到后来变成一个不健康的孩子，心理也有了些问题。

这个孩子刚出生的时候很正常，和其他孩子一样对世界充满好奇，经常问他父亲各式各样的问题。然而，他的这些奇思异想并没有引起他父亲的注意，他父亲总是三言两语就应付过去了。孩子有时候会问父亲一些具体的问题，父亲就说："你问这些做什么？自己玩去吧，别来烦我。"

在遭到父亲多次粗暴的拒绝后，孩子的探究精神并没有消失掉，还是不厌其烦地问父亲问题，希望从父亲那里获得答案。

有一次，孩子问父亲："爸爸，太阳和月亮为什么都是从东边升起而从西边落下？"

父亲立即说："你问我这个有什么用？本来就是这个样子的。"

孩子又问："它们之所以如此，必然有什么原因吧？"

父亲有些烦躁地说："我再说一遍，它们本来就这样，没什么原因，你管它做什么？"孩子说："我就是想问个明白……"

父亲觉得孩子太烦人了，就吼道："这些你根本就不用明白，它们本来就是这个样子，我无可奉告。"

见父亲生气了，孩子不敢再问了。这以后，孩子再也不向父亲提问题了，而是通常一个人坐在椅子上发呆。

后来，这个孩子上了大学，不过反应迟钝，习惯于逆来顺受，总是郁郁寡欢。

实验表明，如果我们对一个人进行催眠，施加消极的幻觉暗示，那么他就会对眼前的人和物视而不见。如果我们的教育也像这样，无疑是对孩子施加消极的催眠，这是一件多么恐怖的事情。我们对孩子的教育一定不能让他们处于消极的幻觉状态。

要做到这一点，就要重视孩子对世界的探究欲望，认真地对待他们提出的问题。身为父母的人要懂得，用所谓父母的权威压制孩子的天性是极其错误的行为。

既不能用清规戒律来缚孩子，也不能让权威压制孩子。在权威压制下的孩子，辨别能力很差。如果辨别能力很差，就更不用说拥有独特见解和创新精神了。长此以往，甚至会有某种精神上的缺陷。为了不伤害孩子的辨别能力,无论在语言上还是在行动上,都要拒绝用权威压服孩子。

显然,父母是人,不是神。做父母的也常犯错误,如果孩子向他们发问,问了一个他们回答不上来的问题。他们会觉得不回答有损大人的颜面,于是会随便给出一个自己也不知对错的答案应付一下,甚至是呵斥孩子以掩饰自己的尴尬处境。我从不这样做。

如果儿子向我提问题,我会很欢迎,并会耐心地回答他,一定不会蒙骗儿子。在孩子的教育上,我觉得最可恶的莫过于教给孩子错误的答案,因为错误可能影响孩子的一生,人生之初的印象总是最深刻的。所以我教育儿子时,不会教他不合情理的和似是而非的知识。在回答儿子的问题时,我尽量说得通俗易懂,而且周到地考虑了在孩子现有的知识水平和思维水平下,是否能接受我的说明。如果父母给孩子一个深奥得理解不了的答案,解决不了孩子的提问,孩子会一直追问到底的,这样孩子和父母都会觉得很烦。

我的知识当然比儿子的多,但我觉得没有必要在儿子面前充当权威。当儿子的提问我无法回答时,我会承认这一点。有一次,儿子向我提了一个天文学方面的问题,我不懂,我就老老实实地说:"卡尔,这个爸爸也不懂。"我们就一起看相关的书,或者去图书馆查阅资料,共同把这个问题搞明白。我还郑重地向儿子表示感谢:"要不是你向我提问,这个问题我就一直不明白。你以后要多多提问,我们好一起进步。"在我的鼓励之下,儿子接二连三地问了我很多问题。

当卡尔再长大一点,懂得更多知识的时候,他向我提问时,我往往不急于回答他,而是让他充分地思考,试图让他自己寻求到答案。如果儿子的答案和我的答案不一样,我并不会武断地否定它,而是仔细分析,找出错误的原因所在。我有时候说:"其实你的答案说起来也有道理,或许是我错了,我们去查阅资料看看到底是怎么回事吧。"

我在教育儿子的过程中,始终坚持和儿子平等相处,让儿子从小就不迷信权威,培养他追求真理的独立精神。[1]

五、评价

《卡尔·威特的教育》一书面世以后,曾经暂时受到了人们的冷遇。然

---

〔1〕　威特:《卡尔·威特的教育》,第49～51页。

而,随着时间的推移,它逐渐受到教育界的广泛赞誉,并且被视为一本造就天才的奇书。在该书的影响下,大量儿童成长为"天才"的故事证明了该书的启迪智慧、点燃热情的内在力量。这些儿童之所以能够成为人们眼中的天才,得益于他们父母的教育,更得益于卡尔·威特独特教育思想的启迪与教诲。

《卡尔·威特的教育》给无数家庭的孩子们带来了信心、力量。如哈佛大学心理学博士赛德兹评价说:"把一个低智儿培养成了闻名全德意志的奇才,这是证明《卡尔·威特的教育》一书神奇和伟大的最好例子。"日本儿童早期教育创始人木村久一说:"为什么诸多神童同时集中于哈佛大学? 世上根本不可能有这么多的偶合现象,这全是受益于《卡尔·威特的教育》的结果。"

第三十二章　福禄培尔《人的教育》

一、作者简介及代表作

福禄培尔(1782—1852),德国著名教育家,幼儿园运动的创始人,近代学前教育理论的奠基人。其教育理论以德国古典哲学和早期进化思想为主要根据,以裴斯泰洛齐的教育主张为教育思想的主要渊源。《人的教育》是福禄培尔论述学前和学校教育的重要著作。1782 年 4 月 21 日,福禄培尔出生于德国图林根地区施瓦茨堡-鲁道尔施塔特封地上奥伯魏斯巴赫村的一个牧师家庭。福禄培尔一岁时便失去了母亲,继母的虐待、父亲的忽视,使他的童年充满了不幸。他幼年失学,缺乏与同龄儿童经常接触的机会。曾随一名林业人员干活,对大自然产生浓厚兴趣,养成了细心观察事物的习惯。后学习过一些非正规的大学课程。23 岁时在一所学校任教。他认为只有通过彻底改造教育制度才能重建德国。1814 年任柏林大学矿物博物馆馆长。晚年在事业上实现了两件事:成立一所自称为"儿童养育学院"的幼儿园;创建一所供膳宿的小型师范学校。在教育思想方面建立了学前教育的理论体系,认为改进学前教育是全面教育与社会改革的重要开端。他倡导的幼儿园运动得到全世界的拥护与支持。

二、作品的时代背景

《人的教育》集中阐述了关于儿童发展和教育的理论。1805 年,福禄培尔选择了教师这一职业,担任法兰克福模范学校的教师。此后,他曾两次(1805、1808—1810)赴伊弗东与瑞士教育家裴斯泰洛齐交往。1811—1812年在哥根廷大学修业。1812—1813 年在柏林大学修业。1814—1816 年在柏林大学矿物学博物馆担任助理的工作。1816 年,在施塔提尔姆的格利斯海姆创办了"德国普通教养院",对其教育思想的形成和发展起了重要的作用。该校于 1817 年被迁往鲁道尔施塔特的凯尔豪。福禄培尔在凯尔豪办学的若干年里写了有关人的教育的一系列重要文章和他的名著《人的教育》,创办

《教育家庭》周刊等。1826 年出版的《人的教育》是他的教育代表作,反映了他关于哲学和教育学的基本观点。

三、主要内容及思想主旨

《人的教育》一书出版于 1826 年,是福禄培尔以凯尔豪学校的教育实践经验为基础而写成的。全书分为 5 章,包含:第一章《总论》;第二章《幼儿时期的人》;第三章《少年期的人》;第四章《学生期的人》;第五章《整体的概观与结论》。

(一)强调母亲在家庭教育中的重要地位

福禄培尔认为,类似于当权者对于国家命运的掌握,母亲在儿童教育中发挥了非常大的作用。"从儿童呱呱坠地开始,母亲便无悬念地承担起了教育培养的重担。她要关注孩子的饮食起居,身心发展状况,引导儿童感知、认识自己和这个世界,还要用包容一切的母爱激发儿童与父亲和兄弟姐妹之间的共同情感,并让儿童明白这种情感。""如果母亲出于对天父感激的心情微笑着把安静、欢快和微笑着的睡醒了的、仿佛上帝重新恩赐给她的孩子从他的卧榻上抱起来,同时以欢乐和无声感激的目光投向他和她的天父,因为天父赐给他们以安宁和活力,那么,这一举动不仅使人感动和愉快,而且对孩子整个现在和未来的生活都是极其重要和极其有益的。这种举动对于孩子与母亲之间随后的全部共同生活具有极其可喜的影响。"[1]

(二)重视游戏对儿童的教育价值

福禄培尔认为随着幼儿期的到来,儿童进一步运用他们的身体、感官和四肢,并力求寻找内部和外部的统一,应当通过游戏来实现。游戏将直接影响幼儿期儿童的生活和教育。"游戏是儿童发展的、这一时期人的发展的最高阶段,因为它是内在本质的自发表现,是内在本质出于其本身的必要性和需要的向外表现。""上面已经说过,这一时期的游戏并非是无关紧要的小事,它有高度的严肃性和深刻的意义。培养它、哺育它吧,母亲!保护它,关心它吧,父亲!用一个真正懂得人类本性的人的平静而敏锐的眼光来看,在

---

[1] 福禄培尔:《人的教育》,孙祖复,译,人民教育出版社,2001 年版,第 22~23 页。

这一时期儿童自发选择的游戏中显示出他未来的内心生活。"[1]

(三)尊重和顺应儿童自然生长规律

教育的顺应自然原则,一方面是指教育要顺应大自然的演化规律,即尊重儿童身体发育的基本规律,避免逾越儿童年龄特点和身体素质,而进行一些过度或不及的培养与教育。另一方面,福禄培尔的教育顺应自然原则是指,教育要顺应儿童的天性发展,不能任意妄为地按成人的意志进行塑造。因此,家庭教育应遵循幼儿身心发展规律,给儿童独立的空间让他去发展,父母从旁协调即可。

四、精彩片段选读

片段一

如果父母想使他们的孩子获得并为其提供这个永不动摇的、永不消失的、作为生活中最珍贵的装备的支点,如果父母和孩子在静悄悄的卧室或在户外大自然中感到并认识到自己在祈祷中同他们的上帝和天父和谐一致的话,那么,他们在内心和外表的表现上都必须达到一致。没有人能说:"儿童不会理解这一点",因为这样的话,便会完全剥夺儿童最美好的东西。儿童只要不是变得粗野,只要他们不是已经与自己和与他们的双亲十分疏远,那么他们是理解这一点的,或将会理解这一点。他们不是通过观念和在观念上理解这一点,而是通过内心和在他们内心理解这一点。[2]

片段二

因此,在家庭范围内,父母抚育子女的内容和目的就是唤醒、发展和激发孩子的全部力量和全部素质,培养人的四肢和一切器官的能力,满足他的素质和力量的要求。母亲出自自己的天性,在没有任何指导和要求,没有经过任何学习的情况下本能地、自发地做所有这一切。然而这样是不够的,她必须把孩子看作一种有意识的生物,对一种正在觉悟中的生物发生作用,有意识地引导孩子实现人的经常不断的发展,在自己同孩子之间在一定程度

---

[1] 福禄培尔:《人的教育》,第38～39页。
[2] 同上书,第22～23页。

上建立起内心的、活生生的、自觉的联系。

因此,我希望在向母亲们指出她们的作用的同时,能让她们认识到儿童教育的本质、意义和各种关系。无疑,思想单纯,然而有思考头脑的母亲,能够把这一点做得更正确、更完美、更深刻。然而人是通过不完善上升到完善的。所以,我希望上面说到的一切能唤起父母的忠实和冷静的、考虑周到和合乎理性的爱,并把我们幼年的发展过程完整地展示在我们的面前。

"把小胳膊伸给我!""你的小手手在哪里?"——正在教育孩子的母亲力图让孩子知道并想象他的身体的多样性和他的四肢的差异性。"咬咬你的小手指头。"这特别是一位富有思想性地、天真地逗引孩子的母亲由出自内心深处的一种自然感情恰当地引发的行动,它将引导孩子去观察和认识一个在自身以外的,然而又同自己密不可分的对象,引导孩子学会对现在已以其最早的开端、最初的现象表现的未来进行思考。母亲以愉快地做游戏的、逗引的方式引导孩子去认识他自己未曾看到过和观察过的鼻子、耳朵、舌头、牙齿等身体部分同样是十分重要的。母亲在孩子的鼻子或耳朵上轻轻地拉拉,好像要把它从头部、从脸部拉下来似的,并给他看看自己半隐匿的指尖说道:"喏,耳朵在这里,鼻子在这里。"于是,幼儿迅速用手摸摸自己的耳朵和鼻子,内心充满欢乐地笑了,因为他感到两样东西仍然留在原来的位置上。母亲的这一行动是以最初的形式引导和激励幼儿有朝一日达到了解一切,尽管他还不能从外表上看到和观察到这一切。所有这一切,目的在于使幼儿有朝一日能够意识到他自己,能够进行思考,能够对自己进行思考。正如一个十岁的正在受教育的儿童同样出自自然的感情自以为不引人注意地自言自语道:"我不是我的胳膊,我也不是我的耳朵!我可以把我的四肢和一切感官同我自己分开,我永远是我自己,那么,我究竟是谁呢? 我称之为'我'的究竟是什么呢?"母爱可以以同样的精神继续进行下去,她可以说:"把你的小舌头指给我看","把你的小牙齿指给我看","用你的小牙齿咬住",这样可引导幼儿马上应用这些东西。"把脚脚伸进去(伸到袜子里、鞋子里)。""这里面(指袜子里面、鞋子里面)是脚脚。"这样,母亲的天性和爱把孩子狭小的外部世界由整体到局部,由近到远地逐渐展现在他面前。并且,正如她以这种方式把外界事物本身及其空间关系展示在孩子面前一样,不久她也会让孩子懂得这些事物的特征,当然,首先是它们的作用,然后是它们静止的状态。母亲说:"灯火在燃烧",同时把幼儿的手指轻轻移向灯火,使他感觉到灯火的热而不让他真正被火烧着,以防止他由于无知而遭到烧伤的危险。或者母亲说:"刀子会刺伤人",同时把刀尖轻轻地放到孩子的手指上。或者说:"汤烫嘴"。随后,母亲才似乎要让孩子知道事物的这种永恒不变地起作用的性质或其原因,说道:"汤是热的,会烫嘴,刀子是尖的,锋利的,会刺伤人,割伤人,把它放下。"母亲从认识事物的作用把孩子引导到认识事物的永恒不变的原因,认识事物的锋利、尖锐等永恒不变的性质,以后,再从认识永恒不变的性质把孩子直接引导到认识刺割等作用,而无须亲自去检验这种作用。继之,母亲引导幼儿首先亲自感受自己的行动,然后再观察自己的行动。这位在自己全部行动中始终如一地把言语同行动结合起来对幼儿进行教育的母亲,当幼儿应当进食时会对他说:"张开小嘴。"在给他洗脸时说:"把小眼睛闭起来。"或者,母亲让幼儿知道他自己行动的目的,在这一意义上,当她把幼儿放到小床上时,她会说:"睡吧,睡吧。"或者,当她把装着食物的食匙移近幼儿的嘴巴时说:"吃吧,孩子。"为使幼儿注意到食物对味觉神经的作用,注意到食物对身体的关系,她会说:"这味道好。"为让幼儿注意到花的香味,母亲有意发出嗅闻的响声并说道:"这东西真香。闻闻,孩子。"[1]

片段三

父母常常容易忽略和轻视的一点是当一个人到达少年期时,他们便相信他是少年了,并把他作为少年来对待,当他到达青年期或成年期时,他们便把他作为青年人或成年人来对待;但是,一个人未必由于达到少年期即成为少年,到达青年期即成为青年,而只有当他到达幼年和随后的少年期时他与他的智力、情感和身体的要求相符合时,才成为少年和青年;同样地,一个人未必由于到达成年期而成为成年人,而只有当他真正符合了他的幼年期、少年期和青年期的要求时才成为成年人。另一方面,往往有些十分明智和精明的双亲和父亲们,他们不仅要求孩子表现为一个少年和青年,而且特别要求一个少年至少要表现得像一个成年人,要求他在各方面表现得像一个成年人一样,从而可跳越少年和青年期。在幼儿和少年身上看到并注意到早期的青年人和成年人的萌芽、天赋和缩影,完全不同于把他作为一个成年人看待和对待,不同于要求他在幼年和少年时期就要作为一个成年人来表

---

[1] 福禄培尔:《人的教育》,第43～47页。

现自己,作为一个成年人去感觉、思考和行动。这样地要求儿童的双亲和父亲们忽视和忘记了一点,正是他们,几乎总是由于根据他们的本性、按照某种关系经历了他们要求自己的孩子跳越的那些阶段,才成为精明的双亲和父亲们的,而且肯定地只能成为精明的人的。[1]

五、评价

《人的教育》一书是一本世界教育经典名著。福禄培尔认为,人是教育的中心,教育的一切活动都是围绕着人进行的,他们既是教育的出发点又是教育的归宿。因此,教育工作者必须"读懂人",这是做好教育工作的真功夫。对于我们认识教育的本质,指导我们进行教育实践的改革都起到了重要的影响作用。

福禄培尔认为,儿童如果在幼儿期受到伤害,以后的弥补可能会非常困难。所以在儿童的家庭教育中,要尽可能谨慎。如果不重视家庭教育,那么"未来的学校生活和教学生活只能在耗费昂贵代价的条件下极其困难地培养儿童的理解能力和认识能力,而且往往根本不可能培养这种能力"。福禄培尔的教育理念、教育方法、教育原则,对当今儿童的教育有重要借鉴意义,也为家庭教育活动留下了宝贵的财富。

---

[1]　福禄培尔:《人的教育》,第 25~26 页。

第三十三章　赫伯特·斯宾塞 《斯宾塞的快乐教育》

一、作者简介及代表作

赫伯特·斯宾塞(1820—1903),英国哲学家、社会学家、教育家。他一生荣誉显赫,先后获得了英、法、美等 11 个国家的 32 个学术团体和著名大学的院士、博士荣誉称号,还被提名为诺贝尔文学奖的候选人,被很多科学家和教育学家称为"人类历史上的第二个牛顿"。赫伯特·斯宾塞出生于英国德比城的一个教育家庭(祖父与叔父都是教育家),年幼的他被鼓励去学习。年纪很小的时候,他经常接触学术课本及他父亲的期刊并对其发生兴趣。7岁进入当地小学,13 岁时便因健康原因辍学。辍学后,他仍然坚持自学。1837 年,17 岁的斯宾塞回到自己的母校当辅导教师,由此激发了他对教育的兴趣。其代表作《斯宾塞的快乐教育》反映了他的教育思想。

二、作品的时代背景

随着英国工业化的迅猛发展,英国社会矛盾日益激化。大机器生产的出现,以及工业革命的基本完成,使英国社会得到进步和发展。强调科学知识和自然科学教育已经成为那个时代的主题,但是那时的英国的学校教育还是以传统的古典教育为主,这种教育存在着脱离实践、脱离生活的问题,其学习内容主要以传统课程和宗教课程为主,其学习方法也是以死记硬背为主,对学生的身心发展和创造能力的发展极为不利。在英国掀起了一场科学教育和古典教育的论战,斯宾塞就是提倡科学教育方的代表。斯宾塞强调科学知识和科学教育,推动了英国学校教育的改革和发展。

斯宾塞提出了独特的快乐教育思想,并在他的《斯宾塞的快乐教育》一书中进行了系统阐述,对世界各国的家庭教育都具有一定的借鉴意义。斯宾塞认为,教育的目的是让孩子成为一个快乐的人,让孩子在快乐的状态下学习才是最有效的。他强调,学习的过程并不能独立存在,它需要很多种因素的相互支持才能够有所成就,学习的过程就是父母对孩子进行情感、人品、智力、道德等综合能力的培养过程。

三、主要内容及思想主旨

上帝赋予每个孩子不同的特点,然而在大多数情况下,父母和老师会忽略孩子的天赋,这也是孩子不高兴的根源,天才有时也是被这样扼杀的。《斯宾塞的快乐教育》正是要告诉每一位父母,如何最大限度地保护孩子的天赋,激发孩子的潜能,让孩子在快乐的教育中成长为一名社会精英。包括关于"爱"的诀窍、游戏中学知识、怎样对孩子进行快乐教育等内容。斯宾塞在快乐教育中提到,教育的最终目的是让孩子成为一个快乐的人,为了达到这样的教育目的,教育的手段和方法也应该是快乐的。

(一)强调家庭教育的不可替代性

斯宾塞认为,家庭教育、学校教育、社会教育是教育的三大支柱,其中家庭教育对孩子的影响最大。良好的家庭教育将会成就人的一生。在孩子的教育中,父母起着重要的作用。

没有教不好的孩子,只有不懂教育的家长,任何一个孩子,都能通过教育成为优秀的人。学校教育对于孩子来说,具有一定的限制性。

在家庭教育中,家长和孩子一起学习,共同成长,可以拉近亲子之间的关系,同时也会大大增强孩子的求知欲和自信心。

(二)家庭教育目的——引导儿童实现自我解决问题

斯宾塞认为:"教育的目的是有一天可以不教。"每个个体都会脱离父母独立生存,只有学会"自助",儿童才会将获得的知识加以运用,独立解决问题。即使可能会遭遇失败,但在这过程中儿童的探索能力得到增强,一旦经过这个过程,通过"自助"获得了正确的知识,儿童将会更容易地将知识内化于心。"在孩子的早期教育中,一个重要的任务,我认为是培养他的自我教育和自助学习的能力。"[1]因此,在教育目的上,必须要将"自助教育"贯穿于儿童整个早期教育之中。

---

〔1〕 斯宾塞:《斯宾塞的快乐教育》,霍莹莹,译,商务印书馆,2017 年版,第 57 页。

（三）家庭教育原则——遵循适度性原则

斯宾塞认为,对孩子的教育必须要坚持适度原则,快乐学习。"我认为孩子的教育和其他特别重要的工作一样,是一项长期的工作,而这项工作的收获也是远期的,不会有立竿见影的效果,因此常常容易使人产生失望的感觉。最好的方法就是把教育变成渐进的、快乐的事情。"[1]分数不是评判孩子优劣的唯一标准,他强烈反对部分家长过于看重分数,让孩子过度学习的行为。他提倡快乐教育,培养儿童的兴趣,认为当孩子们对事物产生兴趣的时候便是教育的最佳时机。要求家长要尊重儿童的权利,循循善诱,遵循一定的自然规律。

（四）家庭教育内容——培养儿童的道德、意志与品质

斯宾塞认为,人们所生活的社会并不完美,存在着各种问题。而父母作为教育者,应该避免孩子接触这些问题,发挥情感教育的重要作用,让孩子感受到更多的友善与爱,给孩子一颗感恩的心。孩子拥有友善爱人的情感,不仅能化解生活中的困难与矛盾,而且能消除愚昧无知,达到教育的目的,成为快乐的人。如何唤醒友善爱人的情感?斯宾塞提出,要"培养孩子的道德、意志与品质"。而父母在孩子道德、意志与品质培养中起到巨大的影响作用,"一方面是由于孩子爱模仿的天性(因为这是他感知世界的基本方式),另一方面则是由于他的行为很自然地会得到来自父母或老师的评判,而这种评判大多是依据父母或老师自己的道德标准做出的。如果这种评价是一把刻度错误的尺子,有时孩子做了正确的事,但得到的是错误的评价,他下次就会很自然地去做错误的事了"。[2]

四、精彩片段选读

片段一

我一直认为在孩子的教育中,父母的作用是不可替代的。孩子一旦降生,他既属于家庭,又属于社会。一个品行端正、有良好教养和技能的孩子,长大成人后会对社会产生积极的作用。有的起的作用可能大一些,会成为

---

〔1〕　斯宾塞:《斯宾塞的快乐教育》,第26页。
〔2〕　同上书,第181页。

影响整个社会的人;有的起的作用可能小一些,只对一个工厂、一座农场、一所学校,甚至只对一个家庭有作用,但这个作用总是良性的、积极的。相反,品行不端、没有教养、无一技之长的人,可能只会起破坏作用,给别人带来痛苦。因此,培育孩子也和父母们在社会中的其他工作一样,是非常有价值的。我很希望每个英国公民都能认识到这项工作的伟大意义。况且,学校教育对孩子来说是有限的。学校可以教给孩子技能,培养孩子的一些品质,但这对一个孩子的潜能发展来说,仅仅是冰山一角。孩子在学校的时间并不比在家里与父母朝夕相处的时间长。我这样说也许会遭到"学校主义者"的反驳,但这并不重要。我用一个比喻来说,对于孩子的教育,学校好比是白天,而家庭就像是夜晚。大家都不要忽视夜晚发生的事情,这些事情往往是看不见的,但是只要细心观察一下就会发现,种子总是在夜晚发芽,人总是在夜晚长高的啊!

此外,在家庭教育中,由于有家长参与和孩子一起学习,这样不仅会拉近孩子与父母的距离,还会大大增强孩子求知的兴趣和信心。[1]

片段二

镇上的许多父母对我说:"为什么我们都很尽心地去教育孩子,但成效并不大,以致我们都渐渐失去了信心。"我认为孩子的教育和其他特别重要的工作一样,是一项长期的工作,而这项工作的收获也是远期的,不会有立竿见影的效果,因此常常容易使人产生失望的感觉。最好的方法就是把教育变成渐进的、快乐的事情。先把你要教给孩子的东西做一个分类,比如:

1. 习惯
2. 健康
3. 语言学习
4. 运算

然后,做一个一周的小计划,每周实施一点,这样日积月累,自然会有成效,而且父母从中也能体会到成就感。不管是大人还是孩子,都会从这种成就中感到快乐。

比如小斯宾塞一向比较散漫,这也与我们给他的宽松环境密不可分。

---

〔1〕 斯宾塞:《斯宾塞的快乐教育》,第10~11页。

但随着他一天天长大,已经快到上学的年龄了,我觉得应该让他改掉这种不好的习惯,于是便试着让他成为一个绅士。

首先我让他从整理自己的衣物开始。我们开展了一个家庭衣服自理比赛,看谁能把自己的衣服洗得干净,晒晾得整齐,收拾得有序。

开始一两天,小斯宾塞对此很有兴趣,但过了没几天他就不太情愿这么做了。为了鼓励他,我又在家里挂了一个小黑板,把我们的名字都写上去。这下,小斯宾塞又来劲了。他的名字下面只要有一点不好的,比如手巾脏了或者是鞋子发臭了,他马上就会改正。

三个月下来,小斯宾塞对于衣着干净、整齐这一点已经有了很好的意识,由兴趣变成了习惯,我们也就不用再操心了。在他和其他孩子玩耍的时候,无论多脏多乱,我也不会管,让他尽情享受这种快乐和自由。但一回到家里,或者出门做客,我便要求他衣着整洁。

一个孩子在生活中养成了一定的好习惯,那么他的身心也会在培养习惯的过程中得到修炼。现在小斯宾塞无论在教堂还是在其他场合,小手巾都是雪白雪白的。他的身体也在做这些日常家务事的时候得到了锻炼,肌肉比原先更结实了。

从这件小事可以看出,对于父母来说,做一个新进的家教计划会便自己充分享受教育的快乐。而为小斯宾塞设计的小黑板,后来在镇上流行起来,几乎每个家庭都有这样一块。英国教育大臣也对此大加赞赏并在全国推广。[1]

片段三

父母的每一个整洁、勤劳、节俭的习惯以及每一点善良,宽容,积极乐观,有同情心、公正,民主的德行,都会从孩子身上体现出来,这些德行和习惯无论多么渺小,都会像星光一样永远刻在孩子的记忆里。这些美好的德行和习惯,不仅影响着父母自己的人生,也正在造就着孩子的人生。什么是教育? 这就是最伟大,也最有效的教育。它既是现在也是未来一个家庭中最为宝贵的财富。

关于父母、老师在孩子道德、意志和品质培养中的巨大作用和重大影

---

〔1〕　斯宾塞:《斯宾塞的快乐教育》,第 26~28 页。

响,无论怎样描述都不过分,好的和坏的都同样如此。

有一名言是这么说的:"教育孩子从教育父母开始。"这句话再中肯不过了。

我看到了很多例子,这些例子简直就是一部生动的教材。从中可以看到那些乐于请教,经常到教堂做祷告和听布道的人,他们总是越来越安宁、平静、快乐,他们的孩子由于受到他们的良好影响而变得有教养、有智慧。而那些拒绝学习或整天为生意、农场、店铺忙碌的人,他们的子女尽管有较好的家境,却往往缺少良好的道德品质训练。当然那些贫困而又从来不学习的家庭,丈夫酗酒,妻子忙于搬弄是非,他们的孩子则几乎完全脱离了教育。要期待在这样的父母的影响下培养孩子良好的道德品质,几乎是不可能的。他们的孩子,如果比较幸运,遇到一位富于爱心和同情心又不缺乏教育智慧的老师,那么则可能被从恶劣的家庭环境中拯救出来。[1]

五、评价

斯宾塞认为:"教育的目的是帮孩子成为一个快乐的人,教育的手段和方法也应当是快乐的。犹如一根又小又细的芦苇管,假如从这一端送进去的是苦涩的汁,那么,在另一头流出来的绝不会是甘甜的汁。"在《斯宾塞的快乐教育》一书中,对主人公小斯宾塞的教育,就凝聚了快乐教育的目的、原则及教育途径等理论知识和实践经验,揭示了教育的规律和儿童心智发展的规律,提出了独特的快乐教育思想,对世界上无数家庭都产生过巨大影响,使无数的孩子受益,对家庭教育具有一定的借鉴意义,对后世影响深远。也正因如此,许多教育学家和科学家们把斯宾塞尊称为"人类历史上的第二个牛顿""现代的亚里士多德",说他是"一位真正的教育先锋",赞誉斯宾塞的教育思想"值得每一位父母和老师聆听"。

---

[1] 斯宾塞:《斯宾塞的快乐教育》,第179页。

第三十四章 亚米契斯《爱的教育》

一、作者简介及代表作

亚米契斯(1846—1908),意大利作家,他出生于意大利里格拉州的一个小镇欧乃利亚,自幼酷爱学习和写作。亚米契斯少年时于都灵就学,15 岁加入摩德纳军事学院,开始了军旅生涯,是意大利民族复兴运动时期的爱国志士。亚米契斯所处的时代,常年征战,人民流离失所,经过几个世纪漫长的动荡和分裂,在 1870 年意大利才基本完成一统。长久战争带来的创伤以及对和平的渴望却一直遗留在意大利人民的骨子里,也表现在亚米契斯的作品中。1886 年,40 岁的亚米契斯写出了他最畅销的日记体小说《心》(亦译《爱的教育》)。《爱的教育》的出版,为他赢得了世界声誉,使他的创作生涯达到顶峰。亚米契斯的教育思想在《爱的教育》中得到了充分的表露。

二、作品的时代背景

亚米契斯的作品侧重描写军队和学校生活。亚米契斯创作《爱的教育》的时候意大利刚刚完成统一,社会问题在一定程度上比之前更加突出,人民受教育水平普遍较低,社会内部隔阂严重,只有贵族子弟才能接受教育的局面刚被打破,面向平民普遍的教育才开始萌芽。

三、主要内容及思想主旨

这是一本日记体的小说,以一个意大利小学四年级男孩安利柯的眼光,讲述了从四年级 10 月份开学的第一天到第二年 7 月份在校内外的所见、所闻和所感。该著作中的家庭教育内容主要体现在以下几方面。

(一)奉行亲子之爱的教育

在《爱的教育》一书中,安利柯的家庭十分幸福,而且还透着浓浓的亲子之爱。安利柯的父亲勃谛尼温柔敦和又不失严厉,更多地教给安利柯责任与勇气;母亲和蔼善良,常常督促安利柯向善,体现了一个母亲的善心与柔爱;姐姐给予安利柯体恤与帮助,在安利柯生病的时候总是守在他的床前。在本书最后《感谢》篇章里,安利柯表达了对父母养育的感恩,同时更多的是表达父母对儿女们无尽的付出。父亲是安利柯"最初的先生"和"最初的朋友",而母亲则是慈爱、温柔的代名词,为儿女的成长,可以牺牲自己,所以作者称母亲"天使"。

(二)家长要注重言传身教

安利柯的父母最具榜样形象,父亲亚尔培托·勃谛尼受过良好的教育,他对教育有着自己独特的见解,他言传身教、潜移默化地影响着自己的孩子,带安利柯参观聋哑学校、去看阅兵式、去拜访他一年级的克洛赛谛先生;让安利柯在假期带同学回家做客。除此之外,勃谛尼还教育安利柯在交朋友的时候尊重劳动者的儿子,劳动是无上光荣的,劳动者身上的尘土都是劳动的勋章。在安利柯的眼中,母亲也富有爱心,像天使一样。她经常到畸形儿学院去照顾那些孩子,即使那些孩子弄脏了她的衣服她也不觉得烦,时常教导安利柯要与大家相爱,施行善事,不要做亏心事。安利柯的家庭关系一片和谐,父母关系和睦,姐弟相敬相爱。启示父母应当时刻注重自己的言行,现身教育。

(三)亲子之间要经常有效沟通

在《爱的教育》中,安利柯与父母亲和姐姐经常写信,通过这些书信可以看出,父亲对安利柯学习和成长的关心爱护,母亲督促孩子为人向善,姐姐对弟弟的疼爱。在这本著作中,几乎没有看到安利柯与父母和家人产生隔阂,这源于他们之间沟通的有效性。从小就能做到跟孩子良好的沟通,是良好的亲子关系建立的基础。

四、精彩片段选读

片段一

安利柯啊!像隆巴尔地少年的为国捐躯,固然是大大的德行,但你也不要忘记,我们也不可不注意小的德行!今天我们走在街上,有一个抱着疲弱苍白小孩的女乞丐向你讨钱,你什么都没有给!那时,你应该是有铜币的。对于为了自己的小孩而求乞的母亲,你不该这样。这小孩或者正挨饿也说不定,如果这样,那个母亲是怎样的难过呢? 假定你母亲不得已要对你说"安利柯啊! 今日不能再给你食物了"的时候,你想,那时,母亲的心里是怎样的?

给予乞丐一个铜币,他就会真心感谢你,说:"神必保佑你家族的健康。" 听着这祝福时的快乐,是无与伦比的。受着那种言语时的快乐,我想,真是可以让我们健康。我每从乞丐那里听到这种话时,觉得反要感谢乞丐,觉得乞丐所回报我的比我所给他的更多。你碰着无依的盲人、饥饿的母亲、可怜的孤儿时,可从钱包中把钱分给他们。单在学校附近看,不是就有不少贫民吗? 贫民所欢喜的,特别是小孩的施与,因为大人施与他们时,他们觉得比较低下,但从小孩那受物是不足耻的。大人的施与只是慈善的行为,小孩的施与更是一种充满爱意的行为,——你懂吗? 你想追求更幸福的生活,而他们只为能活着就满足了。你要想一想:那穿着美丽服装的小孩们之中,竟有着穿不上吃不上的女人和小孩,这是何等寒心的事啊! 啊! 安利柯啊! 从今天起,如遇到乞食的母亲,不要再不给一钱就自顾走开了!

——你的父亲[1]

片段二

今日你从先生家里回来,我在窗口望着你。你碰倒了一位妇人。走街路最要当心呀! 在街上也有我们应尽的义务,既然知道在家样子要好,那么在街上也同样。街道就是万人的家呢! 安利柯不要把这忘了! 遇见老人、抱着小孩的妇人,拄着拐杖的跛子、负着重物的人、穿着丧服的人,总应亲切地让路。有小孩在打架,要把他们拉开。暴乱,打架是看不得的,看了自己也不觉会残忍起来了。有人被警察抓住了走过的时候,即使有许多人聚集在那里看,你也不该加入张望:因为那人或是冤枉被抓也说不定。

遇着养育院的小孩,要表示敬意。——无论所见的是盲人,是孤儿,或是弃儿,都要想到此刻我眼前通过的不是别的,是人间的不幸与慈善。如果那是可厌可笑的残疾者,装作看不见就好了。路上有未熄的火柴,应随即踩灭,不要酿成大事,伤害人的生命。有人问你路,你应仔细地告诉他。在街上不要乱跑,不要高声叫。总之,一国国民的教育程度可以从街上行人的举

[1] 亚米契斯:《爱的教育》,开明出版社,2015 年版,第36~37 页。

动看出来。

还有,研究街市的事,也很重要。自己所住着的城市,应该加以研究。将来不得已离开了这个城市如果还能把那地方明白记起,能把某处某处一一都讲出来,这是何等愉快的事呢!你的出生地是你这几年中的世界,在这地方,生你的母亲,教过你,爱过你,保护过你。你要研究这市街及其住民,而且还要去爱。如果这市街和住民遭遇了侮辱,你应该竭力保卫!

——你的父亲[1]

五、评价

《爱的教育》全书约 15 万字,1886 年问世之时,轰动了整个意大利文坛,自此以后一直畅销不衰,这使原本名不见经传的作家亚米契斯一时名声大噪。现在已有一百多种文字的译本,多次被改编为动画片、电影和连环画,成为一部最富爱心及教育性的读物,是世界公认的文学名著。《爱的教育》这本书采用了日记的形式,借用儿童的视角,记录了他一年之内在学校、家庭、社会的所见所闻,字里行间洋溢着对祖国、父母、师长、朋友的真挚的爱,有着感人肺腑的力量。

《爱的教育》无疑是家庭教育的典范,文本中的家长用恰到好处的言行举止感染着自己的孩子,是合格的父母,这为当代的家庭教育提供了理论依据。亚米契斯的《爱的教育》自 1886 年问世以来经久不衰,是因为它以简短的故事阐述了这样的道理:人间处处有真爱在,这种爱由家庭、学校上升为对国家、社会的大爱。

---

[1] 亚米契斯:《爱的教育》,第 88~89 页。

第三十五章　蒙台梭利《童年的秘密》

一、作者简介及代表作

蒙台梭利(1870—1952),意大利幼儿教育家,意大利第一位女医生,意大利第一位女医学博士,女权主义者,蒙台梭利教育法创始人。

1870年8月31日,她出生在意大利安科纳地区的基亚拉瓦莱小镇。父亲亚历山德鲁·蒙台梭利是贵族后裔,性格平和保守的军人,母亲瑞尼尔·斯托帕尼是虔诚的天主教徒,博学多识、虔诚、善良、严谨、开明。作为独生女的蒙台梭利深得父母的宠爱,受到良好的家庭教育。因此,从小便养成自律、自爱的独立个性,以及热忱助人的博爱胸怀。

蒙台梭利5岁时,因父亲调职而举家迁居罗马,开始了她的求学生涯。蒙台梭利虽是独生女,但父母并不溺爱她,而是注意对她的教育,如要求她守纪律,同情和帮助穷苦和残疾的儿童。因此,她幼年时就特别关心那些不幸的儿童,尽可能地帮助他们。蒙台梭利从孩提时代起,自尊心就非常强烈。有个老师对学生很严格,既不尊重学生,也不关心学生。有一次这位老师曾用略带侮辱的口吻提及她的眼睛,为了抗议,蒙台梭利从此不在这老师面前抬起"这双眼睛",她认为孩子也是一个人,也需要受到尊重。在安科纳上小学时,蒙台梭利也表现出关心、帮助其他儿童的倾向,对教师轻视儿童和侵犯儿童人格尊严的态度和行为极为反感。

13岁时,她选择了多数女孩不感兴趣的数学,进入米开朗琪罗工科学校就读。且于1886年时以最优秀的成绩毕业,奠定了数学基础。中学毕业后,又进入国立达·芬奇工业技术学院,学习现代语言与自然科学。

16岁(1886)进入工科大学,专攻数学。因后来发现对生物有兴趣,于1890年进入罗马大学读生物。读了生物,蒙台梭利觉得对医学有了浓厚的兴趣,她做了一个前所未有的决定——学医。在当时保守的欧洲社会里,女孩子学医可谓荒谬与绝不可能。但蒙台梭利不顾父亲的反对(中断经济上的资助)以及教育制度的限制,凭着她不屈不挠的努力,终于获准进入医学院研读。由于她是班上唯一的女生,时常单独留在解剖室做实验,再加上家人的反对,沉重的压力,无人可倾诉。不过蒙台梭利却能愈挫愈勇,因而培养出异于常人的毅力,为她日后献身儿童教育,奠定了成功的基石。

蒙台梭利 26 岁获罗马大学医学博士学位,成为罗马大学和意大利的第一位女医学博士。随即在罗马大学附属医院任精神病临床助理医生,诊断和治疗身心缺陷儿童,开始对低能儿童的研究产生了兴趣。她深入研究和检验了伊他和塞贡的教育低能儿童的方法,在此期间,曾去巴黎和伦敦参观和访问有关低能儿童的教育机构。

她的主要著作有:《蒙台梭利方法》(1909)是对罗马第一所“儿童之家”教育实验和研究的全面总结。详细说明了感官动作及读、写、算的教育方法与教具,并且论述了自由教育的基本原理。《高级蒙台梭利方法》(1912)是《蒙台梭利方法》的续集,论述了如何将其教育原理和方法应用于 7—11 岁的儿童。《蒙台梭利手册》(1914)是关于幼儿发展教具的实用指南。《童年的秘密》(1936)揭示了幼儿之谜,说明 6 岁以前幼儿身心发展的规律及与之相适应的教育方法。《新世界的教育》(1946)是一本讲演集,论述了新教育的目的就是培养具有正常化人格的新人,来建设新世界,并且论述了教师在新教育中的地位和作用。《有吸收力的心理》(1949)是第二次世界大战期间在印度开设训练课程的讲演集,系统地论述了幼儿身心的发展。

蒙台梭利终生致力于智力缺陷儿童和正常儿童的研究与教育,并撰写了一批幼儿教育著作,开办了国际训练课程,对世界各国的幼儿教育产生了深远的影响,促进了现代幼儿教育的改革与发展,被誉为 20 世纪欧洲和世界最伟大的、科学的和进步的教育家之一。

二、作品的时代背景

1907 年 1 月 6 日,蒙台梭利应罗马优良建筑学会会长的邀请创办了“儿童之家”,意为“公寓中的学校”。这所学校招收 3—6 岁的儿童。由此,蒙台梭利开始了闻名世界的教育实验活动。她后来回忆道:“我感到一项伟大的工作即将开始,并且它会获得成功。”后来,在罗马和米兰又相继开办了一些“儿童之家”。在蒙台梭利的努力下,“儿童之家”的教育实验获得了成功,不仅使这些儿童的心智发生了很大的变化,而且在国内外产生了广泛的影响。《童年的秘密》一书于 1936 年 7 月在英国牛津召开第五次国际蒙台梭利协会会议之际出版,是蒙台梭利对幼儿之谜的探索和解答,记录了她在学前儿童方面的研究和教育工作,阐述了幼儿教育的原则和方法。

三、主要内容及思想主旨

《童年的秘密》主要探索了"幼儿之谜",解答了人们长久以来对孩子的疑惑。蒙台梭利认为,孩子只有生活在与自己年龄相适合的环境中时,他们才能正常地发育和成长,成年人的压抑使孩子透不过气,所以我们要对孩子宽容。《童年的秘密》是蒙台梭利对幼儿之谜的探索和解答,记录了她在学前儿童方面的研究和教育工作,阐述了其儿童教育原则和方法。

(一)家长要为儿童创造适宜发展的环境

蒙台梭利将环境分为社会环境和自然环境两部分,幼儿所接触的大部分是改造过的人工环境,即社会环境。社会环境又包括家庭环境、学校环境、社区环境等等。幼儿在最初的时期大部分时间主要是待在家庭环境中,家庭环境的适宜与不适宜对幼儿的成长有至关重要的影响。我们需要为儿童提供一个环境,这个环境需要使孩子想要自由自在地发展的需要得以满足。也只有在一个不受约束的环境中,孩子才能自然地发展他们的心理活动,把内心的秘密展现出来。因此,我们需要为儿童提供一个适合成长的家庭环境,并尽量减少有可能阻碍孩子成长发育的因素。

(二)家长要关注幼儿发展的敏感期

蒙台梭利将生物在其最初阶段所具有的一种特殊敏感性的某个时期称为敏感期。在《童年的秘密》中,蒙台梭利着重强调了幼儿心理的发展有各种"敏感期",这种"敏感期"是跟生长的现象密切相关的,并在相同的年龄阶段表现出一种特殊的敏感性。如果错过了幼儿发展的"敏感期",幼儿将来就算付出很大的代价也未必能达到同样的效果。"任何生物的幼体都具有一种特殊的敏感性,孩子也是如此。每一名孩子都有一种能够使他做出惊人之举的、生机勃勃的本能。如果我们没有保护好孩子的这种本能,孩子就会变得软弱、缺乏活力。作为成年人,我们不能够直接影响孩子的敏感期。然而,如果处在敏感期的孩子没有按照敏感期相应的指令行事,孩子就会失去这种力量,并且永远地失去。"

(三)家长要真正了解孩子

蒙台梭利认为一个儿童之所以不能正常地发育和成长,主要是因为受到了成年人的压抑。她提出,家长要把儿童当作独立的个体,运用正确的教育方法。她将对孩子的教育过程比喻成培育新品种花卉的过程,园艺家通过对花进行适宜的照管和处理,改变花的香味、色彩和其他自然特性。因此,家长的首要任务是发现孩子真正的本性,然后帮助他们正常发展。家长不了解儿童,结果就使成人处于与他们的不断冲突中。如若能认识到儿童的心灵具有与成人的心灵截然不同的特点,在与儿童交往的过程中,成人就会变得不再是以自我为中心了,结果就是能够理解儿童,从而不会无意识地"压抑儿童个性的发展"。

四、精彩片段选读

片段一

弗洛伊德在形容成年人的心理障碍时用了一个词——"压抑",从这个词上我们就能看出真正导致人们出现心理障碍的原因。

成年人其实是一个抽象的词汇。孩子本是与社会隔离开的,当他被身边的成年人,如爸爸、妈妈、老师等人所影响时,他就会在心理上出现一些成年人的特征。这时的孩子成了一种特殊的成年人,他们会出现与成年人相似的行为和举止,同时,他们也脱离了正常的成长发育路线。

成年人肩负着使孩子接受教育和帮助孩子发展的使命。我们一直认为,是我们在守护着我们的孩子,是我们一直在为满足孩子的物质需求而努力,然而,直到我们的思想达到了一定的深度,我们才恍然发现我们其实应该被控告,因为我们一直在做着伤害孩子的事情。可以说,几乎所有的成年人都应该被控告,因为我们都不可避免地身为孩子的父母、监护人,或与孩子最亲近的人。此外,这个社会也应该被控告,因为社会对孩子的成长也负有不可推脱的责任。我想,所有希望孩子能够获得应得利益的人都应该控告成年人所犯下的错误,并应该坚持这样做。

这一观点的提出令很多人震惊。我们仿佛听到了上帝在质问我们:"我把这些孩子托付给了你们,可你们又是怎么对待他们的?"面对上帝的质问,我们不禁感到畏惧。但我们是成年人,所以我们出于本能提出抗议,并为自己辩护道:"我们爱我们的孩子,我们已经为他们付出了很多。为了让他们生活得幸福,我们不计回报地付出,为他们贡献我们的时间和精力,难道这些都还不够吗?"

　　然而,我们在为自己辩护的同时,心里也会产生一丝犹豫。我们成年人虽然想要精心照顾孩子,也确实为孩子做了不少事情,但是不可否认,我们中的很多人仍然在如何教育孩子这个问题上徘徊不前,好像陷入了一个永远走不出去的迷宫之中。我们越是努力,就越感到无力。事实上,我们教育孩子时产生的无力感都是我们自己造成的。虽然我们并没有犯下见不得人的弥天大罪,也没有犯下让自己丢脸的低级错误,但我们却在无意之中对孩子犯了错。这一控告能够让我们更加深刻地了解我们自己,并促使我们不断进步。

　　面对自己所犯下的错误,人们的心里很矛盾。当人们有意识地犯下错误时,他们会为自己的错感到痛心,而当人们无意之中犯下错误时,他们则会对这份错既不承认,也不否认。其实,在这种无意识犯错的过程中,往往隐藏着能够让人们到达梦想彼岸的力量。我们只要克服这种无意识犯的错误,就能超越自己,梦想成真。

　　现在,想要不再用错误的方式对待孩子,使孩子们不再被冲突和危险的思想所折磨,我们就要进行一系列的变革。虽然成年人总是宣称自己为了孩子倾尽所有、竭尽全力。但事实上,我们正被无数的问题所困惑。想要解决这些问题,我们就必须跳出现有的圈子,接受变革,这样其他相关的问题也就能得到解决。

　　孩子的内心世界丰富多彩,我们对他们不甚了解,但又必须了解。我们应该用一种出海寻宝的心情来开发和探索孩子们的内心世界,因为这是我们必须做的事情。无论你身在哪个国家,属于哪一种族,拥有什么样的社会地位,你都应该参与到这一事件中来,因为只有这样,人类的精神文明才能够进步。

　　直到今天,成年人还是没有办法完全理解孩子,所以在成年人和孩子之间,仍存在着许多沟通方面的困难。并不是说,只要成年人提高自己的文化素养,掌握更多的知识,这些困难就能被解决,真正能够解决这些困难的方法只有反省。我们成年人必须认识到自己曾无意识犯下的过错,并准备纠正自己犯下的错,否则,我们就不能真正地理解孩子。

　　人会在看到药物时产生治病的联想,会在关节脱臼时产生让脱臼的部分能尽快复位的希望,这些都是人们心中自然而然产生的想法。和这些想法的产生一样,我们也会在意识到自己的过错后希望马上改正。特别是当一个人知道自己为什么会犯错后,他就再也无法忍受那种无名的痛苦。所以说,反省并没有我们想象中那么困难。只要我们能够认识到,我们曾对孩子投入了太少的关注,我们没有为他们做一些事,这些事并不是因为我们不能做,而是我们不想做。其实,当我们关注他们时,我们就能够走进孩子们的内心,并发现他们的内心世界中有着和成人世界完全不同的地方。

成年人在和孩子交往的过程中会变得自私自利,只在乎自己的想法和需求;成年人常常忽略孩子也有自己的想法,并认为,只要把孩子空无一物的内心填满东西,自己的任务就完成了;在成年人心中,孩子什么都不懂,也没有自行处事的能力,所以自己有必要为孩子做一切事情;成年人喜欢以自我为中心,并把自己的眼光和意识强加在孩子身上,结果产生了越来越多的误解;成年人认为自己是完美的;孩子的所有言行都要按照自己的设计进行。

成年人认为是自己创造了孩子,却没有想过自己的做法会压抑孩子的个性发展。如果成年人不改变以上这种对待孩子的方式,纵使他们认为自己已经做出了极大的牺牲,孩子也不会健康地成长。[1]

片段二

也许我可以用一个例子向你们解释这个观点。我曾遇到过一件很有趣的事情,一个刚刚1个月大的婴儿从来没有离开过自己出生的那座房子。有一天,保姆抱着这个婴儿在屋里散步,这时,婴儿的爸爸和叔叔同时出现在婴儿的面前。婴儿的爸爸和叔叔年龄相仿,身材也很相似,这让婴儿感到十分吃惊。他一看到爸爸和叔叔同时出现就感到害怕,并大哭起来。他的爸爸和叔叔知道我们的工作性质,于是请我们帮他们解决这一问题。我要求婴儿的爸爸和叔叔分别站在屋子里的两个位置,以确保这个婴儿不能同时看见他们两个人,他们照着我的话做了,一个站到了左边,另一个站到了右边。果然,这个婴儿把头转向其中的一个,盯着看了一会儿,然后笑了。

然而过了一会儿,婴儿的脸上呈现出一种忧郁的神色。他迅速地把头转到另一边,看着另一边的人。看了一会儿,他也对那个人笑了。婴儿重复地转动着头部,从左到右,再从右到左,随着头部的转动,他的脸上也交替出

---

[1] 蒙台梭利:《童年的秘密》,马荣根,译,人民教育出版社,2005年版,第32~33页。

现着喜悦和忧虑的表情。这样的动作重复了很多次后，婴儿终于意识到，原来屋子里有两个男人。之前，这个婴儿分别见过自己的爸爸和叔叔，但是因为这两个人并没有同时出现过，所以在婴儿的心里，这个屋子里只有一个和妈妈、保姆以及其他不一样的人。虽然爸爸和叔叔分别在不同的场合抱过他，和他说过话并一起玩过，但是很显然，这个婴儿还不能够把他们区分开来。于是，当爸爸和叔叔同时出现在自己面前时，这个婴儿就一下变得警觉起来。

婴儿能够在他周围混乱的环境中认出一个男人，然而当另一个男人出现在自己面前时，他就会觉得自己一开始弄错了。虽然这个婴儿只有1个月大，但他已经能够在具体化的过程中感觉到人类的理性并没有想象中的那么可靠。

如果这个婴儿的爸爸和叔叔没有意识到刚出生的孩子能够拥有心理生活，他们就不能在孩子获得更多意识的时候为他提供相应的帮助。

我们还可以从更大一点的孩子的生活中发现类似的证据。一个6个月大的孩子正在地板上玩一个绣有花和小孩子图案的枕头，他把鼻子凑到绣着的花跟前闻了闻，又在绣着的小孩子脸上亲了亲，这一幕刚好被照顾他的保姆看到了。保姆没有接受过专门的指导，自然也不明白这个孩子为什么这么做，只当成是这个孩子喜欢闻或亲吻看见的东西，于是她找来了许多东西放到这个孩子面前，对他说："来，闻闻这个，亲亲这个。"保姆的做法让孩子感到困惑。本来，这个孩子正在平静地、幸福地对周围的图案进行识别，并试图用记忆组织自己的思想，以实现心灵内部的构建，可是保姆打断了他所做的努力。他感到很混乱，而成年人却并没有意识到自己犯了一个大错误。

如果一个孩子在进行思考的时候突然被成年人打断，他构建心灵内部的艰难工作也就受到了阻碍。他的思绪被破坏了，心理发展也无法顺利地进行下去。而成年人总是认为自己在为孩子着想，一味地把孩子拉到床上，然后哄他们睡觉。殊不知成年人的这种无知行为很可能使孩子的基本需求受到压抑。

另一方面，我们有必要让孩子保留他们所获得的清晰印象。孩子只有在获得了清晰印象，并对这些印象进行区分时，他们的智力才能够得到发展。[1]

片段三

在父母的爱和孩子的单纯无知之间也持续着一场战争。这场战争并非是人们故意制造出来的，而是在无意之中进行的。

成年人认为，自己对于孩子进行限制是理所当然的，为此他们感到心安理得。在成年人眼里，孩子不应该到处乱走，他们必须老老实实地待在爸爸妈妈让自己待的地方；孩子不应该到处乱碰，因为周围的那些东西都不属于他们；孩子不应该大声说话，他们应该安安静静地坐在一旁；孩子应该在成年人规定好的时间里吃饭、睡觉和行动，如果爸爸妈妈让他们多躺一会儿，他们就不应该起床。这个发号施令的人对眼前的孩子没有丝毫的怜悯，仿佛这一切都是理所应当的事情。这样的人对孩子没有特殊的爱，一如那些懒惰的父母会为了让自己不用操心而命令孩子早一些上床睡觉一样。

谁会在让孩子睡觉的时候产生一丝犹豫呢？可是，如果一个孩子对这一命令表现出爽快的服从，那么他从本质上看应该不是一个"睡眠者"。每一个孩子都应该得到适当的，合理的睡眠，但他们必须能够区分什么样的睡眠才是适宜的，也应该区分出什么样的睡眠是人为强制的。强者在对弱者发号施令时，会在无意中对弱者进行暗示，从而向对方施加自己的意志。如果一个成年人强迫孩子睡觉，并尽可能地让孩子多睡一些时间，那么他就是在暗示孩子按着自己的意志做，虽然他可能并没有意识到这一点。

无论这个照顾孩子的人是孩子的爸爸妈妈或是保姆，无论这个人是否曾受过高等的教育，几乎所有的人都会联合起来强迫一个充满活力的孩子去睡觉。在富有的家庭中，成年人们经常强迫2岁、3岁或4岁的孩子接受过多的睡眠。而贫困家庭中的孩子相对幸运一点，因为他们的妈妈不会把他们当成厌烦的根源，所以会让他们到街上奔跑。我记得有一个7岁的小孩子曾告诉我他从来没有看见过星星，因为每当夜幕降临的时候，他的爸爸妈妈就会命令他上床睡觉。他对我说，他特别希望能够在夜晚的时候躺在山顶上，仰望天空中的星星。

---

〔1〕 蒙台梭利:《童年的秘密》，第65~67页。

我们应该清楚,我们只有努力地去理解孩子的需要,才能够让孩子在一个适宜他们发展的环境中得到满足,从而健康成长。我们应该开辟一个教育的新纪元,这样才能为人类带来真正的帮助。想要达到这一目标,我们首先要做的就是理解孩子的需要。我们要把孩子当成和我们一样的生物,而不是没有生命的物体,我们不应该随意支配我们年幼的孩子,也不应该在他们稍稍成长后对他们施加高压,让他们对我们唯命是从。我们必须确信,我们并不能对孩子的成长起到主要作用。我们必须努力了解孩子,这样才能在他们需要的时候给予他们最适当的帮助。全天下的妈妈和教育工作者都应该以了解孩子为主要目标和愿望。相对于成年人来说,孩子是弱者,想要让他们的个性得到自由发展,我们就要时刻控制自己,多听听孩子的心声,并把倾听当成自己的职责。[1]

片段四

成年人想要教会孩子如何去爱,并希望孩子能够按照自己教给孩子的方式爱身边的所有人,爱他们所在的环境和所有动物、植物。但是,这些成年人真的有资格去教孩子如何爱吗?成年人不理解孩子,忽略孩子的正当需要,并把孩子的正常表现当成任性,把孩子的内心表达当成发脾气,只想避免孩子干扰自己的生活。这样的成年人难道能够把正确的爱的方式传达给孩子吗?不能。因为这些人不具备我们所说的"爱的智慧"的触感性。

事实上,孩子一直爱着成年人。他们需要有成年人的陪伴,需要自己爱的人能和自己在一起。他们希望周围的人能对他们产生注意,看着他们,并和他们在一起。

孩子会在爸爸妈妈准备去睡觉时向爸爸妈妈呼喊,因为孩子爱着自己的爸爸妈妈,不希望他们离开自己。一个还不能吃饭的孩子会在看到妈妈去吃饭时哭着吵着要和妈妈一起去,他并不是为了能和妈妈吃一样的东西才这样做的,他只想时时刻刻和妈妈待在一起。孩子用他们的方式向我们这些成年人表达着爱,可是我们却往往意识不到孩子对我们的爱有多么强烈。

我们应该记住,我们的孩子只会在他们的幼年时期才会如此地爱我们,

---

[1] 蒙台梭利:《童年的秘密》,第78~81页。

等他们长大了,这种爱就会消失。等到那时候,还会有什么人像现在的这个孩子一样爱我们吗?还会有人在睡觉前缠着我们不肯让我们离开,并深情地邀请我们和他们待在一起吗?还会有人仅仅为了能够看到我们而黏在我们的身边吗?不会了。等到这些孩子长大了,他们就会在晚上习惯性地对我们说声"晚安",然后回到自己的房间睡觉。我们现在设下的防备到那时就都派不上用场了,因为这份爱一旦消失,就不会再出现。

我们曾有机会享受孩子对我们的爱,可是看看我们都做了什么呢?我们不想接受这份爱,并在自己的四周设下了重重防备。面对孩子的纠缠,"没时间"、"我忙"成了我们最习惯挂在嘴边上的词语。在我们的意识深处有着这样一种想法:"我必须改变这个孩子。因为如果我不这样做,我就会一辈子成为他的奴隶。我可不想这样。"为了摆脱孩子,为了能够有时间做我们自己喜欢的事,我们做了很多的努力。

对于很多的爸爸妈妈来说,没有什么事比孩子在一大早跑进自己的房间更让人头疼了。这些爸爸妈妈在感到头疼的同时,并没有意识到这是孩子对自己爱的表现。除了爱,还有什么力量能够促使孩子一睁开眼,就想要穿过挂着厚重窗帘的黑暗的房间,去寻找自己的爸爸妈妈呢?天亮了,孩子从床上爬起来,蹑手蹑脚地走到爸爸妈妈的身边。爸爸妈妈还在熟睡。孩子趴在爸爸妈妈的床边,静静地看着这两个自己深爱的人。有时,孩子会忍不住伸出小手碰一碰爸爸妈妈的脸,或是亲一下他们,结果这个小小的动作把爸爸妈妈弄醒了。于是,爸爸妈妈很生气,他们认为孩子不听话,并向孩子抱怨道:"和你说过多少次了,不要一大清早把我们弄醒。"孩子会这样对爸爸妈妈解释:"我没有叫醒你们,我只是想亲你们一下。"其实孩子心里想的是:"我并不想打扰你们睡觉,我来只是想让你们有一个更好的精神。"

的确,孩子的爱能够唤醒我们的精神。我们已经对这个世界麻木了,我们不再富有生机和活力,我们需要有一个人带我们脱离这浑浑噩噩的生活。这时,唯一能够把我们从麻木中唤醒的人就只有我们的孩子。如果没有孩子,成年人会变越来越颓废,成年人的心也会生出一层厚厚的茧来。成年人会变得不求上进、冷漠无情、麻木不仁。所以,我们应该学会更好地生活,我们应该为能够接收到孩子的爱抚而感到荣幸。[1]

---

〔1〕 蒙台梭利:《童年的秘密》,第 115～118 页。

五、评价

《童年的秘密》初版发行迄今已经八十余年,是一部风靡全球的幼儿教育名著,对幼儿之谜进行了十分有益的探索和解答。通过蒙台梭利对幼儿之谜的探索和解答,记录了她在学前儿童方面的研究和教育工作,阐述了幼儿教育的原则和方法。父母和教师可以清楚地领会到:童年是人类生存的根基,只有发现和解放儿童,我们才能拥有更好的未来。儿童是自己的创造者。每个儿童都拥有成人不可思议的智力、细致敏锐的感知力和极强的纪律性,这些能力只存在于特定的年龄段,随着孩子的日渐成长转瞬即逝。正因为如此,父母和教师必须努力去了解尚未被自己认识的儿童,并把他从所有的障碍物中解放出来。可以相信,所有的父母和教师能从本书的许多具体事例和理论阐述中得到启迪。更值得注意的是,蒙台梭利在书中所列举的许多例子,在我们的现实生活中也都可以得到印证。在这本书里,蒙台梭利以医生、人类学家、教育家的身份告诉我们,如何善待童年,培养自主、强大、智慧的生命。

第三十六章　马卡连柯《家庭和儿童教育》

一、作者简介及代表作

马卡连柯(1888—1939)，苏联著名教育革新家、教育理论家、教育实践家和作家。马卡连柯出生在铁路工人家庭，1914年，他进入波尔塔瓦师范专科学校学习。1917年毕业时，他以优异的成绩获得了金质奖章，同年9月，被任命为克留可夫高级小学校长。1920年10月，马卡连柯被委派组织一所"少年违法者工学团"(后改名为高尔基工学团)，这是一所管理流浪儿和违法青少年的特殊教育机构。他在那里工作了8年，并于1925年起开始创作《教育诗》。1928年，他又接任了相同性质的捷尔任斯基公社的领导工作，也工作了8年，并写出了名著《塔上旗》。1928至1935年组织领导同一性质的"捷尔任斯基儿童劳动公社"，提出通过集体生产劳动来教育儿童以及在集体中进行教育的原则和方法，经过积极探索、大胆尝试和艰苦工作，把数千名少年违法者教育改造成社会主义建设人才。在高尔基工学团和捷尔任斯基公社总共16年的教育实践中，马卡连柯把3000多名流浪儿和违法青少年改造成为对社会有用的人才，引起了国内外广泛的关注。1935年以后，他主要进行教育理论的总结、研究与宣传工作。一生著述颇多，有一百多本(篇)，数百万字。1939年1月，苏联政府授予他"劳动红旗勋章"，同年4月1日，因长期劳累过度，突发心脏病去世，年仅51岁。

二、作品的时代背景

1905年，17岁的马卡连柯就开始了自己的教师生涯，从此在繁重的教育实践活动和紧张的教育理论探索中度过了自己短暂而光辉的一生。沙俄及苏俄时期在铁路小学的教育工作，使他一方面积累了教育、教学经验，在教学实践中与学生家长建立了密切联系，另一方面又奠定了比较扎实的文化科学、哲学、心理学与教育学的知识基础。十月革命的胜利既对他提出了新的要求，又为他施展抱负创造了客观的物质前提，提供了新的思想基础。他的教育思想体系在十月革命后逐渐形成。他的教育理论著作是他开创的社会主义教育实践的概括和升华,他的文学创作以生动的艺术形象和丰富的事实反映了他为之付出毕生精力的教育实践活动和理论探索,生动地体现了他的教育理想。马卡连柯在后期很关注儿童的家庭教育问题。家庭教育方面的著作有《父母必读》《儿童教育讲座》等以及许多教育论文。关于家庭教育问题,马卡连柯另有几篇重要讲话也被收编进《家庭和儿童教育》中。它们是:1938 年 5 月 9 日在莫斯科一家机器制造厂举行的《父母必读》读者座谈会上的发言《关于〈父母必读〉》;1938 年 7 月 22 日在《女社会活动家》杂志编辑部所作的讲话《家庭和儿童教育》;1939 年 2 月 8 日在伏龙芝地区教师之家会见教师时所作的报告《家庭和学校中的儿童教育》。

三、主要内容及思想主旨

该书共包含四个方面的内容:《儿童教育讲座》《关于〈父母必读〉》《家庭和儿童教育》《家庭和学校中的儿童教育》。其中,《儿童教育讲座》包含八讲的内容,分别是:第一讲,《家庭教育的一般条件》;第二讲,《家长的威信》;第三讲,《游戏》;第四讲,《纪律》;第五讲,《家庭经济》;第六讲,《劳动教育》;第七讲,《性教育》;第八讲,《文化修养的培养》。

(一)提倡家庭中的集体主义教育

集体主义教育观是马卡连柯教育思想体系的基础和核心,在儿童的家庭教育问题上,马卡连柯同样强调了集体主义教育的重要性。马卡连柯强调,家长必须从孩子幼年起,在孩子的一举一动中,在孩子的游戏中培养他集体生活的习惯,不可让孩子成为"利己主义者"。

同时,马卡连柯还指出,家长作为家庭集体的领导成员,必须以身作则,这是首要的和最主要的教育方法。"父母对自己的要求,父母对自己家庭的尊重,父母对自己的一举一动的检点——这就是首要的和最主要的教育方法!"[1]家庭教育工作的实质不在于家长对孩子的直接影响,而在于家长是如何组织自己的家庭、自己的个人生活和社会生活,如何组织孩子的生活。

---

〔1〕 马卡连柯:《家庭和儿童教育》,丽娃,译,上海人民出版社,2011 年版,第 9页。

（二）重视家长威信的树立

马卡连柯对家长的威信进行了专题探讨。他认为，没有威信就不可能进行教育。在孩子的心目中父母应该具有威信。有些家长错误地认为，家长的威信是天赋的，孩子听话就说明家长有威信，认为威信是一种特殊的天才。于是，家长为了竭尽全力让孩子去听他们的话，将威信建立在了错误的基础上。在《家庭和儿童教育》中，马卡连柯列举了几种建立在错误基础上的威信（以高压获得的威信、以疏远获得的威信、以妄自尊大获得的威信、以迂腐获得的威信……）。必须区别真正的威信和虚假的威信，马卡连柯指出，真正的威信应该是以了解、以帮助、以责任心获得的威信。

（三）强调家长要重视早期教育

马卡连柯强调了早期教育的重要性，他认为："孩子将成为怎样的人，主要取决于家长在他童年早期把他造就成什么样子。如果孩子在童年早期没有得到应有的教育，那么以后就不得不进行再教育。""这种再教育工作，并非每个家长都能做到。再教育工作需要花费更多的精力，需要有更多的知识，更大的耐心，并非每个家长都能做到这一切。"因此，马卡连柯忠告每位家长"要始终做好教育工作，力争将来不必再做任何改造工作，力争在一开始就把一切都做对"。[1]

（四）善于把握教育中的尺度和分寸

马卡连柯强调教育的理智体现在善于掌握尺度与分寸。一方面，家长本人要善于掌握尺度与分寸；另一方面，要从小培养孩子学会掌握尺度与分寸。对孩子的爱"需要有尺度，有分寸"。爱，是人类最伟大的情感，但是，爱超过了限度就成了溺爱，成为"造就拙劣的人"的原因。家长要善于掌握对孩子的慈爱与严厉的尺度；在干预孩子的生活的程度上，家长既要放手，给予孩子必要的自由，但这种自由又必须有一定的限度。

（五）合理制定教育中的制度

马卡连柯认为，纪律是教育的结果，而制度是教育的手段。他指出，特别要求家长永远记住这样一条重要原理："纪律不是靠某些个别的'惩戒'措施形成的，而是由整个教育体系、全部生活环境、儿童受到的所有影响造就

---

〔1〕 马卡连柯：《家庭和儿童教育》，第3页。

的。"家长在制定家庭的生活制度时首先要考虑制度的合理性和目的性,还必须具有确定性。马卡连柯提醒家长们注意,"没有正确的制度,惩罚本身不能带来任何好处。而如果有了好的制度,即使没有惩罚也能如鱼得水,只是需要更多的耐心"。[1]

马卡连柯在自己的关于家庭教育的论著中,还对儿童的游戏、家庭经济教育、儿童的劳动教育、性教育和文化修养的培养等重要问题,都进行了深入的分析,提出了独到见解。这些独到的见解在今天仍具有重要的指导意义。

四、精彩片段选读

片段一

儿童的教育,是我们生活中最重要的一个方面。我们的孩子,是我们国家未来的公民,也是世界未来的公民。他们将创造历史。我们的孩子,是未来的父亲和母亲,他们也将成为自己的孩子的教育者。我们的孩子应该成长为优秀的公民,出色的父亲和母亲。但这还不是全部:我们的孩子——还是我们的晚年。正确的教育——这是我们幸福的晚年;而不好的教育——这将是我们的痛苦,将是我们的泪水,这是我们对其他人,对整个国家犯下的罪过。亲爱的家长们,首先你们应该永远牢记这件事情的重要性,牢记你们对此所承担的重大责任。[2]

片段二

家长的威信来自哪里呢? 怎样才能形成这种威信? 那些"不听话"的孩子家长往往认为威信是天赋的,这是一种特殊的天才。如果不具备这种天才,那就什么也办不了,只能去羡慕那些有这种天才的人。这些家长想错了。在每个家庭中都可以 立威信,这根本不是一件很困难的事。

遗憾的是,有些家长把这种威信建立在错误的基础上。他们竭尽全力去让孩子听他们的话,这就是他们的目的。而实际上这是个错误。威信和

---

〔1〕　马卡连柯:《家庭和儿童教育》,第37页。
〔2〕　同上书,第18～19页。

听话不可以作为目的,目的只有一个,那就是正确的教育。只应该去追求这个唯一的目的。让孩子听话可能仅仅是达到这个目的的途径之一。那些家长恰恰不考虑教育的真正目的,而是为了达到听话的目的去得到让孩子听话的结果。如果孩子听话,家长的日子就过得安宁一些。而这安宁本身就是他们的真正目的。事实上无论是安宁还是听话,都不能保持长久。建立在错误基础上的威信只能在很短的时间内起作用,很快一切就土崩瓦解,既没有威信,也没有听话。常常也有这样的家长,他们取得了让孩子听话的结果,而因此忽视了教育的其他所有目的:确实培养出了听话的孩子,然而是一个懦弱的孩子。[1]

片段三

每个父亲和每个母亲都应该很好地知道,自己究竟想把孩子培养成什么样的人。应该清楚地了解自己作为家长的愿望。您是想培养真正的苏维埃国家的公民,培养有知识的、有毅力的、诚实的、忠于自己的人民和革命事业的、热爱劳动的、朝气蓬勃的、有礼貌的人?或者您想把您的孩子培养成庸人,成为贪婪的、怯懦的、有点狡诈而浅薄的投机者?请下点功夫好好想一想这个问题,哪怕是暗暗地思考,您也会马上发现您犯过的许多错误,发现前面有许多正确的道路。[2]

片段四

父母对自己的要求,父母对自己家庭的尊重,父母对自己的一举一动的检点——这就是首要的和最主要的教育方法!

然而有时候会遇到这样的家长,他们认为只要找到某种最灵验的教育儿童的方法,于是就万事大吉了。按照他们的意见,如果把这个方法交给一个最懒的懒汉,他借助于这个方法也能培养出勤劳的人;如果把这个方法交给一个骗子,这个方法将帮助骗子培养出一个诚实的公民;这个方法到了说谎者手中也会出现奇迹,儿童会成长为正直的人。

这样的奇迹是不会有的。如果教育者自己的个性中存在着严重的缺

---

〔1〕 马卡连柯:《家庭和儿童教育》,第14~15页。
〔2〕 同上书,第25~26页。

点,任何方法都帮助不了他。

因此必须重视这些缺点。至于灵丹妙药,那么应该永远牢记,教育上的灵丹妙药是根本不存在的。遗憾的是有时仍能遇到那些相信灵丹妙药的人。一些人想出了特殊的惩罚,另一些人想采用某些奖励,第三种人在家里竭尽全力用扮演丑角的方法来逗乐孩子,第四种人用许诺来收买孩子。

教育儿童需要的是最严肃的、最朴实的、最真诚的态度。这三种品质应包含您的生活的最高真谛。夹杂些微的虚伪、做作。嘲讽、轻率,都注定会使教育工作失败。这决不意味着您应该整天紧绷着脸、端着架子。只需要您成为真诚的人,让您的情绪适合您家中正在发生的事情的时刻和实质。

所谓的灵丹妙药会妨碍人们去认识自己面临的任务,灵丹妙药起初让家长们开心,随后就浪费他们的时间。然而有许多家长是多么喜欢抱怨时间不够啊!

家长能经常与孩子们在一起当然就更好;如果家长根本看不到孩子那就很不好。但是还是有必要说明,正确的教育并不要求家长寸步不离自己的孩子。这样的教育只能给孩子带来危害,会助长孩子性格中的消极性。这样的孩子过分习惯成人的社会,他们在精神上的成长也太快。家长喜欢为此而洋洋自得,但以后就会知道自己犯了错误。

您应该很好地知道,您的孩子在做什么,他在哪里,他周围有些什么人;但您也应该给他必要的自由,使他不仅处于您个人的影响之下,还处于生活的丰富多彩的多种影响之下。同时,您不要认为您应该小心翼翼地把您的孩子与消极的影响或甚至敌对的影响隔绝开来。要知道,在生活中儿童总归要接触到各种各样的诱惑,接触到异己的人和有害的人和情况。您应该培养儿童对这样的人和事进行分析和与之斗争的能力,及时认识他(它)们的能力。在温室中进行教育,长期生活在与人隔绝的环境中,是培养不出这种能力的。因此,让您的孩子们接触各种各样的环境当然是完全应该的,但任何时候都不可以放任不管。

对儿童必须给以及时的帮助,及时的制止,及时的指导。因此需要您做的仅仅是经常地修正儿童的生活,而根本不是所谓的那样牵着孩子的手。关于这个问题以后我们还将更详细地说到,现在我们之所以谈到它只是因为谈到了时间问题。教育并不需要花费很多时间,而需要合理地利用少量的时间。我再重复一遍:随时都在进行着教育,即使您不在家时。

教育工作的实质根本不在于您与孩子的谈话,也不在于您对孩子的直接影响,而在于组织您的家庭、您的个人生活和社会生活,在于组织孩子的生活,关于这一点大概您自己也已猜到了。教育工作首先是组织者的工作,因此在这项工作中是没有小事的。您没有权利把任何事称作小事并将它置诸脑后。您把您的生活中,或您的孩子的生活中的某种东西看作是大事,并把您的注意力全部集中在这样的大事上,而把其他所有的事全都弃之一旁,这将是一个可怕的错误。在教育工作中是没有小事情的。您在小姑娘的头发上打一个什么样的蝴蝶结,这样或那样的帽子,某一种玩具——所有这些都是在儿童的生活中具有最重大意义的东西。好的组织工作就是不忽略最细小的细节和小事。琐碎的小事每天、每时、每刻都在经常地起着作用,生活就是由无数的小事组成的。指导这种生活,组织这种生活,这将是您的最重要的任务。[1]

片段五

首先请你们注意我下面要说的这一点:正确地、规范地教育孩子比对孩子进行再教育要容易得多。从童年早期就开始正确地进行教育——这根本不像许多人以为的那样困难。就其难度而言,这是每个人,每个父亲和每个母亲都力所能及的事情。每个人都能够不费力地教育好自己的孩子,只要他确实愿意这样做,更何况这是一件愉快的、愉悦的、幸福的事情。而再教育则完全是另一回事。如果您的孩子没有得到正确的教育,如果您有点疏忽了,对他关心不够,其实常常是出于偷懒,对孩子不管不顾,那时候就必须对许多东西进行改造和矫正。而这种矫正工作,再教育工作,就不是那么容易的事情了。再教育工作需要花费更多的精力,需要有更多的知识,更大的耐心,并非每个家长都能做到这一切。

常常有这样的情况,即家庭再也没有能力去应付再教育工作中遇到的困难,不得不把儿子或女儿打发到工学团去。然而工学团往往也无能为力,于是他们将成为品行不十分端正的人进入社会。即使有改造奏效的情况,这个人走进了生活,参加了工作。但是任何人都不愿计算一下,已造成的损失究竟有多大。如果这个人从一开始就受到正确的教育,他从生活中获取的东西就会更多,他就能成为更有力量的人、更有教养的人,而这就意味着

---

〔1〕　马卡连柯:《家庭和儿童教育》,第9~11页。

他将成为更幸福的人。不仅如此,再教育和改造这项工作非但更困难,而且是痛苦的。这样的工作即使取得了圆满的成功,也经常会使家长忧伤,损伤他们的神经,往往会扭曲家长的性格。

关于这一点,忠告家长们永远牢记在心,希望家长们要始终做好教育工作,力争将来不必再做任何改造工作,力争从一开始就把一切都做对。[1]

五、评价

在研究家庭教育问题的过程中,在帮助不少家庭进行儿童教育工作的过程中,马卡连柯积累了大量的素材和经验,这些素材都成为这部《家庭和儿童教育》的材料来源。作为马卡连柯家庭教育思想的集中体现,《家庭和儿童教育》一书收录了马卡连柯的关于儿童教育的多篇重要讲话和文章。

在《家庭和儿童教育》中,马卡连柯系统阐述了家庭教育的基本问题和原则。他关于家庭中的集体主义教育、家长的威信、纪律和制度等家庭教育思想对于指导家长和教师怎样正确地教育儿童具有重要的价值。

---

〔1〕 马卡连柯:《家庭和儿童教育》,第 19~20 页。

第三十七章　苏霍姆林斯基《给父母的建议》

一、作者简介及代表作

苏霍姆林斯基(1918—1970),苏联著名教育实践家和教育理论家。苏霍姆林斯基出生在乌克兰的一个农民家庭,17 岁时开始了自己的教师生涯,在国内外享有盛誉。苏霍姆林斯基一生短暂,但他却持之以恒地探索和孜孜不倦地写作,奇迹般地写出了 40 部专著、600 多篇论文、约 1200 篇儿童小故事。苏霍姆林斯基的全部著作都是面向教师、教育家、父母和自己孩子们的。他把自己的思维、思索、建议和见解全部倾注在了他的著作当中,即怎样培养"真正的人"。教师和父母应当历经何等艰难之路,才能使孩子成长为好学上进、聪颖、心地善良而高尚的人和好公民。苏霍姆林斯基的作品在乌克兰国内人人皆知,而且在国外许多国家也被广为出版。如众所周知的《公民的诞生》《给女儿的信》《给教师的一百条建议》《把心灵献给儿童》等。

二、作品的时代背景

《给父母的建议》是苏联当代教育家苏霍姆林斯基专门为家长和从事教育工作的人员所写的经典著作,收集的是苏霍姆林斯基关于家庭教育的著述。苏霍姆林斯基 1939 年起任中学语文教师,除了卫国战争时期的一年多时间,他始终没有脱离中小学的实际工作。在从事学校实际工作的同时,他进行了一系列教育理论问题的研究。《给父母的建议》就是苏霍姆林斯基长期研究的结果。

三、主要内容及思想主旨

《给父母的建议》是苏霍姆林斯基关于家庭教育的专著,他认为"没有什么比父母教育孩子更加需要智慧的了,我一生都在努力探求这种智慧"。这本书就是他长期探求的结果,这是一本精辟、生动的"家庭教育学"。这是一本关于家庭、如何去做父母的书。在这本书里,作者通过与家长、儿女及所有读者的倾心交谈,来告诉我们该如何为教育子女做好精神、道德的准备;告诉我们教育孩子是一种需要付出全部精力的崇高事业;告诉我们如何教育和爱孩子才能使他真正的幸福。

全书共分为家长教育学、睿智父母、给儿子的信和给女儿的信四个部分。在这本著作中,主要的家庭教育的思想及观点体现如下。

(一)重视家庭教育的作用

苏霍姆林斯基强调要重视家庭教育的作用,他认为家庭教育对孩子的童年期发展起着至关重要的作用,是家长对社会教育事业的精神力量奉献,也是学校教育和社会教育的基石与纽带。在他看来,没有孤立的学校教育。他把家庭教育比作树木的根须,供养着学校教育这棵大树的树干和枝叶。他坚信"家庭是滔滔大海上神奇的浪花,从这一朵朵浪花上能够飞溅出美好。如果家庭没有孕育人世间美好事物的神奇力量,学校所能做的,就永远只能是再教育了"。因此,苏霍姆林斯基深有感慨地说,"学校教育的成果是建立在良好的家庭道德的基础上的"。[1]

(二)提升家长的教育素养

苏霍姆林斯基始终强调家长在儿童成长过程中扮演重要角色,而现实生活中由于家长缺乏必要的教育素养,并不是所有的父母都会教育孩子,造成大批的儿童得不到应有的发展,这是令人非常痛心的事。对此,苏霍姆林斯基提出通过定期召开家长会,以及平日在学校或者家庭与家长交谈的方式做家长工作,通过举办家长会,学校对家长进行系统的、科学的、有针对性的教育培训,提高家长的教育素养,使家庭教育与学校教育有机结合起来,共同促进儿童的健康成长。

(三)遵循"严慈相济"的教育原则

严慈相济,严格与关爱相结合的原则。苏霍姆林斯基指出,父母爱孩子就是为了使我们子女长大成为真正的人,父母要通过爱去点燃孩子们幼小心灵中的"永不熄灭"的火花,使"父母给予子女的细小的金砂变成造福于人民的黄金富矿"。他反复强调家长必须有"明智的父母之爱",做到热情关怀和严格要求、爱抚和严厉和谐。他认为没有明智的家庭教育的地方,父母对

---

〔1〕　苏霍姆林斯基:《给父母的建议》,罗亦超,译,长江文艺出版社,2017年版,第7页。

孩子的爱只能使其畸形发展。这是一种"变态的"父母之爱,其表现形式有三种,首先是"娇宠放纵的爱",对孩子如偶像似的百般宠爱,这种爱使孩子的心灵受到腐蚀;其次是"独断专横的爱",这是一种缺乏理智的父母之爱,把明智的父母权威变成专断强横的任意胡为,挫伤孩子们要做好孩子的心愿;最后是"赎买式的爱",父母用保证孩子们的全部物质需求来赎买父母应尽的责任,代替父母的义务,这样,势必导致孩子的精神空虚和思想贫乏。

(四)重视劳动教育

苏霍姆林斯基十分重视劳动锻炼,他提出劳动锻炼应成为家庭教育中一个重要组成部分,从小培养孩子的劳动义务感。他提出"懒惰、无所事事、不劳而获、残忍、冷漠,这些恶习的纤细娇嫩的根须就是这样滋生出米的。渐渐地,孩子的精神越来越空虚。这些在童年、少年时期各种需要被轻易满足的年轻人,刚一迈上独立劳动的道路就对生活失去了信心"。因此,要从劳动教育入手培养孩子的义务感。苏霍姆林斯基认为,家庭教育不仅要教给孩子知识、技能,更要重视孩子的精神世界,使得孩子能够实现全面和谐地发展。

四、精彩片段选读

片段一

父亲、母亲们,让我们仔细想一想这些话语吧——孩子是我们心中分出的一部分。人是创造者,对他们来说,没有什么比做父亲或母亲更高尚、更伟大的了。与你骨肉相连的婴儿开始呼吸,慢慢地睁开眼睛,看着世界;从这一刻起,你就把巨大的责任放在了自己的肩上。你看孩子的每一个瞬间,你也在看你自己;你教育孩子,你也在教育你自己,在检验自己的人格。

世界上的职业、专业有几十,几百种:有人修路,有人盖房,有人种地,有人行医,还有人在纺纱织布……但是有一种最包罗万象、最复杂、最高尚的工作,所有的人都在做,但在每个家庭又各有特色,绝不雷同——这就是造就人。

这项工作的特点是,人在其中可以寻找到无可比拟的幸福。父亲、母亲在延续人类的同时,也在儿童身上复制着自己。这种复制行为的自觉程度,取决于父母对人类、对孩子未来的道德责任感。我们把这种复制称作教育,它的每一个瞬间都在创造未来,都在为着未来。

在这项工作中,社会教育和家庭内父母个人的教育不可分割地交织在了一起。我认为,人类幸福的和谐就在于社会教育和家庭教育的有机融合。

如果您想身后给社会留下点什么,那也不是非做著名作家、学者、宇宙飞船的发明者、元素周期表上新元素的发现人不可。教育好自己的孩子,把他们培养成好公民、好劳动者、好的儿子女儿和好的父母,也同样能向社会证实您的价值。[1]

片段二

无论我们的学前教育机构有多么出色,母亲和父亲仍然是培养幼儿智慧和思想的最主要的"行家"。儿童在与父母、家人的相处中走进长辈成熟和智慧的世界,家庭生活是儿童思维的基础,父母、家人的这种作用是任何人都无法替代的。学者们在托儿所,幼儿园的观察证明:同一年龄(例如3—4岁)的幼儿,如果长期只有孩子之间的交往而没有年长者个人的精神影响,他们的思维发展就会迟缓。只有每天都能和母亲、父亲、奶奶、爷爷、哥哥、姐姐接触的环境,才是适合儿童思维发展的环境。当然,我并不因此而否认学前教育机构对幼儿的巨大影响,但是不能把为儿童全面发展,包括智慧发展操心的责任完全推给它们。

公民的首要社会职责是教育年轻一代。在我们这个时代,全体居民,特别是父母的教育学修养,已经成为影响公民履行这个职责的重要因素。因此,必须提高家长的教育学素养,特别是影响儿童思维全面发展的那些方面的素养。在我们学校,孩子还没有上学的父母也参加"家长学校"的学习。我们全体教师都坚信,对于教师和家长来说,很难找到比帮助儿童形成和发展思维更为重要的事情了。确实是这样。比方说,一个孩子入学时很机灵,观察力敏锐,悟性高,记忆力也好;而另一个孩子,却思维缓慢,理解力和记性都差。原因在哪里呢?我们要帮助家长提高修养,找到答案。讲座是提高家长教育学修养的主要形式。家长学校的每一次讲座都结合生动和令人信服的范例讲解一个专题,例如儿童的解剖生理特点,儿童的神经系统,儿

---

〔1〕 苏霍姆林斯基:《给父母的建议》,第11~12页。

童的身心发展,儿童的精神世界,等等。[1]

片段三

教育孩子需要付出特殊的力量,这就是精神力量。我们用爱——父母之间的爱,用对人的尊严和人性美的执着信念去塑造人。出色的孩子,总是生长在父母彼此真诚相爱中,也真诚热爱,尊重别人的家庭。这些人家的孩子我一眼就能辨认出来。这些孩子心境平和,心灵健康,听从教导,真心相信人世的美好。语言教诲和美的熏陶这些影响人心灵的教育手段对他们很起作用。

检查一下自己,年轻人,问问自己:你爱别人吗?你能为他们献出自己的精神力量吗?如果不能,家庭教育学就是一纸空文。要记住,孩子最先是从你对妻子真诚的爱中受到教育的。而真正的爱,就要付出,要投入,要把另一个人看作是你要为之谋幸福的许多人中的一个。一个好的丈夫用爱为自己的家庭创造幸福。就像太阳的光和热能使玫瑰盛开一样,父亲的爱也能使孩子的品德变得高尚。[2]

片段四

我们注意到,在许多家庭,是孩子的愿望在支配着家庭生活。父母用尽心思呵护孩子,给他们遮风挡雨,不让他们经受任何的忧伤、悲愁和痛苦,而这正是许多不幸的根源。使我吃惊的是,很多已经七岁的孩子,居然不知道人在生活中常常会遇到不幸的事情。

一个六岁的小女孩与老奶奶——我的女邻居的母亲很亲近。她常常拿着苹果和核桃去她家,这时老奶奶就坐下给她讲故事(听奶奶讲故事是使孩子迷恋、向往的事情,可惜它在许多家庭已经不见了踪影)。但是奶奶突然感到自己大限已至,活不了几天了,于是妈妈就打发小女孩到邻村亲戚家住了一个月,为的是不让孩子面对亲人的死亡。孩子回来了,立刻跑到邻居家:"奶奶呢,奶奶在哪里?妈妈,您一定要告诉我,达里娅奶奶到什么地方去了?""奶奶不见了,你长大就知道了……"你瞧,一些家长害怕孩子情感经

---

〔1〕 苏霍姆林斯基:《给父母的建议》,第50~51页。
〔2〕 同上书,第15~16页。

受刺激竟然到了这种地步。

此外,我也要坦率地说,这些家庭千方百计满足孩子的所有愿望、使他变得越来越任性,最终结果是使孩子失去真正的幸福。这些孩子之所以不幸,是因为过分的满足把他们撑坏了。用现成食物喂养大的孩子丧失了正确认识世界的能力,这就意味着失去了真正的人的幸福。幸福不能像财产那样转让和继承。企图像传递姓氏一样把幸福传递给孩子,只能养出恶棍和懒汉,他们会像吸血虫一样吸尽父母的血汗。

教育者——父母和教师的真正智慧,在于善于引导孩子追求真正的幸福。童年的幸福像能暖和身子,给人可口食品的炉火,但是,有时炉火也能毁掉一切,酿出大祸。这完全取决于您,亲爱的家长,怎样去控制炉灶的火焰。教育者的全部智慧就在于做一个称职的司炉工。我可以完全负责地说,酗酒,胡闹,犯罪等社会祸害,就是从看似无害的小事——懒惰、闲散发展起来的。

从睁开眼睛认识世界,认识自己的那一刻起,儿童就有了自己的需要。需要引起愿望,并且激励人为满足愿望而行动。需要是人生活的原动力。教育的全部实质就在于使个人的意愿与集体、社会、人民、祖国的利益协调起来,从孩子开始懂事时起,就要让他逐渐明白这个道理。不断提高孩子个人意愿的文明程度,是家庭和学校教育的重要任务。我们的家长学校努力说服学生家长,使他们相信,给孩子幸福,首先就要使孩子的愿望合理,既符合社会道德规范,又是生活中可以实现的。能够使愿望变得文明的力量在哪里?怎样才能使后代子孙不再奉行想怎么干就怎么干的生活原则?只有劳动,劳动是能使人的愿望变得文明,使我们的孩子不再为所欲为的强大的教育力量。遗憾的是,游手好闲、好吃懒做的作风甚至渗透到了似乎不可能造就懒汉的农村生活。[1]

片段五

孩子从哭叫着向世人宣告自己降临时起,他就有了自己的行为和举动。他渐渐张大眼睛,用心灵和智慧去认识世界。他看着母亲,向她微笑,他的第一个模糊的思想(如果能称之为思想的话),就是以为母亲、然后就是父

---

〔1〕　苏霍姆林斯基:《给父母的建议》,第 159～161 页。

亲,是为了让他快活、让他幸福而存在的。孩子学会了站立,高兴地看见了朵朵鲜花和在鲜花丛中飞舞的蝴蝶,看见了色彩鲜艳的玩具,爸爸也好,妈妈也好,只要他这个儿子开心,他们也就开心……越往后,这个规律就越起作用;如果孩子的行为、举动、兴趣只受自己需要的支配,继续下去,孩子就会畸形发展。他对生活的要求会越来越高,甚至不合常理,而对自己,却几乎没有任何的约束。

懒惰、无所事事、不劳而获、残忍、冷漠,这些恶习的纤细娇嫩的根须就是这样滋生出来的。渐渐地,孩子的精神越来越空虚。这些在童年、少年时期各种需要被轻易满足的年轻人,刚一迈上独立劳动的道路就对生活失去了信心。

只有把人的行为的最初的、基本的、在某种程度上甚至是原始的动机,与更有力、更细致、更智慧的动机——义务——结合起来,才能对人进行正常、和谐的教育。其实,人的生活正是从做那些不合心意、但是为了公共利益又必须去做的事情开始的。

一些更为高尚的需要是在义务感的基础上形成的。义务这个概念越是早一些进入人的生活,您的孩子就越是会成长得高尚。他的精神会更加富有,道德会更加纯洁、诚实。我认为,共产主义教育最最圣洁的东西就在于此。

那么,应该怎样培养孩子的义务感呢?

我用几十年的时间编辑了一本文选,里面汇集了一批优秀人物的故事。这些人物伟大、高尚之处,就在于他们都出色地履行了自己对祖国、社会和亲人的义务。这些关于义务的美好故事仿佛在训练孩子们如何履行生活中的义务,帮助他们做好自觉从事高尚劳动的准备。

男孩子们修建了一个果园,我们形象地把它叫作母亲的果园,这是一个葡萄园。每个孩子都有自己的几棵葡萄。他们负责照管它们,每天都要为它们操心、出力。这时,孩子们首先是一个劳动者,而不是妈妈、爸爸照看的对象。他们将在每天的工作中充分地了解劳动,充分地享受童年的欢乐。

为了让孩子们更加了解成人的劳动,在思想上逐渐成熟起来,为了使义务感成为集体生活的精神基础,我们也很注意发展儿童对物质财富的责任感。在我们学校,少先队有自己的小型机械化工作组;共青团员也有自己的青年机械手工作组,他们支配着更多的物质财富。

一个十五岁的少年在田野上漫步,他看到的是自己亲手栽种的小麦,就连土地也由他亲手耕耘、施肥,在他的保护下不受盐碱的侵蚀。他会感到自豪:这些都是我干出来的。人在劳动成果中看到的自身形象越是鲜明,义务感也就越是深入到他的心灵和意识,他就越是向往做个品德高尚、有崇高理想的人,他也就会更加严格地审视自己,他的良心会以更加严厉的声音说:我应该……

人在用劳动创造物质财富和精神财富的同时也在创造自己。如果我们希望我们的孩子成为真正的人,我们就不要再为他们精心营造轻松安逸、无忧无虑的童年。没有劳动,没有身体和精神的紧张,青少年时代的生活是难以想象的。

劳动要求身体和精神力量的紧张。没有这些,就不能培养出热爱自由劳动的共产主义新人。以为共产主义就是轻轻松松过日子的思想十分错误,也十分幼稚,它对于教育非常有害。要知道,人摆脱强制劳动的奴隶枷锁,完全不是为了再沦为懒惰生活的奴隶。[1]

五、评价

《给父母的建议》收集了苏联当代教育家苏霍姆林斯基关于家庭教育的著述,是苏霍姆林斯基专门为家长和从事教育工作的人员阅读所写的经典著作,国内畅销近30万册。苏霍姆林斯基所提出的"重视家庭教育""重视家教智慧"的重要观点和论述,在历史上产生了重要影响。他说:"没有什么比父母教育孩子更加需要智慧的了,我一生都在努力探求这种智慧。"而《给父母的建议》这本书,就是他长期探求的结果。

该书不仅是一本精辟、生动的"家庭教育学"和儿童教育的名作,对于成年人在家庭、婚姻中应该具备的道德修养也做了深刻阐释。在这本书中,苏霍姆林斯基告诉读者,教育孩子是一项需要付出全部精力的崇高事业,值得所有的父母全力以赴。该本著作将现实生活中家长教育子女的痛苦和欢乐、经验和教训分享给读者。苏霍姆林斯基的名作极富启迪与教育意义,其原因在于,作者不仅擅长精辟的理论概括,还习惯于对生动具体的典型事例信手拈来,从而有利于激发读者对自己家庭生活和子女教育中的利弊得失进行深思。

---

〔1〕　苏霍姆林斯基:《给父母的建议》,第156～158页。

第三十八章 海姆·G.吉诺特
《孩子,把你的手给我》

一、作者简介及代表作

海姆·G.吉诺特(1922—1973)是一位临床心理学家、儿童治疗专家,以及家长教育专家、心理学博士、儿科医生;纽约大学研究生院兼心理学教授,艾德尔菲大学博士后指导教授。在成为心理学家之前,吉诺特是以色列的一名教师,他毕业于耶路撒冷的大卫·耶林师范学院。在教了几年书之后,他意识到,自己还没有为与班上的那些孩子打交道做好充分的准备。于是,他决定前往哥伦比亚大学师范学院深造,在那里,他获得了博士学位。

吉诺特博士的一生并不长,他将其短短的一生致力于儿童心理研究以及对父母和教师的教育。他依靠他的聪明才智做了很多创造性的工作,取得了巨大的成就。他在他的书中、演讲中、专栏中宣传的如何跟孩子沟通的创新思想不只在美国,甚至在全世界都获得巨大反响。他所著的书《对待孩子的集体精神疗法》《孩子,把你的手给我》《父母和青少年之间》《老师和孩子》彻底改变了父母、老师与孩子之间的关系。

二、作品的时代背景

作为一名儿童治疗专家,吉诺特博士曾经说过:"我是一名儿童心理治疗医师,我给那些有心理障碍的孩子提供治疗。假如我给孩子们每周治疗一个小时,持续一年之后,他们的症状消失了,他们感觉好多了,并开始和他人相处,甚至在学校里也不再感到烦躁,那么,我做了什么产生效果了呢?我用一种关心的方式与他们交流。我利用每一次机会帮助他们培养自信。如果这种沟通方式能让有病的孩子恢复心智健康,那么其原则和实施也应该属于父母和老师。尽管心理治疗医师也许能够治愈孩子的心理疾病,但是,只有那些和孩子们朝夕相处的人才能帮助孩子成为心理健康的人。"于是,他发起了父母教育和指导小组,帮助父母学习如何以更关心、更有效的方式对待孩子,如何了解自己的感受并更多地理解孩子的感受。他希望父母能够学会如何管束孩子,同时也不会让孩子感到丢脸;如何批评孩子,同时也不会让孩子遭到贬低;如何承认孩子,而不是和孩子争论。如何对孩子做出回应,才能让孩子学会相信自己的内心,才能培养孩子的自信。《孩子,把你的手给我》是他写的最后一本书,吉诺特博士曾在临终前说过,这本书会成为经典。时至今日,他的预言成真了。

三、主要内容及思想主旨

父母可以帮助孩子成为一个品质高洁的人,一个有着怜悯心、敢于承担责任和义务的人,一个有勇气、充满活力、正直的人。光有爱是不够的,洞察力也不足以胜任。《孩子,把你的手给我》这本书通过大量的事例分析说明了在跟孩子沟通的时候,需要掌握的技巧。

(一)理解孩子话语中的密码,掌握正确的语言表达方法

吉诺特认为和孩子对话是一门有规则的独特艺术,有它自己的含义。孩子的话语里藏着无数密码,他们的信息里经常有需要解读的密码,而家长很多时候只是获取了孩子话语的表面意思,吉诺特鼓励家长一定要有解码能力。吉诺特就把父母比作外科医生,他认为父母需要学习特别的技能,才有能力胜任处理孩子的日常需求——外科医生需要手术训练,为人父母需要进行语言训练。"和孩子对话是一门有规则的独特艺术,有它自己的含义。孩子在交谈时很少是无知的,他们的信息里经常有需要解读的密码。"[1]作者提到要发挥语言在鼓励和指导孩子方面的重要力量。在心理疗法中,从不会对孩子说"你是个好孩子"或者"你很棒"。判断和评价性的语言都要避免。因为这些话会使孩子产生焦虑,助长孩子的依赖性,唤起孩子的防御心理。孩子需要依赖自己内心的激励和评价。他们需要免受评价性赞扬的压力干扰,这样孩子才不会总是向其他人寻求认可。

(二)培养孩子的责任感,传输正确的价值观

吉诺特认为,责任感不可以强加。责任感只能从内心产生,从家庭中和社区中汲取的价值观中慢慢培养和指导。没有积极的价值观来支撑的责任

---

〔1〕　吉诺特:《孩子,把你的手给我》,张雪兰,译,北京联合出版社,2018年版,第1页。

感可能会危害社会,具有破坏性。而价值观不可以直接传授。孩子只会被那些他们爱戴、尊敬的人同化,通过模仿他们,孩子们吸收了他们的价值观,并且使其成为自己价值观的一部分。

(三)正确把握养育孩子的目标,关心而有效地对待孩子

吉诺特认为,养育的目标是帮助孩子成为一个正派的人,一个受人尊重的人,一个富有同情心、能承担责任、关心他人的人。在他看来,智慧的起点是聆听,不要否认孩子的体会,不要驳斥他的感觉,不要否定他的愿望,不要嘲笑他的品位,不要贬低他的主张,不要污蔑他的人格,不要怀疑他的精力。相反,所有这些,我们都要承认。要给予孩子关心和有效的对待。

四、精彩片段选读

片段一

十岁的安迪问他的爸爸:“在哈莱姆,有多少孩子被抛弃?”安迪的父亲是一个律师,他很高兴看到儿子对社会问题感兴趣,于是他就这个问题发表了一通长长的演说,然后又去查了数据。但是安迪还是不满意,继续问同样的问题:“在纽约被抛弃的孩子有多少? 美国呢? 欧洲呢? 全世界呢?”

最后,安迪的爸爸终于明白了,他的儿子并不是关心社会问题,他关心的是个人问题。安迪问这些问题并不是出于对社会遗弃孩子的同情,而是担心自己被遗弃。他并不是想得到被遗弃孩子的数字,而是想得到确认他不会被遗弃。

于是,爸爸仔细考虑了一下安迪的担心,然后回答道,“你担心你的父母可能会像其他父母那样将你抛弃,我向你保证我们不会抛弃你,如果你再为此感到烦恼,告诉我,这样我才能帮你消除担心”[1]。

片段二

世界各地的父母都在寻找教孩子有责任感的方法。在许多家庭里,父母希望通过日常琐事来找到这个问题的解决方法。倒垃圾、做饭、给草坪割

---

[1] 吉诺特:《孩子,把你的手给我》,第1~2页。

草、洗盘子等等,父母相信这些行为对培养孩子的责任感是有效的。而事实上,这些日常琐事尽管对持家很重要,但是可能对培养责任感并没有积极的影响。相反,在有的家庭,这些日常差事还会导致每天的争吵,给孩子和父母都带来苦恼和愤怒。如果强制坚持让孩子做这些日常家务,结果可能会是孩子的顺从,厨房、院子更干净了,但是,这样做对孩子性格的塑造可能有不良的影响。

很明显的事实是责任不可以强加。责任感只能从内心产生,由从家庭中和社区中吸取的价值观中慢慢培养和指导。没有积极的价值观来支撑的责任感可能会危害社会,具有破坏性。帮会成员经常显示出对其他成员以及对帮会的无比忠诚和强烈的责任感。恐怖分子极其郑重地履行他们的责任,即使命令需要牺牲自己的性命,他们也会执行。[1]

片段三

如何教化孩子? 只能用人道的方法,要承认过程就是方法,结局并不能证明手段的有效和正当,在我们努力教育孩子待人接物、为人处事时,要想有效果,就不能伤害他们的感情。

孩子从经验中学习。他们就像湿水泥,任何落到他们身上的话都能对其造成影响。因此,重要的是,父母要学会跟孩子谈话时不要激怒孩子,不要对他们造成伤害,不要削弱孩子的自信,或者让他们对自己的能力和自我价值失去信心。

父母制定家庭的基调,他们对每个问题的回应决定着这个问题是会升级还是降级。因此,父母需要抛弃那些拒绝的语言,要学会接受的语言。他们也确实知道这些语言,他们听到自己的父母和客人,陌生人说话时就是使用这种语言。那是一种保护情绪、而不是批评行为的语言。[2]

五、评价

《孩子,把你的手给我》是海姆·G.吉诺特的最后一部著作。《孩子,把你的手给我》一书,以大量的案例分析,从父母的角度介绍了教育孩子的方

---

〔1〕　吉诺特:《孩子,把你的手给我》,第71~72页。
〔2〕　同上书,第179~180页。

法。这本畅销美国500多万册的教子经典,以31种语言畅销全世界,彻底改变父母与孩子的沟通方式。

该书认为,家庭教育对于儿童的成长影响巨大。一方面,父母可以帮助孩子成为一个品质高洁的人,一个有着怜悯心、敢于承担责任和义务的人,一个有勇气、充满活力、正直的人。另一方面,只有爱仍是不够的,即便加上洞察力也不足以胜任儿童教育的神圣使命。

作为一本介绍与孩子实现真正有效沟通方法的书,该书告知读者,一个称职的父母,需要掌握丰富而有效的技巧,才能够以同感和关爱的方式深入孩子的世界,并理解孩子丰富而洁净的心灵。而如何获得并使用与儿童的沟通技巧,正是这本书的精髓所在。书中所讲述的父母在不同情境下语言技巧的运用,以及在不同问题上的应对方法,所涉及的问题几乎囊括了父母和孩子之间日常可能发生的全部状况。